中国建筑工业出版社

文化廊道视域下的西南建筑文脉研究

THE RESEARCH ON SOUTHWEST ARCHITECTURAL CONTEXT FROM THE PERSPECTIVE OF CULTURAL CORRIDORS

陶雄军 著

图书在版编目（CIP）数据

文化廊道视域下的西南建筑文脉研究／陶雄军著．—北京：中国建筑工业出版社，2020.3
ISBN 978-7-112-24730-1

Ⅰ．①文… Ⅱ．①陶… Ⅲ．①古建筑－建筑艺术－研究－西南地区 Ⅳ．①TU-092.97

中国版本图书馆CIP数据核字（2020）第022073号

责任编辑：唐　旭　陈　畅
责任校对：李欣慰

文化廊道视域下的西南建筑文脉研究
陶雄军　著
＊
中国建筑工业出版社出版、发行（北京海淀三里河路9号）
各地新华书店、建筑书店经销
北京锋尚制版有限公司制版
北京建筑工业印刷厂印刷
＊
开本：850×1168毫米　1/16　印张：18　字数：410千字
2020年6月第一版　2020年6月第一次印刷
定价：68.00元
ISBN 978－7－112－24730－1
　　　　（35149）

序

探究西南建筑文脉的一个新视角

中国西南地区因其自然地理条件的复杂性、生态环境的特殊性、少数民族文化的多样性,在经历了历史长河不同社会和经济发展阶段的洗礼后,形成了该地区丰富多样的生产方式和生活方式,孕育了当地人对待大自然的敬畏态度和紧密的人际与社会关系。这一切都可以从该地区多样化的建筑形式和建造方法上充分表现出来。它们是中华民族大家庭建筑艺术的瑰宝之一,也是认识和理解西南地区少数民族文化多样性和特殊性的有效途径。因此,它吸引了从事地理学、人类学、文化学、社会学、艺术学和许多其他学科的人们的兴趣。过去的几十年中,这些领域积累了许多有价值的研究成果。然而在建筑学领域,与中原地区专业设计师和专业建造商所主导的建筑系统相比(即所谓的"有意识"的建筑形式,如皇家宫廷、寺庙、园林、陵墓、城市住宅等), 西南少数民族地区的大部分建筑都是非专业人员设计以及用户按照传统习俗建造的,即所谓的"无意识"设计,其通常处于非主导地位。因此,对西南地区建筑的研究在其成果的规模、数量和深度方面,在总体上显得不足。其次,因其自身在地域、规模、形式上的差异性,较难从系统的角度对它的形成机制和内在逻辑进行把握。尽管在已有的研究中也不乏有深度的学术成果,但是大多数都集中在建筑物的显性表征,例如结构形式、建筑技术、建筑材料和装饰元素。显然,这种研究取向有其局限性。

今天,中国社会经济快速发展,西南地区的城市与乡村建设迎来了前所未有的发展时期。如何对待历史积淀的建筑遗产,如何在满足现代生活需求的同时激活区域建筑形态的特色,是当下城市管理者和建设者必须面对的一个重大课题。因此,对西南地区历史建筑和文化特征的认识,急切需要一种新的角度和方法。如果说从研究的横向维度需要建构从个体建筑到群集格局再到区域特色的不同尺度,那么从认识的纵向维度则需要拓展从单个专业到多专业再到跨学科的多面组合。也就是说,只有从纵横两种维度的交错建构的框架中,才有可能全面认识那些影响西南地区建筑环境形成的变量。广西艺术学院建筑艺术学院的陶雄军教授,将他多年潜心努力的成果集结为《文化廊道视域下的西南建筑文脉研究》(以下简称《西南建筑文脉》）一书。他根据自己对这个框架的重新演绎提供了一个新的研究结果。

《西南建筑文脉》缘于作者近20年来对西南地区建筑与文化的持续关注。自2005年起作者首先对西南地区茶马古道沿线的建筑进行了实地调研与写生。之后又从2008年起，作者对川藏线古道沿线的传统村落与人居环境进行实地调研。从2010年起，作者对巴蜀地区的建筑进行多次考察。最新的研究扩展到中泰交界地区、中越交界地区以及南岭文化走廊地区的壮泰文化走廊。多年的现场调查使作者能够亲自接触到偏远地区的许多古村落和乡土建筑，积累了大量的第一手资料，为他进一步深入系统的研究奠定了坚实的基础。

从研究所取的观点来看，作者采取了不同的方法，试图突破过去习惯的单一学科视角。在这本书中，他从人类学和人类文化学领域中汲取了见解，将地理概念与民族概念叠加在一起。通过借鉴社会学的研究方法，他将西南地区建筑与文化的分析研究，放在更宽阔的语境之中进行再解读。作者把西南地区建筑与文化的形成机制，看成是"五大文化廊道"——藏羌彝文化廊道、壮泰文化廊道、南岭文化廊道、秦蜀文化廊道、外来文化廊道彼此之间互相联系，互相影响，不断融合的结果。为了论证这一新观点，作者进而对每一个廊道的基本特征进行了较为详细的描述，为读者提供了较为系统和深入认识西南地区建筑与文化的一个新视角。

在研究手法上，作者全书紧扣文脉研究的主题。从族群文化、农耕文化、廊道文化三大要素相互作用的架构出发，探讨了行为主体、客体、环境、手段和行为结果五个基本要素。通过揭示它们的各种外显或内隐的表现模式，试图解释隐喻，符号和关联形式的语境如何以不同的建筑形式出现，进而揭示了形成和评价建筑和文化特征的内在驱动力。因此，读者可以实现对建筑物质形态变化和历史文脉演进的双重解读，这远远超越了建筑的显性表征层面。

在研究成果的表述上，为了从大量的资料信息中梳理出清晰的脉络，作者还采用了一览表的形式，它将每一种廊道的建筑特征放置在一个时空的构架里进行讨论。第一类表格从不同的历史发展时期中，挑选最有代表性的建筑形制进行纵向比较，总结出其演变的规律性在建筑特征的具体表现，为读者提供一种宏观尺度的印象。第二类表格从建筑群落选址的类型出发，在布局、形式要素与地理环境之间的特殊关系中，探究建筑的特征，为读者提供一种中观尺度的认识。第三类表格关注个体建筑式样的类型，包括门楼、寺庙、戏台、祠堂、书院、桥梁等不同构筑物，将建筑形态、材料、做法工艺与建筑艺术特征联系在一起。为读者提供一种微观尺度的具体感受。尤其是对于建筑艺术特征，作者提供了以大量建筑物详细照片为支持的详细描述。

值得一提的是，为了弥补文字表达的局限性，使读者可以直观地认识主要建筑的艺术特征，作者专门为著作添加了 50 余幅钢笔建筑画。这些精彩的手绘作品一部分源于作者多年来在考察现场的直接写生记录，另一部分则源于作者根据现场照片对建筑进一步整理分析的结果。这样的表达方式无疑也成为本书的特色之一。

总之《西南建筑文脉》彰显了作者对本课题难能可贵的努力和在学术方面的探索，对于重新认识西南地区建筑文脉及建筑艺术特征之间的关系具有积极的意义。特别是在当今西南地区文化旅游发展、传统村落复兴蓄势待发的背景下，本书的出版为传统村庄保护、乡土建筑更新、城镇发展定位提供了一个及时的学术贡献。当然，对作者来说，在有限的篇幅里，要全面和系统地表述清楚如此复杂的西南地区建筑和文化的特征和形成机制并非易事。如果作者在后续的研究中，能够进一步比较五大廊道的建筑特征，并总结它们的共性和差异，那么这个主题的研究可能会更趋完善。另外针对每个廊道的个性特征，今后还可以通过专著的方式进一步展开，使文化廊道的建筑艺术特征得以更为充分的表述。我衷心地期待陶教授在后续的研究中，能够厚积薄发，为中国西南地区建筑的研究做出新的贡献。

徐放

澳大利亚新南威尔士大学艺术与设计学院

环境与空间设计学科主任，教授，博导

2019 年 4 月于悉尼

A New Perspective to Explore the Context of the Southwest Architecture

In the southwest region of China, due to the complexity of its natural geographical conditions, the particularity of the ecological environment, and the diversity of ethnic minority cultures, it has experienced the baptism of different stages of social and economic development in the history, forming a rich and diverse production mode and lifestyle in the region. It gave birth to the local people's awe of nature, and close interpersonal and social relations. All of this can be fully demonstrated by the diverse architectural forms and methods of construction in the area. They are one of the treasures of the architecture and construction art of the Chinese nation, and an effective mediumto understand the cultural diversity and particularity of ethnic minorities in the southwest. Therefore, it attracts the interests of people working in geography, anthropology, culture, sociology, art, and many other disciplines. In the past few decades, many valuable research outputs have been completed in these areas. However, in the field of architecture, comparing to those dominant architectural systems that formed by professional designers and specialized builders in the Central Plains - so-called "conscious" architectural forms, such as the imperial palace, temples, gardens, mausoleums, urban residences, etc., most of the buildings in ethnic areas in the southwest are non-professional designed and built by users in accordance with traditional customs, so-called "unconscious" design, which is usually in a non-dominant position. Therefore, for the study of buildings in the southwest region, first of all, the research outcomes are still insufficient in terms of scale, quantity, and depth. Secondly, because of its own geographical, scale, and formal differences, it is difficult to grasp their formation mechanism and internal logic from a systemic perspective. Although there are some in-depth academic outcomes in existing research, most of them focus on the attraction of buildings based on their superficial expressions, such as structure forms, construction techniques, building materials, and decorative elements. Obviously, such an approach to the research has its limitations.

Today, China's social economy is developing rapidly, and the construction of cities and villages in the southwest has ushered in an unprecedented period of development. How to deal with the architectural heritage accumulated in history, how to revitalize the characteristics of regional architectural forms while meeting the needs of modern life is a major topic that must be faced by the current urban development administrators and designers. Therefore, the understanding of the historical architecture and cultural characteristics of the southwest region urgently needs a new perspective and method. If we need to formulate different scales research from individual architecture, cluster pattern to regional characteristics as the horizontal dimension of research, then from the vertical dimension of research, we need to expand the multi-faceted combination from individual major to multi-disciplinary to interdisciplinary. That is to say, only from the framework of the interlaced construction of the vertical and horizontal dimensions, it is possible to have a comprehensive understanding of those variables that shape the formation of built environments in the southwest. From the School of Architectural Art of Guangxi University of Arts, Professor Tao Xiongjun has devoted his many years of hard work to his book - "*The Research on Southwest Architectural Context from the Perspective of Cultural Corridors*" (hereinafter referred to as *Southwest Architectural Context*). He provides a new research outcome based on his re-interpretation of this framework.

The *Southwest Architectural Context* is the output of the author's continued attention to architecture and culture in the southwest for nearly 20 years. Since 2005, the author has conducted field research and sketching on the buildings along the ancient Tea-Horse Road in southwest China. Then from 2008 onwards, the author conducted a field study on the traditional villages and vernacular buildings along the Sichuan-Tibet line. Later, from 2010, the author conducted several inspections of buildings in the *Bashu* area. The latest study was extended to the *Zhuangtai* Cultural Corridor at the junction areas of China and Thailand and China-Vietnam, as well as the *Nanling* Cultural Corridor area. Years of on-site investigations have enabled the author to personally contact to many old villages and vernacular buildings of the remote areas and accumulated a wealth of first-hand materials, which lay a solid foundation for his further in-depth and systematic research.

In terms of the stand point of view of the research, the author has taken a different approach, trying to break through the single-disciplinary perspective of past habits. For this book, he has taken the insights from the fields of the anthropology and cultural- anthropology, superimposing the concept of geography with the concept of ethnology. By drawing on the research methods of sociology, he puts the analysis and research of architecture and culture of the southwest region into a much broader background for interpretation. The author regards the formation mechanism of architecture and culture in the southwest region as the "five cultural corridors" - the Tibetan and *Qiang Yi* cultural corridors, the *Zhuang Tai* cultural corridors, the *NanLing* cultural corridors, The *Qin Shu cultural* corridors and the foreign cultural corridors, which is the result of mutual influence and continuous integration. In order to demonstrate this new point of view, the author further describes the key features of each corridor in detail, providing readers with a new standpoint on the systematic and in-depth understanding of architecture and culture in the southwest.

For the research method, the author focuses on the main theme of the *cultural context study* throughout the book. From the structure of the interaction of the three elements of ethnic cultures, farming cultures and corridor cultures, it explored the five basic elements of behavioral subject, object, environment, means and behavior result. And by revealing their various explicit or implicit expression patterns, it tries to explain how the contexts in the forms of metaphors, symbols, and their association appearing in different architectural forms, which reveal the intrinsic driving force to form and evaluate the architectural and cultural characteristics. So that the reader can realize the double interpretation of both the change of the material form of the building and the evolution of the historical contexts, which is far beyond the superficial impression.

In the expression of the research outputs, in order to sort out the clear context from a large amount of information, the author also adopted the form of a list, which placed the architectural features of each corridor in a space-time framework for discussion. The first type of table selects the most representative architectural forms from different historical development periods for vertical comparison, which sums up the specific manifestations of its evolutionary regularity in architectural characteristics, and provides readers with a macroscopic impression. The second type of table starts from the type of site selection of the villages, explores the characteristics of architectures in the special relationship between layout, formal elements and geographical environment, which provides readers with a medium-scale understanding. The third type of table focuses on the types of individual architectural styles, including gates, temples, theaters, ancestral halls, schools, bridges, and other structures that link architectural forms, materials, construction, and architectural art together. It provides readers with a specific details at the micro scale. In particular, for the architectural art features, the author provides a detailed description supported by a large number of building detailed photos.

It is worth mentioning that in order to make up for the limitations of the expression of text, readers can intuitively understand the artistic features of the main buildings, the author has added 50 ink-pen sketches for the book. Part of these wonderful hand-drawings stems from the direct sketching records of the authors at the site of the survey over the years, and the other part is the result of the author's further analysis of the building based on the photos. This expression has undoubtedly become one of the characteristics of this book.

In short, the *Southwest Architectural Context* highlights the author's valuable efforts and academic exploration of this topic. It has positive significance for re-recognizing the relationship between architectural context and architectural art characteristics in southwest China. Especially in the current situation of cultural tourism development and the revival of traditional villages in the southwest, the publication of this book provides a timely academic contribution for traditional village protection, local architecture renewal, and town development orientation. Of course, it is not easy for the author to comprehensively and systematically articulate the characteristics and formation mechanisms of such complex southwest architecture and culture in such a limited pages. If the author can further compare the architectural features of the five corridors in a subsequent study and summarize their commonalities and differences, the research of this subject could be even better. In addition, for each corridor's personality characteristics, it can be further developed in a monography in the future, so that the architectural art features of the corridor can be more fully expressed. I sincerely hope that Professor Tao's follow-up study will make a new contribution to the area of architecture in southwest China.

Fang Xu

Professor & Convener of Environmental & Spatial Design
PhD Supervisor,
Faculty of Art & Design
The University of New South Wales, Australia

April 2019

前言

自 2013 年完成了《广西北部湾地区建筑文脉》以来，遂产生了如何进一步拓展这方面的理论研究，编写《西南建筑文脉》这部书的具体想法。之后即开始收集资料，关注相关领域的前沿研究成果与动向，阅读了大量的西南文化研究书籍，主持的几项相关课题获得立项并先后实施完成。

2015 年，本人主持立项省级课题"广西传统村落创意规划设计教学与实践"，从传统村落的可持续发展与建筑有机更新的角度进行了设计实践研究。应罗城县委县政府的邀请，项目研究设计实施落地在广西河池市罗城县榕木村寨洲屯，该屯为具有 200 多年历史的壮族传统聚落。同期，对罗城县的仫佬族建筑进行了实考。

2016 年本人获得并主持了一项与建筑文脉有紧密联系的中国国家艺术基金项目——"美丽壮乡——民居建筑艺术设计人才培养"，搭建了一个学术研究平台与建筑艺术设计人才培养平台。在项目的实施中，对广西百色地区的壮族传统村落建筑及三江侗族程阳八寨的建筑进行了调研考察，收集了第一手资料，召开了多场专题学术研讨会。课题研究成果于2017 年 12 月进行了公开展览，获得了社会各界的好评。2017 年本人有机会到澳大利亚新南威尔士大学担任高级访问学者，在这所世界知名的英联邦国家高校，接触了国际上的社会学等多学科多视角的研究方法，在新南威尔士大学图书馆阅读了相关中国文化文脉，以及西南研究的文献，收集了西南建筑历史的相关资料，做了大量的笔记。期间得到访学导师新南威尔士大学设计学院空间与环境设计系主任徐放教授的悉心指导，掌握了国际上常用的研究方法论，与徐放教授共同完成了一篇"探索传统村落社会可持续化发展设计策略"的论文，入选了第六届世界文化遗产可持续发展大会，2018 年 6 月应邀赴西班牙在大会上进行了论文宣读演讲，与来自世界的学界专家进行了同台交流，对各国专家的选题策略与研究方法进行了仔细分析。

2018 年由本人带队，广西艺术学院建筑艺术学院与泰国艺术大学建筑学院联合对三江县程阳八寨的木构建筑开展了设计工作坊，与侗族木构建筑的非遗文化传承人杨似玉等民间专家进行了深入交流探讨。

10 多年来，本人持续进行西南地区古道的专题建筑文化考察：2005年以来，本人多次对西南地区的茶马古道沿线的特色建筑文化进行了实地调研与写生，包括云南昆明特色建筑、大理白族民居建筑、大理古城、洱海边的喜洲村落特色民居、丽江大研古城与束河、白沙等镇的纳西族民居建筑及景观文化建筑、迪庆地区的藏族民居、藏族村落环境、独克宗古城的布局与建筑类型、松赞林寺的寺院文化考察，对茶马古道沿线的建筑文化有了一定的真实感受，收集了大量的一手素材。

2008年以来，本人多次赴川藏地区考察建筑与人居环境，对川藏线公路（古道）沿线的传统村落与建筑进行了实地调研，具体包括：成都市内的武侯祠与宽窄巷子建筑文化、杜浦草堂等巴蜀历史建筑文化遗产以及都江堰建筑文化遗址、青城山道教建筑文化等，以及雅安地区、泸定地区、康巴地区、新都桥地区的各类建筑类型。并对高海拔的理塘地区藏族建筑与聚落环境进行考察，对原生态的亚丁村进行了调研，深入到了德荣、德钦、大小雪山地区。

2010年以来本人多次赴重庆地区对巴蜀建筑文化进行考察，具体为：重庆老城区的山城特色建筑、磁器口古镇的建筑文化、南山历史建筑群、湖广会馆建筑群，以及广安地区的邓小平同志故居等民居建筑。曾经穿越秦岭从西安到重庆。

本人多次到中越、中泰沿边的壮泰文化走廊进行调研考察，具体包括：广西宁明的壮族花山岩画考察、防城港京族建筑考察、龙州县法式建筑考察、靖西县、德保县壮族传统村落与民居建筑考察、云南红河州的壮族、彝族等传统建筑考察，对建水古城的公共建筑与朱家花园等民居建筑进行了深入研究，对城子古村的土掌房建筑系统进行了实地考察研究，获取了壮泰文化廊道地区丰富的第一手素材。

数年来，本人多次到南岭文化走廊地区进行实考，具体包括：灵渠运河沿线的桂北地区传统村落与建筑、灵渠、兴安水街临水建筑、灌阳县月岭村古民居、资源县社水苗寨、灵川县江头村儒家文化传统民居建筑。对湘桂古道重要节点之一的大圩古镇建筑文化进行了深入研究，对潇贺古道沿线的富川古明城、秀水村、福溪村、深坡村等的民居建筑文化，瑶族风雨桥建筑文化进行了实考。对南岭走廊地区的龙胜各族自治县、南丹县白裤瑶建筑、贵州镇远古镇、毕节地区、黔东南苗寨的多个民族特色建筑进行了实地调研，收集了一手素材，绘制了建筑速写图集。

西南地区建筑文化多元，历史悠久，曾有众多古国与古道，采用文化廊道的视域与线性研究方法，更能对西南地区丰富的建筑文脉进行系统性的深入研究，以区别于以往学者常用的大区域或者纯民族理论的建筑研究。本课题紧紧围绕"建筑文脉"这一主体来展开研究，结合族群文化、农耕文化、廊道互动文化这形成西南建筑文脉的三大要素，提出将西南地区归纳为五大文化廊道——藏羌彝文化廊道、壮泰文化廊道、南岭文化廊道、外来文化廊道，对西南地区的建筑文脉进行研究。本书共分为七章，第一章讨论了文化人类学与文脉，具体包括文化人类学、文化逻辑、文化模式、建筑文脉等内容；第二章讨论了文化廊道视域下的线性研究方法，以及形成西南地区建筑文脉的几大要素，提出将西南地区界定为五大主要文化廊道进行建筑文脉研究；第三章讨论了藏羌彝文化廊道的建筑文脉问题，对茶马古道沿线的藏族传统建筑、羌族传统建筑、彝族传统建筑、丽江地区的纳西族传统村落民居、大理地区的白族特色建筑等进行了考析；第四章讨论了南岭文化廊道的建筑文脉问题，分别对灵渠运河古道、潇贺古道、苗疆古道沿线的传统村落民居及古代桥梁建筑进行了研究；第五章讨论了壮泰文化廊道的问题，重点解析了壮族及傣族、哈尼族等族群分化与演变，按滇越古道、滇黔桂古道等古商道文化脉络线索，对各条古道沿线区域的传统村落公共建筑及民居建筑进行了深入实考研究；第六章讨论了秦蜀文化廊道的建筑文脉问题，重点围绕秦蜀古道的七条分道进行了研究，对其建筑文脉中的古三国文化与巴蜀文化融合进行了系统解析，并进行了大量建筑个案分析；第七章讨论了外来文化廊道的建筑文脉问题。依据水路通道与路陆通道这两条线索进行建筑文脉解析，重点解析了广西北海西洋建筑群及云南窄轨铁路沿线的西洋建筑遗存，解析其与中国建筑文化的互相影响与融合。本书按文化廊道区分，分别讨论五大文化沿线区域的建筑文脉，对大量的建筑遗址遗存进行了实地调研与资料整理，分析其文化特征与建筑模式语言，进而归纳总结，形成文化廊道视域下的建筑文脉研究专项成果。

关于书名的确定，几年来几易其稿，先后有《建筑文脉论》、《建筑文脉学》、《西南建筑文脉》等几个书名，最终依据书中的主体内容与研究范围、策略，定为《文化廊道视域下的西南建筑文脉研究》，体现了"实话实说"的宗旨。

陶雄军

2019.03.27

目录

第一章 人类文化学与西南文脉／001

1.1 人类文化学与文脉....................002
　　1.1.1 文化人类学....................002
　　1.1.2 文化逻辑与建筑................004
　　1.1.3 文化模式与建筑................005
　　1.1.4 建筑文脉......................006

1.2 西南文脉概述......................007
　　1.2.1 西南地区的古国文化............007
　　1.2.2 西南地区的古道文化............008
　　1.2.3 西南地区的民族文化（谱系）....010

1.3 形成西南建筑文脉的三大因素........011
　　1.3.1 族群文化因素................011
　　1.3.2 农耕文化因素................016
　　1.3.3 文化廊道互动因素............019

第二章 文化廊道视域下的西南建筑文脉研究策略／025

2.1 文化廊道概念与相关研究理论........026
　　2.1.1 文化廊道概念................026
　　2.1.2 文化廊道的相关研究理论及应用解析....027

2.2 西南五大文化廊道考略............028
　　2.2.1 藏羌彝文化廊道概述..........029
　　2.2.2 南岭文化廊道概述..........030
　　2.2.3 壮泰文化廊道概述..........031
　　2.2.4 秦蜀文化廊道概述..........032
　　2.2.5 外来西洋文化廊道概述........035

2.3 文化廊道视域下的西南建筑文脉研究策略....036
　　2.3.1 理论研究策略................036
　　2.3.2 研究方法与学术价值..........036

3.1 藏羌彝文化廊道的概念..................................040
   3.1.1 藏羌彝文化廊道的文化内涵.........................040
   3.1.2 藏羌彝文化廊道涵盖的古道........................041

3.2 茶马古道沿线的藏族建筑文脉..................043
   3.2.1 藏式公共建筑与聚落形态模式语言.........044
   3.2.2 藏式民居建筑文脉模式语言.........................047
   3.2.3 茶马古道沿线藏族建筑的文脉特征.............049

3.3 茶马古道沿线的羌族建筑文脉..................051
   3.3.1 羌族村寨选址与聚落形态模式语言.........051
   3.3.2 羌族民居建筑文脉模式语言.........................054
   3.3.3 茶马古道沿线羌族建筑的文脉特征.............054

3.4 茶马古道沿线的彝族建筑文脉..................058
   3.4.1 茶马古道沿线彝族村寨选址与聚落形态.....058
   3.4.2 茶马古道沿线彝族民居建筑文脉模式语言.......059
   3.4.3 茶马古道沿线彝族建筑的文脉特征.............062

3.5 文化廊道沿线的纳西族、白族等建筑文脉.......062
   3.5.1 纳西族建筑文脉模式语言.........................062
   3.5.2 白族建筑文脉模式语言.............................064
   3.5.3 摩梭族建筑文脉模式语言.........................074
   3.5.4 景颇族、佤族、傈僳族建筑文脉模式语言.......075

3.6 文化廊道的汉族建筑文脉..........................077
   3.6.1 建水汉族公共建筑.................................077
   3.6.2 建水汉族民居建筑.................................078

4.1 南岭文化廊道的概念..................................084
   4.1.1 南岭文化廊道的文化内涵.........................084
   4.1.2 南岭文化廊道区域内的古道........................085

4.2 灵渠古道沿线的建筑文脉..........................087
   4.2.1 灵渠沿线村寨选址与聚落形态模式语言.......088
   4.2.2 灵渠古道公共建筑文脉模式语言.................092
   4.2.3 灵渠沿线民居建筑文脉模式语言.................098
   4.2.4 灵渠古道沿线建筑的文脉特征.................099

4.3 湘桂古道沿线的建筑文脉 101

　　4.3.1 湘桂古道沿线村寨选址与聚落形态模式语言 ...102

　　4.3.2 湘桂古道的公共建筑模式语言 103

　　4.3.3 湘桂古道沿线民居建筑文脉模式语言 108

　　4.3.4 湘桂古道沿线建筑文脉特征 110

4.4 潇贺古道的建筑文脉 112

　　4.4.1 潇贺古道沿线村寨选址与聚落形态模式语言 ...112

　　4.4.2 潇贺古道公共建筑文脉模式 115

　　4.4.3 潇贺古道民居建筑文脉模式 125

　　4.4.4 潇贺古道沿线建筑的文脉特征 128

4.5 苗疆古道的建筑文脉 131

　　4.5.1 苗疆古道沿线村寨选址与聚落形态模式语言 ...131

　　4.5.2 苗疆古道苗寨公共建筑模式语言 134

　　4.5.3 苗疆古道沿线民居建筑模式语言 135

　　4.5.4 苗疆古道沿线建筑的文脉特征 137

第五章 壮泰文化廊道的建筑文脉／141

5.1 壮泰文化廊道的概念 142

　　5.1.1 壮泰文化廊道的文化内涵 142

　　5.1.2 壮泰文化廊道的古道 143

5.2 百越古道沿线的壮族建筑文脉 146

　　5.2.1 百越古道沿线的壮族村寨选址与聚落形态 146

　　5.2.2 百越古道沿线的壮族公共建筑文脉模式语言 ...148

　　5.2.3 百越古道沿线的壮族民居建筑文脉模式语言 ...153

　　5.2.4 百越古道沿线的壮族建筑文脉特征 157

5.3 百越古道沿线的傣族建筑文脉 160

　　5.3.1 百越古道沿线的傣族村寨选址与聚落形态 160

　　5.3.2 百越古道沿线的傣族公共建筑文脉模式语言 ...161

　　5.3.3 百越古道沿线的傣族民居建筑文脉模式语言 ...163

　　5.3.4 百越古道沿线的傣族建筑文脉特征 164

5.4 百越古道沿线的侬族、热侬族、普泰族等

建筑文脉 167

　　5.4.1 侬族与热侬族建筑 167

5.4.2 普泰族与掸族、水族建筑.....................167

5.4.3 京族建筑.....................................167

5.5 黔桂古道沿线的侗族建筑文脉..........................169

5.5.1 侗族戏楼与鼓楼组合而成的聚落心脏空间
模式语言.......................................169

5.5.2 以鼓楼为中心的侗寨"五要素"建筑文脉
模式语言.......................................170

5.5.3 以侗族木构建筑"吊脚楼"为居住空间体系的
模式语言.......................................178

5.6 黔桂古道沿线的布依、毛南、仫佬族建筑文脉....179

5.6.1 布依族建筑...................................179

5.6.2 毛南族建筑...................................180

5.6.3 仫佬族建筑...................................180

5.7 滇越古道沿线的哈尼族建筑文脉......................183

5.7.1 滇越古道沿线的哈尼族村寨选址与聚落形态...183

5.7.2 滇越古道沿线的哈尼族民居建筑模式语言.......185

第六章 秦蜀文化廊道
的建筑文脉

191

6.1 秦蜀文化廊道的概念.....................................192

6.1.1 秦蜀文化廊道的文化内涵.....................192

6.1.2 秦蜀文化廊道的古道.........................192

6.2 荔枝道-子午道沿线的建筑文脉........................196

6.2.1 荔枝道-子午道沿线村寨选址与聚落形态........197

6.2.2 荔枝道-子午道沿线公共建筑文脉模式语言....199

6.2.3 荔枝道-子午道沿线民居建筑模式语言..........204

6.3 傥骆道沿线的建筑文脉.................................207

6.3.1 傥骆道沿线村寨选址与聚落形态..............208

6.3.2 傥骆道沿线公共建筑文脉模式.................208

6.3.3 傥骆道沿线民居建筑模式语言................209

6.4 褒斜道-米仓道沿线的建筑文脉.......................210

6.4.1 褒斜道-米仓道沿线村寨选址与聚落形态........210

6.4.2 褒斜道与米仓道公共建筑文脉模式.............213

6.4.3 褒斜道与米仓道民居建筑文脉模式.............216

6.5 陈仓道–金牛道沿线的建筑文脉 **218**

6.5.1 陈仓道–金牛道沿线村寨布局与遗址形态........218

6.5.2 陈仓道与金牛道公共建筑文脉模式.................223

6.5.3 陈仓道与金牛道民居建筑文脉模式.................227

6.6 小结...**229**

7.1 西南地区西洋文化廊道的概念...........................234

7.1.1 西洋文化廊道的形成...................................234

7.1.2 传播方式与文化廊道...................................234

7.2 西南地区西洋文化廊道水路的建筑文脉...............236

7.2.1 珠江水系（滇黔桂地区）沿线的建筑文脉......236

7.2.2 长江水系（川渝地区）沿线的建筑文脉.........241

7.3 西南地区西洋文化廊道陆路的建筑文脉...............249

7.3.1 沿海地区的陆路通道建筑文脉.......................249

7.3.2 沿边地区的陆路通道建筑文脉.......................255

7.4 小结...**262**

后记...**266**

作者简介...**267**

第七章 西南地区西洋文化廊道的建筑文脉／233

第一章

人类文化学与西南文脉

1.1　人类文化学与文脉

1.1.1　文化人类学

人类学（Anthropology）一词，起源于希腊文，意思是研究人的学科。这个学科名称首次出现于德国哲学家亨德在1501年的作品《人类学——关于人的优点、本质和特性、人的成分、部位和要素》中。当代人类学具有自然科学、人文学与社会科学的源头，它的研究主题有两个方向：一是人类的生物性和文化性，二是追溯人类今日特质的源头与演变。文化人类学是人类学的一个分支学科，它研究人类各民族创造的文化，以揭示人类文化的本质，使用考古学、人种志、人种学、民俗学、语言学的方法、概念、资料，对全世界不同民族作出描述和分析。1901年，美国考古学家W.H.霍姆斯创用这一专称，旨在研究人类的文化史，以区别于研究人类自然史的体质人类学。目前学界有把二者合并为社会文化人类学的趋势。人类学学科存在以来，人类学家就聚焦于聚落与居住空间，思考公共与私人的边界、文化形态以及物质性。早期的人类学家大都依据航海者、探险家、传教士记述的民族志材料，进行跨文化比较研究。至19世纪末，人类学家开始注重深入细致的实地调查。揭示人类文化的整体结构、特征及其发展演变规律，展现这些文化现象背后的共同本质与普遍规律。

文化学以人类文化现象及其发生发展规律为研究对象，研究的是文化的起源、演变、传播、结构、功能与本质、文化的共性与个性、特殊规律与一般规律等问题。文化人类学的研究方法大致可分为两种：一为跨文化比较分析，一为实地调查。文化人类学是相对于体质人类学提出的概念及理论，是从族群的文化特征及文化史的角度研究人类学而形成的人类学的一个重要分支。1922年，英国人类学家马林诺夫斯基在《文化论》中说："科学的人类学应当知道它的首要任务是建立一个审慎严谨的文化论。"科学的人类学是对各种文化做功能的分析，要"根据经验的定律"或遵守"功能关系的定律"进行。

费孝通的"差序格局"，就曾用"石投水中的圈圈波纹"，来形构了乡土中国以个人为中心，层层外推到家庭、近邻、社区和国家的结构。费孝通先生解剖中国传统社会，使用的是社会结构分析方法，这是社会学通用的方法。在费先生之前，法国社会学家迪尔凯姆就曾用"有机团结"和"机械团结"两个概念区分传统社会和现代社会。费先生为更准确地区分中国传统社会和现代社会，提出了"差序格局"和"团体格局"概念，其中"差序格局"尤可谓是费先生的独创，并被国际社会学界所接受。关于差序格局和团体格局的区别，他打了个比方：西方社会以个人为本位，人与人之间的关系，好像是一捆柴，几根成一把，几把成一扎，几扎成一捆，条理清楚，成团体状态；中国乡土社会以宗法群体为本位，人与人之间的关系，是以亲属关系为主轴的网络关系，是一种差序格局。在差序格局下，每个人都以自己为中心结成网络[1]。

20世纪以来，许多人类学家开始转向所谓"文化多元论"观点，并出现许多流派。巴斯蒂安等提出了文化与社会进化的时间序列，着重文化的纵向发展。泰勒在《原始文化》中提出文化是进化的。博厄斯和文化历史学派注重实地研究并倾向于所谓功能观点，坚持对任何一种文化进行整体性的考察。美国人类学家哈里斯提出文化唯物论的思想。

新石器时代人类有了住房后，就一直有着自己的理念。至19世纪欧洲启蒙思潮的铺垫下，诞生了建筑人类学。建筑是人类社会的文化现象之一，因此，建筑人类学应该属于文化人类学内部的组成部分。建筑学方面的研究则是以城市、村镇、聚落、房屋为对象，着眼于物质环境、空间构成、构造和材料技术等诸方面。两者的共同之处在于都要对人类的社会性活动进行文化层面的研究。建筑是社会文化整体构架中的一个组成部分，它受到文化习俗、行为模式、外部环境的深刻影响，故建筑空间形态必然与当时的文化环境相对应。

拉德克利夫-布朗在《现代社会的人类学研究》（1935）一文中认为，任何文化都是一个完整的体系，因而主张用社会学的方法研究各种文化现象。马林诺夫斯基认为，不同的文化功能构成不同的文化布局，文化的意义依它在"人类活动体系中所处的地位、所关联的思想以及所有的价值而定"。英国伦敦大学教授维克多·布克利将"建筑人类学"依照人类学学科发展的脉络，把人类学家们对于建筑形式与空间所作的思考进行了详尽地梳理，解释了人类学家们如何思考公共与私人的边界、性别、性和身体、建成形式以及材料的物质性、建筑技术和建筑表现，以及建筑如何塑造人与形态，如何维系和解析社会关系。常青院士曾说，这本书"对两个世纪以来的那些以人类学观点、眼界和方法，观察和解析建筑现象的各类学说，做出了非常系统地梳理和述评，拓展了当代建筑学的关联域，丰富了其理论内涵[2]。"

海德格尔对建筑问题的讨论，主要是以现象学的方式，从生存论，存在论的角度来谈论建筑，从人的生存本质方面来谈论建筑。海德格尔在《筑、居、思》中的思想进行了建筑化和图像化的解释，场所精神是走向建筑现象学的第一步。他认为，只有当人体验了场所和环境的意义时，他才"定居"了。

在建筑与空间的解读中，人类学家是一个不可忽视的群体。自文化人类学作为一门学科存在以来，人类学家便一直在思考建筑与空间形式，并贡献了极为丰富的素材与思考。

文化人类学研究社会-文化现象，为建筑的历史理论研究和建筑创作提供了新的维度。其认为建筑作为构成文化的重要一支，对它的研究应当建立在文化整体观基础上，运用文化人类学的理论和方法，分析习俗与建筑、文化模式与建筑模式、社会构成与建筑形态之间的关系。

建筑人类学将文化人类学的研究成果和方法应用于建筑学领域，不仅研究建筑自身，还要研究建筑的社会文化背景。建筑人类学注重研究社会文化的各个方面，研究人类的习俗活动、宗教信仰、社会生活、美学观念及人与社会的关系。正是这些内容构成了建筑的社会文化背景，并最终通过建筑的空间布局、外观形式、细部装饰等表露出来。建筑形式是对当地历史文脉解读和对当地建筑物质世界研究的一个主要内容。建筑作为一种地域性、历史性的物质形态呈现，形成了相关族群的社会生活与管理模式。对于传统建筑的调查研究，需要跟人类社会生活的研究紧密结合。建筑作为人类居住的构筑物，它的功能、形制及空间结构无不反映了当时社会的组织形式。

1.1.2 文化逻辑与建筑

在公元前5世纪前后，世界上形成了中国古典逻辑、印度古典逻辑、古希腊亚里士多德逻辑三大逻辑体系。文化逻辑是在一种文化中，以逻辑体系为基础所建立起来的思维方式与认识方式。文化逻辑是文化活动的中枢，制约着文化创造的进程，形形色色的文化现象都与深深隐藏在下面的文化逻辑有直接关系。在世界各地，文化因为地域或人文不同而有所差异，这些就构成了各个地域的可区分性和差异性。研究一个国家的文化，不仅要分析其饮食、建筑、生活习俗、诗歌等各方面，还要意识到真正的答案可能就在文化逻辑里面。亚里士多德的逻辑学，恰好适应了古希腊当时的社会需要；而中国的逻辑则强调辩证理性，原则是抽象与具体在理论思维中的统一，同时以不同文化的和谐共存为原则，这是与西方文化逻辑完全不同的体系。

文化逻辑与建筑紧密相连。古罗马建筑理论家维特鲁威的《建筑十书》认为建筑可能的起源来自于一些"原始"的原型，来源于人们有序地把不同的要素组装到一起的行为，并最终促进了社会和人类的产生。文明总有它的发源地。文明在一个地方创造出来后，慢慢地就被人们传播到其他地方，成为一个地区、一个民族的文化。文明的传播在刚开始的时候，有模仿，有复制，但并非是一成不变、完全照搬的。有的文明在传播过程中和所在地方原有的文化相遇，形成文化的交流和融合。原有文化会发生变化、转型、发展，这些都凝聚着一个时代的精神精华和人类的智慧，其文脉随着人类一代一代的繁衍而被延续保护下来，相传留存，继承发扬，经过漫长的熏陶浸润，逐渐成为一种民族精神、民族灵魂。

人类的文脉精髓会蕴含在人类体现出来的文化现象中，它的神韵潜藏在人类创造的文明物像中。《诗经》云："伐柯伐柯，其则不远。"每一个新时代会创造出文化现象，会有新的文脉出现。文明发展到一定的阶段，便形成自己独立的特点，表现在文脉的出现与物质发达程度也许毫无关系，这意味着精神便逐渐与物质相脱离，而异化为抽象的独立存在。随着人类思维的发达，哲学、文学、艺术会随之繁荣发达起来，文化的形态会慢慢从器物上抽象出来，从追求实用上超越出来，这使文脉升华到了一种新的境界，如果一个时代没有代表其文明的物质成果，文脉就失去了依存的载体，即所谓："人类而无文象，是谓无体；人类而无文脉，是谓无魂。"一个民族的灵魂之所以不灭，就是因为其文脉绵延不绝。正所谓"一脉文心传万代，千古不绝是真魂"[3]。

文化是社会结构体系的工具，文化功能的发挥受各种社会结构层次的制约，文化体系不仅决定人的价值观念，也构成人的行为准则。美国实用主义哲学家杜威在《文化与自由》一书中说："每一种文化都有它自己的样式，其组织的力量有它自己独特的安排"，它们中的每一个与其他现象都互相关联、互相作用，都是整体中不可分的一部分。马斯洛1943年在《人类激励理论》一文中提出了文脉功能与人类基本需求理论。文化模式与建筑形式、居住环境存在一定的相互关系。古希腊的外向型性格和科学民主的精神不仅影响了古罗马，还影响了整个西方世界：古希腊广泛地使用柱廊等结构以突出建筑的实体形象，东西方的建筑文化产生了非常明显的区别，这些区别往往可以从文化逻辑上找出形成因素。同样，也可以从建筑的差异中了解各地的文化的差异性。地域建筑存在与自然、文化上的逻辑关系。

　　建筑的基本功能是为人类提供身体和精神的庇护，建筑的建造就是一个技术转化为人类实际需求的过程。古代中国社会组织的结构是相当森严的，伦理制度的外化，反映在建筑上，就表现为建筑形制的定型，以及使用上的严格限制。不同的文明会产生不同的建筑形式与类型。由于各地的文化背景不同，风俗习惯不一，导致各国、各地区建筑风格迥异。综合分析，建筑往往会反映或体现出当时的文化逻辑观念。

1.1.3　文化模式与建筑

　　文化模式是社会学与文化人类学研究的课题之一，分为特殊的文化模式和普遍的文化模式两类。特殊的文化模式是指各民族或国家具有的独特的文化体系。它是由各种文化特质、文化集丛有机结合而构成的一个有特色的文化体系。文化都是由各个不同的部分组成的，这种文化构造适用于任何一个民族的文化。美国人类学家C.威斯勒尔认为，普遍的文化模式包括以下9个部分：语言、物质特质、美术、神话与科学知识、宗教习惯、家庭与社会体制、财产、政府、战争。各民族或国家之间有着不同的文化，即文化模式的不同。如在以农业为主的经济背景下，众多的农村人口、浓厚的家族观念、重人伦、对祖宗及传统权威的崇拜等因素互相联系，形成了中国传统的文化模式。

　　文化模式这一概念有各种不同的含意。不同的文化人类学家对文化模式的理解也不同。《文化模式》一书的作者本尼迪克特认为：文化模式是相对于个体行为来说的。她认为，人类行为的方式有多种多样的可能，这种可能是无穷的。但是一个部族、一种文化在这样无穷的可能性里，其选择有自身的社会价值趋向和行为方式，包括在经济、政治、社会交往等领域的各种规矩、习俗，并通过形式化的方式，形成风俗、礼仪，从而结合成一个部落或部族的文化模式。文化模式是历史创立的有意义的系统，据此我们将形式、秩序、意义、方向赋予生活[4]。

　　由于宗教、种族、阶级、环境等不同便会生文化差异。文化模式的差异，更主要是文化特质的复杂交织所导致的结果。本尼迪克特在《文化模式》中的理论丰富了人们对文化的理解，同时也提供了文化本质探寻的路径。文化并非仅仅是其各个构成特点的总和，而是这些构成部分彼此互相联系，互相影响，不断融合，变得密不可分，从而形成的整体文化形态。我们应当尊重各种不同的文化模式，他们都有自己存在的价值和理由，没有所谓好坏之分。考察一个民族、一个时代的文化，最重要的是把握该文化的整体结构和基本特征。

　　建筑是文化的载体，文化是建筑的灵魂。建筑是用以满足人类生存活动的空间环境，建筑在满足人类生活、生产活动等功能性目的的同时，又可以寄寓民俗观念，反映社会意识，表现审美情趣。亚历山大在《建筑模式语言》一书中，提出一栋建筑应该是一个建筑群体，它由一些较小的建筑或较小部分所组成，通过它们表现其内部社会功能，建筑物是社会集团或社会结构在外部的具体表现，其分析了建筑和城镇，建立了关于建筑和规划的模式语言理论体系。模式作为一个整体，作为一种语言，可以创造出千变万化的建筑组合。文化在历史上延续存在愈久远，其模式愈稳定，其个性特征也愈突出。中国古代建筑中的院落、木构架对称格局等都是表现。中国西南少数民族也在特定的生态环境中，经过长期创造、积累和发展等生活实践，形成了独具特色的文化模式。

1.1.4 建筑文脉

文脉（Context）一词，最早源于语言学范畴。它是一个在特定的空间发展起来的历史范畴，其上延下伸包含着极其广泛的内容。从狭义上解释即"一种文化的脉络"。美国人类学艾尔弗内德·克罗伯和克莱德·克拉柯亨指出："文化是包括各种外显或内隐的行为模式，它借符号之使用而被学到或传授，并构成人类群体的出色成就。"其把"文脉"界定为"历史上所创造的生存的式样系统"。

文脉主义是后现代主义理论的重要组成部分，将不完善的、过程中的建筑形式，和谐地安置在自然环境、历史环境或人工环境之中，以使建筑反映出它所在地段的历史性。文脉主义将常见的要素，以隐喻、象征、片断联想的方式，得到物质和历史文脉的双重解释，从物理上表现出这种新解释下的文脉。建筑家斯特思将文脉主义定义为"追求新建筑亲昵于环境，不管是自然环境还是人工环境，强调个性建筑是群体的一部分，同时还使建筑成为建筑史的注释"。

文化行为模式提出者德弗勒指出：人类的行为是由行为主体、行为客体、行为环境、行为手段、行为结果五个要素构成的。通过此行为，某物实现了它的目的。《礼记》载："昔者先王未有宫室，冬则居营窟，夏则居橧巢"，可见"巢者与穴居"也非因地域而截然分开。半坡遗址中许多小房子全都以一个大房子为中心，这是一种原始社会的生活方式。原始的居住栖身功能满足之后，人类丰富的情感内涵使住所逐渐升华为感知空间，与动物巢穴有了本质区别，审美、宗教等体现精神价值的因素成为建筑中不可或缺的一部分，同时还承载着一定的伦理功能，共同组成了建筑文化。海德格尔说："建筑的本质是让人安居下来。"建筑文脉，是指城市文脉中的建成环境以及其承载的社会文化背景与人的心理等。它是人们为了满足自身生活和生产需要建造的空间环境，主要是指建筑物、街巷这些有形形体以及它们共同构成的各种无形空间的形态、尺度以及色彩等。建成环境承载着人与人、人与自然、人与社会的多重关系。查尔斯·詹克斯提出"特定性+都市化"，即一方面注重城市原有结构和脉络，另一方面注重城市的周围环境，要重视历史文化传统内涵，并把两者相结合。刘先觉在其《现代建筑理论》一书中详细介绍了建筑设计中文脉主义的提出与发展，归纳总结了建筑文脉延续的一些手法，并在此基础上将文脉主义观念推广至城市领域，提出了城市文脉的设计标准、元素和素材。对文脉的分析是要去理解场地的原有条件、场所精神，以及自然、视觉、听觉和其他方面的主要因素，而环境更多地是与地区的自然和气候条件联系在一起[6]。建筑是经济、技术、艺术、哲学、历史等各种要素的综合体，不同国度、不同民族、不同生活方式和生产方式在建筑文脉中都有所反映。普利兹克奖得主王澍先生一直坚持中国传统营

图1-1-1　建筑文脉构成图

造的文化观，扎根于中国民间的传统营造技术研究，在建筑与环境之间试图营造出带有中国文人气质的建筑内涵。高迪认为，在建筑中形式只占第四位。第一是情景，第二是尺度，第三是材料颜色，第四才是形式。建筑文脉隐含了彼时彼地的"适宜"问题，其更加关注建筑与自然、建筑与城市、建筑与文化[5]。（图1-1-1）

1.2　西南文脉概述

中国西南地区自然区划上包括现在的四川、重庆、贵州、云南、西藏以及陕西南部、湖北西北部、广西北部。西南地区众多民族皆有其自身的形成、发展过程。西南地区少数民族类别众多，各民族在历史发展中形成了许多优秀的文化传统和独特的生态人居环境意识以及丰富的古国文化、古道文化、民族文化。众多学者对西南地区文化进行了大量的相关研究，相关学者出版了《西南与中原》、《骆越古国历史文化研究》、《茶马古道》、《西南寺庙文化》、《中国西南地域建筑文化研究》等学术研究著作。

1.2.1　西南地区的古国文化

西藏历史上的古国：古象雄国是古代横跨中亚地区及青藏高原之大国，历史上曾称它为羌同、羊同。由于"古象雄文明"有着悠久灿烂的历史，其已被列入世界文化遗产的保护范围。（图1-2-1）

四川历史上的古国：四川盆地，又称巴蜀大地，在这片土地上，曾经有两个强大的部落国家——以成都为中心的蜀国和以重庆为中心的巴国。巴国形成于商周之际，据《辞源》记载："巴者，古国名，位于今重庆市及四川省东部一带"。同时期依然存在其他著名古国，如古郫国。

云南历史上的八大神秘古国：古滇王国、句町国、哀牢古国、勐卯古国、南诏古国、果占壁王国、自杞国、大理国。大理国是云南最知名的古王国，其是中国宋代以白族为王室，彝族为主体民族的少数民族联合政权，其政治中心在洱海一带，疆域大概是现在的云南省、贵州省、四川省西南部、缅甸北部地区以及老挝与越南的少数地区。自杞国——滇东最辉煌的古国，是南宋时期滇东、黔西南地区的一个以彝族为主体的少数民族政权。鼎盛时其疆域北至曲靖，南达红河，西抵昆明，东到广西红水河。

贵州历史上的古国：夜郎古国、罗殿古国（也作罗甸国）、牂牁国、罗氏鬼国、且兰国、自杞国。夜郎古国是汉代西南较大的一个部族国家，地域大致是贵州及湖南西部、广西北部一带。司马迁在《史记·西南夷志》中记载："西南夷君长以什数，夜郎

图1-2-1　古象雄国遗址（作者自绘）

图1-2-2　骆越古国花山岩画

最大。"西南夷在历史上泛指云贵高原与川西的古老民族，夜郎文化便是西南古老民族文化的代表。

广西历史上的古国：南越国、苍梧国（南越苍梧）、句町古国、骆越古国、古"桂国"、始安国、长生国、大历国、大南国。骆越古国，是先秦壮侗语族的民族祖先在岭南建立的，骆越人是今天壮族、侗族、黎族、毛南族、仫佬族、水族等少数民族的祖先。骆越古国的范围北起广西红水河流域，西起云贵高原东南部，东至广东省西南部雷州，南至海南岛和越南的红河流域。（图1-2-2）

西南地区的句町古国横跨云贵，句町原是濮人的一个部落，居住于云南东南部、广西西北部。句町国继滇国、夜郎国成为横跨桂西、云贵高原前沿的文明古国。南昭国曾被人称为"西南第一王国"，是中国唐朝时含现时云南全部、贵州、四川、西藏、越南及缅甸一部分的国家。

1.2.2　西南地区的古道文化

在中国分布有众多的古道遗址，它们是中国历史文化发展的见证者和内涵的承载者，具有很高的历史人文价值、考古科研价值、自然生态价值等。有关古代南方丝绸之路的最早记载见于公元7世纪前，当时在史书中略微记载了中国西南地区通向国外的第一条陆上商道：

它起于四川成都，途经云南大理、保山、腾冲及缅甸北部，由印度的阿萨姆、孟加拉、北印度以及西亚地区，最后到达大秦（即古罗马帝国）。据《史记·西南夷列传》记载："巴蜀民或窃出商贾，取其筰马、僰僮、髦牛，以此巴蜀殷富。"巴蜀地区的商人通过南方丝绸之路与南亚等国进行货物交换往来，发展了巴蜀经济。早在汉王朝势力进入西南地区之前，便存在着长期边境贸易的历史。

　　西南地区的古道众多，国内外学者进行了大量的相关研究，如教育部人文社会科学重点研究基地——四川师范大学巴蜀文化研究中心的段渝教授主持的国家社会科学基金重大招标课题《南方丝绸之路与欧亚古代文明》，以及管彦波研究员的《西南史上的古道交通考释》，对西南地区川滇黔、滇黔桂、滇川藏古道交通分别作了考释，分析了这些古道形成的社会历史文化动因。陈保亚教授的《陆路佛教传播路线西南转向与茶马古道的兴起》，对佛教传播路线与茶马古道的关系进行了论述。韦浩明教授的《潇贺古道历史文化研究》探讨了潇贺古道区域的族群、族群互动、族群文化特征及其族群文化认同的情况。西南代表性的古道有茶马古道、古蜀道等。虽然西南古道"难于上青天"，但由于各地的优势不同，互补性很强，为了生存与发展，一直存在相当规模的民间贸易，并终于流淌成各地间相互沟通的大动脉，成为大西南地区的联系纽带。各地区都在某种程度上，分享了世界上的资源和智慧，使得人们都能改进各自的生活方式，从而相互包容和吸收，形成文化上的多元一体格局，产生了西南古道的民间性及其经济、文化双重价值[7]。（图1-2-3）

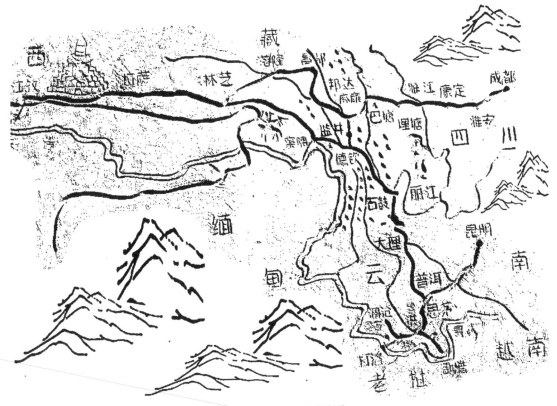

图1-2-3 茶马古道地图

1.2.3　西南地区的民族文化（谱系）

汉藏语系（Sino-Tibetan languages）一词由法国人让·普鲁祖斯基于1924年提出，属于语言系属分类的一种，是用汉语和藏语的名称概括与其有亲属关系的语系，分为藏缅语族和汉语族，是四百多个语种的统称。中国为该语系语言使用人数最多的国家，中国大多数民族为汉藏语系民族。这个语系至少包含汉语语族、藏缅语族、苗瑶语族以及壮侗语族，其主要分布在中国、越南、老挝、柬埔寨、缅甸、泰国、印度、尼泊尔、不丹、孟加拉等亚洲各地。根据中国学术界的一般观点，汉藏语系分为四个语族，即汉语族、壮侗语族（或称侗台语族、侗泰语族、台语族）、苗瑶语族和藏缅语族。根据这一划分，讲汉藏语系诸语言的人群，涵盖了中国约26个民族，包括汉族、壮族、侗族、水族、仡佬族、黎族、毛难族、布依族、傣族、苗族、瑶族、藏族、彝族、纳西族、拉祜族、哈尼族、白族、景颇族、羌族、独龙族、怒族、土家族、阿昌族、门巴族、珞巴族、普米族等。我国众多民族主要分布在东北、西北和西南地区，以云贵高原为中心的西南地区的民族种类最为众多。

西南地区具有多样性文化特征。多样性及其演变是世界各地环境史普遍存在的现象。多样性包括生态环境多样性、生态系统多样性、生物多样性、族群多样性、文化多样性等。西南民族最早有氐羌、百濮、百越等几大古老族群，而后相继有汉、苗瑶、蒙古、回、满等族群进入，形成了集聚与杂居并存的分布局面。文化的多样性源于族群多样性。在西南各民族中，有人类所创造的所有采集、狩猎、农耕、畜牧类型，所有原始传统的交通方式，所有原始传统的聚落形态和民居建筑，所有原始和传统的食物加工方式，种类繁多异彩纷呈的原始和传统的民族服饰等。西南地区众多族群及其支系都具有独特的社会组织、制度和风俗习惯，除社会形态之外，文化多样性还体现于各民族的宗教信仰、文字古籍、节庆祭祀、诗歌传说、歌舞戏剧、文学艺术等方面[8]。世界范围的民族分布情况有大聚居、小聚居、杂居和散居等基本模式。长期稳定的多民族小聚居或杂居格局一般意味着多样性文化共存共生。通过中国南方跨国民族地区的民族文化多样性进行论述，可以发现多民族、多样性文化互动条件下各民族认同情况的诸多特点[9]。

西南地区地势高差悬殊，自古以来四川就以"蜀道之难，难于上青天"而著称，而云贵高原上更有"地无三里平"之说，犹如一道坚固的天然屏障，既隔绝了该地区内的人们与外界发展经济文化等方面的交流，同时，在历史上生产力水平还不高的情况下，它也有力地阻挡了一切外部民族对该地区的兼并与对区内民族的同化与融合。在相当长的历史时期内，它们各具形态，生生不息，演绎着共生共荣的自然史。西南民族族群垂直分布，不同族群居于不同的生态位。不少学者对西南地区的山地文化进行了相关研究，如学者黄才贵的《康雍乾时期的贵州山地文化观》、黄光宇，李和平的《山地历史文化遗产的保护观念——论重庆黄山陪都遗址的保护与开发》、肖竞，李和平的《西南山地历史城镇文化景观演进过程及其动力机制研究》、潘年英所著的《西南山地文化考察记》等。（图1-2-4）

图1-2-4 西南山地村落

1.3 形成西南建筑文脉的三大因素

　　盖特梅尔的三重性体系描述了三种类型的人类社群：狩猎与采集社群，游牧民社群，农业人群。在这个体系中，真正的建筑只可能随着农业定居人群的建造活动而产生。笔者认为，在此理论基础上应该再加上一个商业人群，才更符合社会的实际发展。笔者在本文建筑文脉研究中将这一因素，进一步归纳成廊道文化因素。提出西南建筑文脉的三大因素：农耕文化因素、族群文化因素、廊道文化因素。（图1-3-1）

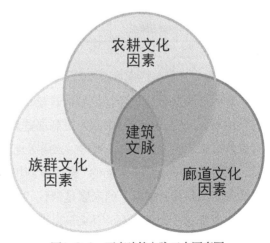

图1-3-1 西南建筑文脉三大因素图

1.3.1 族群文化因素

　　1）西南地区的主要族群考略：在黄河流域出现了华夏文明的时候，西南地区的民族也创造了自己的文明，而且有些文明的时间并不会晚于华夏文明。20世纪80年代初，著名民族学家、社会学家费孝通先生在1978、1981和1982年有关民族问题的三次发言中逐步提出和完善"藏羌走廊"、"西北走廊"、"岭南走廊"等"民族走廊"的概念。杨庭硕与罗康隆在其著作《西南与中原》中对西南的文化族群谱系进行的相关研究，归纳出西南各民族汉藏族类、孟-高棉族类和阿尔泰族类三个族类。（表1-3-1）

西南各民族族类　　　　　　　　　　　　　　　　　表1-3-1

汉藏族类	汉族族系	汉族族属	汉族（包括蔡家人、屯堡人、南京人、里明子、穿青、宋家等）
		回族族属	回族
	百越族系	壮傣族属	壮族、布依族、傣族
		侗水族属	水族、侗族、仫佬族、毛南族（含贵州佯僙人）
		黎族族属	黎族
		仡佬族属	仡佬族
	氐羌族系	藏族族属	藏族、门巴族、珞巴族、西藏的僜人
		黎族族属	黎族（包括他留人、阿细、撒尼、诺苏等支系）、傈僳族、纳西族、哈尼族、拉祜族、基诺族、白族、怒族、土家族
		景颇族族属	景颇族、独龙族、阿昌族
		羌族族属	羌族、普米族
	苗瑶族系	苗族族属	苗族（包括木佬、西家、绕家、东家、喇叭、三锹）、畲族
		瑶族族属	瑶族（布努、勉、拉伽）
孟-高棉族类	瓦-德昂族系	佤族族属	佤族
		德昂族族属	德昂族、布朗族
阿尔泰族类	蒙古族系		蒙古族

　　2）人口迁徙与西南族群聚落：从古代开始，统治者以政策手段，促进西南地区的人口流动。秦朝派军队征服了珠江流域的百越族，随后在珠江流域设置桂林、南海、象郡，并派官进行治理，同时迁徙50万中原人民到那些地区，与百越族杂居。西汉初期，汉武帝派人到西南少数民族地区，在四川、贵州、云南等地建立郡县，加强内地同西南的联系。（图1-3-2）

　　明末清初的战乱，清初的"湖广填四川"使得一个世纪内，四川接纳移民达600多万人。当代四川人口中80%以上的家庭是清代"湖广填四川"大移民的后裔，总数达六七千万人之巨，在成都这个比例更高，达95%以上。苗族历史上曾有五次大迁徙，除几次大迁徙外，还有很多小迁徙，但宋代前后，绝大部分苗人都先后到现在的居住地域定居。但元、明、清各代的统治者仍不断"进剿"，湘西、黔东南等地的苗民四处迁逃，但都不离开湘西、黔东南和川黔滇地域。历史上苗族的迁徙经历了很多地方，历尽了千辛万苦，直到19世纪才定居下来。《梁书·张缵传》说："零陵、衡阳等郡，有莫徭蛮者，依山险为居，历政不宾服。"这里的"莫徭"，指的就是瑶族。明中叶以后，部分瑶族由广西、云南进入越南、老挝、泰国等东南亚国家，成为他国居民，瑶族遍及南方六省（区）。[10]

3）关于西南族群聚落研究：20世纪上半叶，当时有些学者曾对西南少数民族之调查研究表示怀疑或反对，他们认为本地人群大多早已汉化。近年来海内外人类学界也不乏对中国族群问题的讨论，但这些讨论既表现出对清末和民国初年中西方的中国民族分类观缺乏相应的探讨，又表现出缺乏从学术史的角度探讨中国民族分类话语的流变及其

图1-3-2　八省地移民图

相关的政治语境等问题。20世纪上半叶中西方在西南民族分类中的两种视野，即"中国化的西南视野"与"帝国殖民化的东南亚视野"之间抗争，同时兼论中国人类学界在建构西南知识体系的过程中所遭遇的"西学"中国化的困境以及相关的地方能动性等问题[11]。

有学者提出，研究西南地区民族关系主要应在三个方面展开：一是民族社会与国家权力之间的互动关系；二是民族社会各民族之间的关系；三是汉民族与各少数民族之间的关系，并由此建立起了西南民族关系纵横交错的三重结构[12]。西南民族研究可以分为三个阶段：初创时期、民族社会历史语言大调查时期、承上启下的过渡性时期。若要为后来的西南民族研究提供新的方法，我们必须加大对民族学（文化人类学）、民族史、民族语言、民族问题、民族生态学、民族学与其他学科的交叉发展等问题的研究[13]。20世纪前半期在中国人类学学科建立之后，一批中国人类学家就深入到中国西南边疆地区进行田野工作，对中国人类学的发展作出了开创性的贡献，在学科理论与研究方法上进行了许多探索，使中国西南开始成为人类学研究的沃土。中国人类学西南研究的发展对学科理论和方法的演进、中外学术交流、民族国家缔造、民族和族群的划分等都产生了重要的影响[14]。

4）西南民族族类建筑类型：西南地区民族主要存在三大主要族类——汉藏族类、孟-高棉族类以及阿尔泰族类。其中汉藏族类包含汉族族系、百越族系与氐羌族系；孟-高棉族类主要是指佤-德昂族系；阿尔泰族类则主要指蒙古族系。汉藏族类在西南民族族类建筑类型中属于典型建筑类型，为现代的研究带来了历史的依据。

西南民族在很大程度上反映着中国古代多样性的民族情况，西南民族史在很大程度上反映着中国民族史，同时西南民族文化的细节也常反映着中国古代文化的细节。西南是中国三大文化板块延伸、接触、碰撞、交融的地区，这客观上导致了西南文化的多样性、复杂性。西南兼有中国三大文化板块的文化特征，地域文化类型相对应三种建筑体系[15]。（表1-3-2）

（1）百越族系：壮族及其先民自古就在华南——珠江流域生息繁衍，他们是广西乃至整个岭南地区最早的土著，也是中国历史上民族主体很少迁徙的民族之一。壮族经历了先秦远古时代的自主发展、秦汉乃至民国时期在中央政权治理下与汉族和其他少数民族杂处中生存和发展、中华人民共和国成立后的民族区域自治三个阶段。在文化发展的历程中，壮民族历

中国三大文化板块与西南建筑文化格局的关系脉络示意简表　　　表1-3-2

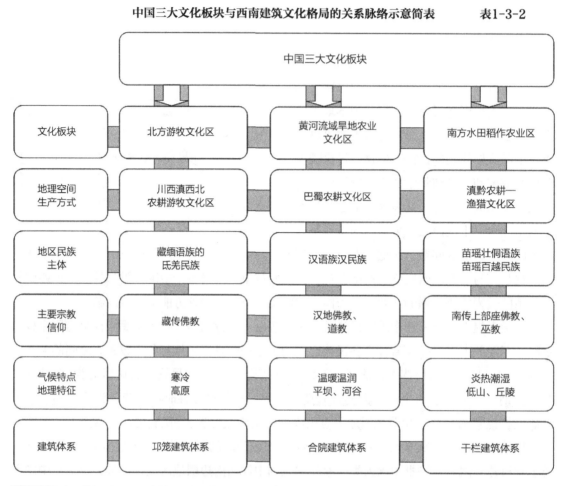

	中国三大文化板块		
文化板块	北方游牧文化区	黄河流域旱地农业文化区	南方水田稻作农业区
地理空间生产方式	川西滇西北农耕游牧文化区	巴蜀农耕文化区	滇黔农耕—渔猎文化区
地区民族主体	藏缅语族的氐羌民族	汉语族汉民族	苗瑶壮侗语族苗瑶百越民族
主要宗教信仰	藏传佛教	汉地佛教、道教	南传上部座佛教、巫教
气候特点地理特征	寒冷高原	温暖温润平坝、河谷	炎热潮湿低山、丘陵
建筑体系	邛笼建筑体系	合院建筑体系	干栏建筑体系

（资料来源：http://blog.sina.com.cn/s/blog_4eccae650100iunw.html）

经了"与越杂处"、"和辑百越"、"羁縻制度"、"土司制度"、"改土归流"等由历代中央王朝推行的强权措施，进而引起了其文化形成过程中不断地整合、变迁，形成了自身的文化特质。

　　壮族传统聚落和民居作为壮族文化传承与变迁的载体对于研究壮族社会历史文化、揭示壮族与其他民族间文化的相互影响颇具意义。长期以来，从民族学和自然、人文地理学的视角出发，对壮族地区人文与自然背景的分析，以聚落形态、建筑平面型制与构架类型作为依据，采用了文化圈属的分类方法，对广西壮族人居建筑文化进行了区划，分为：桂西北干栏区、桂西及桂西南干栏区、桂西中部次生干栏区与桂东地居区四大分区。建筑文化分区的真正原因在于山形走势、气候与植被、族群与风俗习惯、流域与文化传播等诸多方面的地域差别。要想把握壮族传统民居的建筑学基因，需要分析壮族民居差异化背后的族群、建筑技术与文化传播等方面的诸多差别，并对壮族民居演变的内在机理进行剖析，关注壮族传统民居的装饰艺术、建造文化和营建经验。[16]

　　（2）氐羌族系：按照地理特征和民族属性，川渝可分为西部高原山地区和东部盆地山地区两大地理单元。高原山地区以藏、羌、彝等少数民族为主体，盆地山地区以汉族为主体。

历史时期川渝西部高原山地区的民居主要分为石室、板屋、土屋和帐房四种基本类别，其成因与自然地理环境、建筑功能的要求、社会文化的影响以及建筑本身的演变密切相关。在建筑材料、民居选址和民居形态上，高原山地区的传统民居显著受到具体自然环境和气候条件的限制，导致地域不同，类型不一。出于生产生活的便利和在动荡社会环境中自保的需要，藏羌民族采用相同的民居类型，民居的防御形式和内部功能较为趋同。不同社会文化力量，尤其表现为宗教信仰、思想观念等方面的影响，使民居逐渐染上个性的色彩，打上民族的烙印，导致藏、羌、彝族住宅风格各异。

历史上，东部盆地山地区的民居主要为中式屋宇，属于传统的木结构建筑，经历了由单一的干栏式逐步发展为形式多样的民居体系的演变过程。先秦时期盛行各种干栏式，秦汉时期受到中原文化的影响，抬梁式的庭院逐渐成为主流，民居形制的主体渐成。魏晋南北朝时期，各种形式的干栏与中式合院并驾齐驱、相得益彰。进入唐宋，住宅结合园林营造形成宅园民居，前店后居的店宅形制得到推广。到明清时期，各种风格的民居建筑随移民入川，各类住宅相互融合并逐渐走向定式，最终形成以"悬山顶小青瓦屋面、木结构的穿斗式、木板墙或编竹夹泥墙、大出檐或宽前廊、扁长的天井院"为主要特征的区域建筑体系，这显然是一个由自然环境与社会环境互动影响，其间各种因素错综交织，历史人文多重累积的运行过程[17]。自费孝通先生在1978年提出藏彝走廊概念后，藏彝走廊引起国内外学者的普遍关注。众多研究者立足于各自的研究领域，力图以区域文化和族群互动的眼光来解析这一特定区域，这些探讨，对进一步丰富和完善中华民族多元一体的理论具有重要意义[18]。（表1-3-3）

族群文化要素影响下的西南建筑文脉代表性类型　　　　表1-3-3

壮族干栏式建筑

傣族竹楼建筑

藏族建筑

仫佬族建筑

侗族建筑

苗族吊脚楼建筑

瑶族建筑

彝族土掌房建筑

羌族帐篷建筑

白族合院式建筑

哈尼族蘑菇房建筑

汉、彝融合的"一颗印"建筑

1.3.2　农耕文化因素

农耕文明，是指由农民在长期农业生产中形成的一种适应农业生产、生活需要的国家制度、礼俗制度、文化教育等的文化集合。中国的农耕文明集合了儒家文化及各类宗教文化为一体，形成了自己独特的文化内容和特征，其主体包括国家管理理念、人际交往理念以及语言、戏剧、民歌、风俗及各类祭祀活动等，是世界上存在最为广泛的文化集成。西南地区具有非常明显的传统农耕文化要素。

1）山地环境与稻作文化形成的建筑模式语言

水稻田不仅提供了当地最重要的口粮，维护了生态，还有文化传承的功能。稻作梯田是我国西南传统农耕文化的伟大创造和典型代表，梯田在山岭重丘间星罗棋布，在漫长农业发展史中，积淀了丰富的稻作文化内涵[19]。秦汉时期是西南开发的第一个高潮时期。在这一时期，西南大部分地区的农业经济由从前长期停滞的原始粗耕水平，发展到精耕细作阶段，并形成了非常发达到巴蜀农业区。秦灭巴蜀后向当地的移民，也带来了关中先进的农耕文化。汉武帝以后，随着中央王朝势力向西南地区南部深入，西南农耕区进一步扩大。巴文化是巴人在自身的民族繁衍、发展的历史进程中，在巴地高山大川的自然基础上创立，并与汉文化、楚文化、蜀文化等融合而成的一个包含多层次、多方面内容的区域文化形态巴文化是典型的西南山地文化，也是整个中华文化系统中重要的组成部分。（表1-3-4）

西南山地民族建筑比较表　　　　　　　表1-3-4

西南山地民族	黎族	木瓦房	以木板作"瓦"引流雨水，覆盖屋顶的房子
	哈尼族	土掌房	土坯砌墙或用土筑墙，墙上架梁，梁上铺木板、木条或竹子，上面再铺一层土，经洒水抿捶，形成平台房顶
	傈僳、怒、独龙族、摩梭族	木垒房	四周以由下而上排列起的椽子为墙，上覆以砍刀削劈的木板，内铺木板或编制的竹篾笆
	白族、纳西族	瓦房	"三坊一照壁"、"四合五天井"
	布依族、毛南族	石头房、石板房	石板房的结构形式是"内木外石"，除檩条、椽子是木料外，其余全是石料
	仡佬族	"穿斗房"（高架房）	穿斗房以木做梁架，厚木板装镶作壁
	壮族	干栏式	木材、砖瓦、石材
	傣族	竹楼	木材、竹
	苗族、瑶族、侗族	吊脚楼	木材、砖瓦、石材

百越民族是在我国长江中下游地区开创稻作农耕的民族，后来部分百越族群在往西南地区迁徙的过程中传播了稻作文化，并且占据了生存条件优越的平坝地区。部分氐羌系民族（哈尼族）以及苗族进入云贵地区以后在山地有水源的地方开创了梯田水稻农耕文化。著名的西南农耕稻作文化遗址有晓锦遗址。晓锦遗址是桂北地区一处位于长江和珠江水系之间的新石器时代文化重要遗址，该遗址位于桂林市资源县资源镇晓锦村后龙山。晓锦遗址出土的6000年前的炭化稻米是广西地区首次发现的史前稻作标本，也是目前广西地区发现的最早的一批史前稻作标本，还是我国岭南地区发现的时代最早、海拔最高、数量最多的一批史前古稻标本，更是长江流域稻作文化向岭南传播的重要标志。从发掘的炭化稻米较多的情况来看，晓锦部落已进入原始农业耕作期；从石纺轮的发现可以推测该部落已懂得纺织；石镯被发掘，说明该部落已进入比较文明的时期；大量柱洞被发掘，可以推测他们是建屋而居，生活已相对稳定。晓锦人利用身边满目的竹藤树木，构筑起冬暖夏凉的圆形木屋。（图1-3-3）

龙脊古壮寨是农耕文化的代表性村落，其至少有430多年的历史。古壮寨拥有广西乃至全国保存最完整、最古老、规模最大的壮族干栏式吊脚木楼建筑群，其中有5处木楼已经有超过100年以上的历史，最老的木楼有长达250年的历史。"开耕节"是龙脊古壮寨的传统节日，也叫开耙节。原来是桂北壮族民间农祀节日，一般在每年农历四月初八举行。龙脊古壮寨全村壮族村民在梯田上展现祭神田、牛耕、耘田等传统农耕技艺和民风习俗，表达他们崇尚自然，祈盼风调雨顺、五谷丰登的美好愿望。龙脊的"开耕节"至今已经有几百年历史。

西南山区贵州雷山县大塘乡王家苗寨有47座独特的"水上粮仓"。"水上粮仓"按仓排位"分割"数块，排序井然。每个粮仓高约3.5米至4米，由4根或6根仓柱支撑，仓底距水面约2米。每仓面积约25平方米。粮仓虽然年代久远，但仍然可以使用。这种独特的设计是苗族农耕文明的一个重要标志。（表1-3-5）

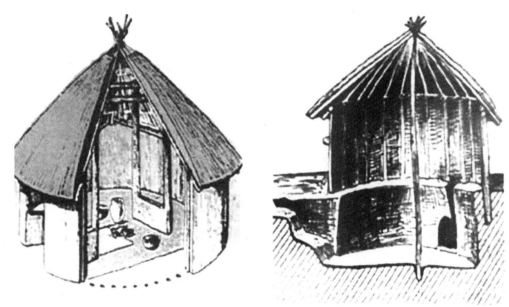

图1-3-3 晓锦人居住房屋复原图

农耕文化要素影响下的西南建筑文脉代表性类型　　表1-3-5

2）高原环境与游牧文化形成的建筑模式语言

从石器时代至铜器时代，欧亚草原就与西南地区存在文化联系。东汉至南北朝时期，川西北高原上的胡人相当活跃。从13至14世纪，蒙古等北方游牧民族进入西南地区。从明代中期开始，移居青海的蒙古各部不断南下，进入藏彝走廊地区。游牧文化在历史上曾占有重要地位，游牧文明是与农业文明截然不同的社会文化结构，具有远胜于

图1-3-4 游牧帐篷（作者自绘）

农耕民族的活动迁徙能力。先秦时代的云南，游牧人群的活动十分活跃。从历史文献、考古发掘以及西南地区的岩画，都可以看出在先秦时期游牧文化在云南的广泛影响。毡帐-蒙古包的创建和使用是游牧族群对人类社会的伟大贡献，其构造设计体现着草原民族的自然观和时空观，成为游牧民居文化特有的标志性符号。（图1-3-4）

3）滨水环境与海洋文化形成的建筑模式语言

新石器时代渔业文化就很盛行，当时陶器上的水纹、网纹、渔纹很普遍。渔民们捕鱼、食鱼，以鱼骨作装饰，各种各样的鱼纹样，如连体鱼、变体鱼、人鱼、鸟鱼等都有丰富的文化含义。进入农业社会以后，渔业集中在大江、大河两岸、湖泊周围及沿海地区。中国内陆分布着许多江河湖泊，居住着以渔业为生的渔民，渔民们特殊的生产方式形成了特有的生活方式、特有的习惯、禁忌、信仰。我国西南地区的水系交通影响着沿线城镇的贸易兴衰。其中秦汉以西江航道为主，开辟北通四川，南抵缅甸，东通番禺，沟通西南内部的交通网络。唐宋时期，形成以南宁为枢纽，辐射西北、西部和东南的放射状的交通格局，珠江水系南北和东西构成一个完整的体系，有力地支持了流域经济的发展。元代建立站赤制，形成以昆明为枢纽的驿站网络。明清经过对西江水运整治，东西向商品流动居主导地位，珠三角经济发育成熟，昆明、贵阳和不少府州治所成为各级商业中心，圩镇也大量出现，有力地促进了西南地区的商业振兴，使各省区的空间关系进一步加强，密切了区域合作[20]。

1.3.3 文化廊道互动因素

1）西南建筑文化遗产廊道的研究

中国的西南位于亚洲大陆南部，是连接亚洲大陆腹地与印巴次大陆及中南半岛的枢纽。根据不同的地理空间、气候特征、生产生活方式、文化发展等综合因素，可以将西南划分为以"巴蜀地区"为主的农耕文化、以"滇黔地区"为主的农耕-渔猎文化和以"川西滇西北高原"为主的农耕-游牧文化三种典型的文化区域。对于中国西南地区整体文化特征的把握，是理解和阐释文化廊道视角的人类文明的理论基础，我们要从聚落、廊道、立面等维度，探索人类学视野中西南区域的建筑文脉文化与族群分布、文化特征、模式语言之间的关

系[21]。古代商贸通道的发展，促进了中国各民族、各地区之间人们的交流，通过省会会馆的分布就可以看出。文化遗产廊道是国际遗产保护界内专门针对大尺度、跨区域、综合性线状文化遗产保护的新思维与新方法。（图1-3-5）

图1-3-5　重庆八省会馆分布图

西南丝绸之路，是一条与西南地区发展紧密相关，与东南亚、南亚和西亚友好往来的，文化交流、民族迁徙、宗教传播、使节过往、民俗濡染的人文廊道，成为东西方文化及南北文化交流的中间区域，起到了历史文化的地理枢纽作用。中外古文献里多有先秦、两汉时期中国西南对外交通的记载。先秦、两汉中国古文献的有关记载，可以证实中国西南早期对外交通的实际情况。成都平原三星堆文化和金沙遗址考古中不少印度和近东文化因素的发现与研究，则从考古学上证明了商周时期中国西南对外交通的存在。西南丝绸之路应该是一个具有较大的时空涵盖性的概念，是中国古代对外交流的一个纵横交错的多元立体的交通网络，而且在秦汉以后的各个时期都有不断地开拓和变迁，具有多功能的显著特征[22]。

2）古商道互动要素影响下的建筑模式语言

商队相望于道，往来不绝，在货物和文化上，带来了财富和文化的交融。形成了各廊道上不同特色的建筑模式语言。驿站是古商道的重要之地，汇集了各民族、各时代的古商道文化。如萧贺古道上的湘赣式建筑、各种会馆建筑等。同时也产生了一批公共驿站建筑，以及关隘建筑。驿站建筑模式，如成都十二桥发现的殷商时期的干栏兰式建筑，是巴蜀民居的雏形，以后演变为汉代的干栏式建筑，再进一步演变为地龙墙、高勒脚、木地板、四周设通风口的民居，到了东汉即出现了庭园式民居，穿斗式、抬梁式结构，有撑拱、斗栱的作法已体现出巴蜀传统民居的布局和风格。各地民居由于受地形、气候、材料、文化和经济的影响，在融汇南北的基础上自成一体，独具鲜明的地方特色，形成了廊道互动要素影响下的西南建筑文脉代表性类型。（表1-3-6）

廊道互动要素影响下的西南建筑文脉代表性类型　　　　　表1-3-6

会馆建筑

交通建筑

客栈建筑

续表

| 古街 | 作坊 | 码头 |
| 关口 | 戏台 | 书院 |

本章小结：

本章对人类文化学与文脉、文化逻辑、文化模式与建筑文脉进行了分析讨论，形成如下三点小结：

❶探讨了——人类文化学、文化逻辑、文化模式、文化模式于建筑文脉的有机关联，以及西南文脉概述中的西南地区的古国文化、西南地区的古道文化、西南地区的民族文化（谱系）进行系统梳理与解析，在此基础上进一步提炼出形成西南建筑文脉的三大要素，分别是：农耕文化因素、族群文化因素、廊道文化因素。并且绘制出建筑文脉构成图。文化廊道的研究越来越受到学术界的关注，加强文化廊道建筑文脉的相关研究，对促进我国民族地区和边疆地区的发展稳定、增进国家认同与中华民族凝聚力具有重要意义。

❷梳理了——西南地区的文脉特质，民族走廊与文化廊道，在一定的历史时期，不同的民族、族群在一定的区域内频繁交流互动的一个带状地带或通道。西南文化廊道区域内多元民族文化并存，各民族在其中互相学习和借鉴。西南地区具有历史悠久的古国文化，西藏历史上的古国有古象雄国等；四川盆地历史上的古国有以成都为中心的蜀国，以重庆为中心的巴国；云南历史上的八大神秘古国：古滇王国、句町国、哀牢古国、勐卯古国、南诏古国、果占壁王国、自杞国、大理国等；贵州历史上的夜郎古国、罗殿古国等；广西历史上的古国：南越国、苍梧国（南越苍梧）、骆越古国等。西南地区拥有丰富的古道文化，代表性古道有茶马古道、古蜀道、潇贺古道等，成为大西南地区的联系纽带。相互包容和吸收，形成建筑文化上的多元一体格局。西南民族的来源，最早有氐羌、百濮、百越等几大古老族

群，而后相继有汉、苗瑶、蒙古、回、满等族群进入，人口迁徙与西南族群聚落，从古代开始，统治者以政策手段，促进西南地区的人口流动。造成了集聚与杂居并存的分布局面，形成了西南地区多元性的文脉特质。

❸归纳了——文化廊道视域的西南建筑文脉代表性类型，西南地区的族群文化因素、农耕文化因素、文化廊道互动因素，成为形成西南建筑文脉的三大要素。产生了一系列具有鲜明建筑文脉特征的建筑形式，如廊道文化建筑：会馆、作坊、客栈、桥梁、亭、塔、西洋楼、码头、关口、广场、戏台、商业古街、书院。农耕文化建筑：干栏、蘑菇、吊脚楼、竹楼、石头房、帐篷、水磨坊、粮仓。族群文化建筑：藏族建筑、羌族建筑、彝族土掌房、寺庙、玛尼堆、鼓楼等民族特色建筑。

参考文献：

[1] 费孝通. 乡土中国 [M]. 北京：人民出版社，2015.

[2] (英) 维克多·布克利. 建筑人类学 [M]. 潘曦，李耕译. 北京：中国建筑工业出版社，2018.

[3] 国风. 文脉的传承 [M]. 北京：东方出版社，2007.

[4] (美) 克利福德·格尔茨. 文化的解释 [M]. 南京：译林出版社，2014.

[5] 刘克成. 建筑文脉 [N]. 陕西：西安建筑科技大学公开课，2015.

[6] (英) 格雷姆·布鲁克，(英) 莎莉·斯通. 建筑文脉与环境 [M]. 黄中浩，高妤，王晶译. 大连：大连理工大学出版社，2010.

[7] 李旭. 西南古道的民间性及其经济、文化双重价值 [J]. 中华文化论坛，2008 (S2)：139-144.

[8] 尹绍亭. 多样性演变——中国西南的环境、历史与民族文化 [N]. http://www.msxy.ynu.edu.cn/info/1042/2206.htm.

[9] 周建新，罗柳宁. 试论多样性文化互动下的民族认同——以中国西南跨国民族地区为例 [J]. 广西民族学院学报 (哲学社会科学版)，2004，26 (1)：92-95.

[10] 杨庭硕，罗康隆. 西南与中原 [M]. 昆明：云南教育出版社，1992.

[11] 彭文斌. 中西之间的西南视野：西南民族志分类图示 [J]. 昆明：西南民族大学学报 (人文社科版)，No.194 (10)：6-14.

[12] 蒋立松. 略论西南民族关系的三重结构 [J]. 贵州民族研究，2005，25 (3)：178-184.

[13] 李绍明. 西南民族研究的回顾与前瞻 [J]. 贵州民族研究，2004，24 (3)：50-55.

[14] 王建民. 中国人类学西南田野工作与著述的早期实践 [J]. 西南民族大学学报 (人文社科版)，2007，28 (12)：1-13.

[15] 杨宇振，文化视野中之西南传统地域建筑文化格局——兼论西部传统地域建筑研究之现实意义 [N]. http://blog.sina.com.cn/s/blog_4eccae650100iunw.html.

[16] 赵冶. 广西壮族传统聚落及民居研究 [D]. 广州：华南理工大学，2012.

[17] 熊梅. 川渝传统民居地理研究 [D]. 西安：陕西师范大学，2015.

［18］李绍明. 藏彝走廊研究中的几个问题［J］. 西南民族大学学报（人文社科版），No.185（01）：14-17.

［19］夏学禹. 中国农耕文化探源［J］. 农业技术与装备，2012（3）.

［20］傅瑜芳. 论古越文化影响下的绍兴古民居建筑［J］. 美术大观，2014（7）：64-65.

［21］王剑. 聚落、廊道、立面：西南区域研究的流域人类学视野［J］. 社会科学战线2016（10）：270-274.

［22］黄光成. 西南丝绸之路是一个多元立体的交通网络［J］. 中国边疆史地研究，2002（4）.

第二章

文化廊道视域下的西南建筑文脉研究策略

2.1 文化廊道概念与相关研究理论

2.1.1 文化廊道概念

文化遗产廊道概念产生于20世纪80年代，是日益受到国际遗产保护界关注的保护遗产的新思维与新战略。此理念以特定历史活动、文化事件为线索，把众多遗产单体串联成具有重要历史意义的廊道遗产区加以整体保护。文化遗产廊道是遗产廊道的一种更具体而细化的类型，是一种针对大尺度、跨时空、综合性的线性文化遗产保护的新方法。

美国在保护本国历史文化时，采用了一种范围较大的"遗产廊道"保护措施，其自然文化遗产的保护自成体系。欧洲委员会于1984年提出"欧洲文化线路"，并于1987年正式施行，其目标为"以文化合作的形式提升对欧洲一体化和文化多元化的认同，保护欧洲文化的多样性"。经过四十余年理论研究与实践，其在文化线路的管理体系、标准设立以及与其他国际组织相关项目合作等方面形成了一套完整成熟的体系，与美国的遗产廊道有异曲同工之处。文化线路是近年来世界遗产领域中，出现的一种新型的遗产类型。和以往的世界遗产相比，文化线路注入了一种新的世界遗产的发展趋势，即由重视静态遗产向同时重视动态遗产方向发展，由重视单个遗产向同时重视群体遗产方向发展。近年来世界遗产保护领域最重要的动向之一，就是对文化线路的保护。[1]

文化线路遗产1994年于西班牙马德里召开的"文化线路遗产"专家会议上提出。与会者一致认为，应将"线路作为我们的文化遗产的一部分"，从而第一次提出了"文化线路"这一新概念；2008年，国际古迹遗址理事会第十六次大会通过了《文化线路宪章》，"文化线路"作为一种新的大型遗产类型被正式纳入了《世界遗产名录》的范畴，为"文化线路"在"世界文化遗产"中奠定和确立了地位。已有西班牙的《圣地亚哥·德·卡姆波斯拉朝圣之路》、法国的《米迪运河》等相继列入世界文化线路遗产名录。

文化线路是指"任何交通线路，无论是陆路、水路、还是其他类型。其拥有清晰的物理界限和自身所具有的特定活力，以历史功能为特征，服务于一个特定的明确界定的目的，且满足以下条件：它必须产生于并反映人类的相互往来和跨越较长历史时期的民族、国家、地区或大陆间的多维、持续、互惠的商品、思想、知识和价值观的相互交流；它必须在时间上促进受影响文化间的交流，使它们在物质和非物质遗产上都反映出来；它必须要集中在一个与其存在于历史联系和文化遗产相关联的动态系统中。"文化线路是一种通过承担特定用途的交通线路而发展起来的人类迁徙和交流的特定历史现象，其有形的空间载体即是文化线路的遗产内容。交通线路、线路的特定发展动力和历史功能、线路上不同文化群体的交流现象，是理解与保护文化线路的三个主要因素。线路上的遗产通过其承担的功能上的同一性，或以其蕴含的反应不同文化交流的无形文化的相关性而相互联系，形成一个统一的整体[2]。也有学者将文化线路定义为：拥有特殊文化资源结合的线性或带状区域内的物质和非物质文化遗产族群。文化线路基本上均成线状结构，文化线路沿线，一般都有很多文化遗产的遗存和古迹。

遗产廊道（Heritage corridors）是一个与绿色廊道相对应的概念，是拥有特殊文化资源集合的线性景观。遗产廊道具有以下特点：遗产廊道多为线性景观，这是与普通遗产区域的区别。它对遗产的保护采用区域而非局部点的概念，内部可以包括多种不同的遗产，是长达几英里以上的线性区域。遗产廊道尺度可大可小，它既可指某一城市中一条水系，也可指跨几个城市的一条水系的部分流域或某条道路或铁路。遗产廊道将历史文化内涵提到首位，同时强调经济价值和自然生态系统的平衡能力。文化遗产的形式和内容是很多样的，其中河流峡谷、运河、道路以及铁路线都是文化遗产的重要表现形式，也是一种线性廊道，其代表了早期人类的运动路线，并体现着一地文化的发展历程。遗产廊道的文化资源包括整个遗产廊道内的构筑物、建筑及其他历史文化遗存[3]。

北京大学俞孔坚教授提出，作为遗产保护与绿色廊道概念的综合，遗产廊道是一种历史遗产文化保护措施，是在遗产保护区域及绿色通道基础上发展起来的一类特殊的遗产保护方法，是结合了线性遗产保护并具有游憩、生态、美学等多功能的线性开放空间。"文化廊道"作为线性遗产区域整体性开发保护的概念，与"遗产廊道"和"文化线路"的核心理念相近，但在时空构成、学术内涵及现实性上各有其特色。

世界遗产大会全称为联合国教科文组织世界遗产委员会会议，是联合国教科文组织下的世界遗产委员会的例会，每年召开一次。1985年，中国加入《保护世界文化与自然遗产公约》的缔约国行列。2004年，第28届世界遗产委员会会议在中国苏州举行。世界遗产委员会在《行动指南》中指出，文化线路遗产代表了人们的迁徙和流动，代表了一定时间内国家和地区之间人们的交往，代表了多维度的商品、思想、知识和价值的互惠和持续不断的交流。

2.1.2　文化廊道的相关研究理论及应用解析

当前，国际文化遗产保护的新趋势正向跨区域的线性文化遗产拓展。线性文化遗产（Lineal or serial cultural heritages）主要是指在拥有特殊文化资源集合的线形或带状区域内的物质和非物质的文化遗产族群，运河、道路以及铁路线等都是重要表现形式。线性文化遗产是世界遗产的一种形式。线性文化遗产是由文化线路（Cultural routes）衍生并拓展而来的，它着眼于线性区域，所涉遗产元素多样，兼具物质文化和非物质文化。

进入21世纪，在世界遗产名录的申报中，文化线路作为一种遗产类型得到了确认。2008年10月，国际古迹遗址理事会第16届大会通过了《关于文化线路的国际古迹遗址理事会宪章》，形成了有关该类型遗产保护的权威性国际文件。中国幅员辽阔、历史悠久，在中华大地留下了许多线性文化遗产，代表性的有京杭大运河、丝绸之路、长城、蜀道、茶马古道、中越铁路、广西灵渠等珍贵的线性文化遗产，中国已建成国家线性文化遗产网络。

2000年以来，北京大学研究团队首先将遗产廊道概念引入国内，王志芳、李伟等对遗产廊道的概念及特点进行了较充分的阐述，为国内学者理解、研究遗产廊道提供了基准。俞孔坚等著的《京杭大运河国家遗产与生态廊道》将大运河"定格"在了2004年，详尽而系统地记录了京杭大运河的遗产资源与生存现状，成为未来研究的重要文献资料，其提出了大运河整体保护的重要思想，将其视为一条生态的、文化的、游憩的、经济的综合廊道。[4]丁援、宋奕的《中国文化线路遗产》对中国历史发展中产生过深远影响的蜀道、丝绸之路、海上丝绸之路、西南丝绸之路、大运河、茶马古道、川盐古道等十条中国文化线路，以及这些线路所承载的文化遗产进行了研究。2009年4月举行的中国文化遗产保护无锡论坛，专门以线性文化遗产保护为主题。此前的一些研究主要针对线性文化遗产中包含的单体古建筑和古遗址等，而从整体、全面角度出发的综合性研究相对不足。2017年在贵州大学举行了"一带一路"视野下的中国西南文化走廊专题研讨会。王丽萍的《滇藏茶马古道：文化遗产廊道视野下的考察》将茶马古道置于中国西南边疆发展的视野下，进行新的探讨。该研究以"运用文化遗产廊道的理念和方法对滇藏茶马古道这一跨区域大型线状文化遗产进行整体保护"为中心，整理了在"面状"或"线状"层面上古道所集聚与展示的遗产要素，基于对其遗产整体价值的认识，进一步探讨了滇藏茶马古道文化遗产廊道的内部格局和保护层次[5]。

采用文化廊道的研究理论对中国的文化遗产保护已经形成不少的研究成果，但是将这种研究方法应用到建筑领域的研究则相对较少，特别是围绕西南地区的建筑文脉研究，几乎为空白。本课题的研究正是基于这种文化廊道的研究方法，对西南地区的建筑文脉进行系统研究，以解析出文脉渊源与建筑模式语言之间的关联。

2.2 西南五大文化廊道考略

费孝通先生指出，"民族格局似乎总是反映着地理的生态结构，中华民族不是例外。"古代商贸通道的发展，促进了中国各民族各地区之间人们的交流。笔者经过十多年对西南地区持续地实地考察，综合大量的历史资料及相关学术史研究，从民族文化、地理空间、廊道互动等三个维度进行分析，认为西南地区可归纳为五大文化廊道（走廊），分别是藏羌彝文化廊道、南岭文化廊道、壮泰文化廊道、秦蜀文化廊道、外来西洋文化廊道。（图2-2-1）

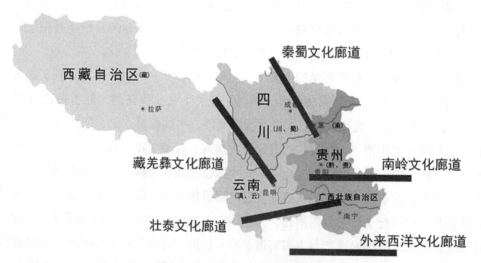

图2-2-1 西南五大文化廊道示意图

2.2.1　藏羌彝文化廊道概述

藏彝走廊这一个概念，是在1979年由中国著名的人类学家费孝通教授所提出的。费孝通教授将中国西南方的三条主要河流（怒江、澜沧江及金沙江）并流的区域称之为藏彝走廊。从北至南约莫有1000公里的距离。在这三条河流之间是峭峻的第三纪横断山脉区，从青藏高原中经年累月不间断流出的水流将其切割成深峻的峡谷。后来，学者们逐步又提出了藏羌彝文化走廊的说法。藏羌彝文化走廊位于中国西部腹地，自古以来就是众多民族南来北往、繁衍迁徙和沟通交流的重要廊道，区域内自然生态独特，文化形态多样，文化资源富集，是我国重要的历史文化沉积带，在我国区域发展和文化建设格局中具有特殊地位。一些学者对这一问题进行了相关研究，如罗春秋的《藏羌彝走廊民族文化资源的保护与传承模式研究》以及徐学书的"藏羌彝走廊"相关概念的提出及其范畴的界定。

2014年中国文化部、财政部制定了《藏羌彝文化产业走廊总体规划》，核心区域位于四川省、贵州省、云南省、西藏自治区、陕西省、甘肃省、青海省等七省（区）交汇处，包括四川省甘孜藏族自治州、阿坝藏族羌族自治州、凉山彝族自治州，贵州省毕节市，云南省楚雄彝族自治州、迪庆藏族自治州，西藏自治区拉萨市、昌都地区、林芝地区，甘肃省甘南藏族自治州，青海省黄南藏族自治州等7个省（区）的11个市（州、地区）。该区域覆盖面积超过68万平方公里，藏、羌、彝等少数民族人口超过760万。

藏羌彝文化廊道的形成首先基于地理空间，青藏高原、云贵高原的大山、河流、高原、谷地构筑起这里主要的自然景观。千百年来，藏羌彝等诸多少数民族在这一地理空间中繁衍生息、迁徙往来，其活动又形成了这里多姿多彩的人文景观。（图2-2-2）

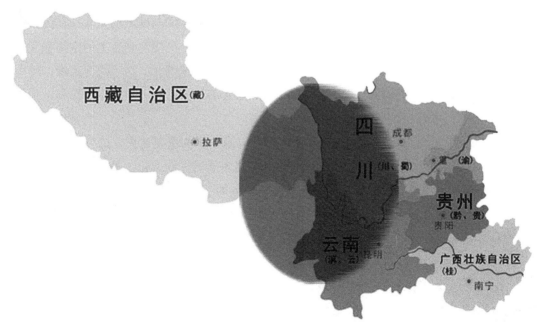

图2-2-2　藏羌彝文化走廊区位示意图

图2-2-3 大理古城   图2-2-4 束河古镇（作者自绘）

在藏羌彝文化廊道特殊的地理环境下，孕育出了独具特色的民族文化，形成了一条条蕴涵着丰富遗产的文化线路，剑门蜀道（阴平道）、丝绸之路（河南道）、茶马古道等就是藏羌彝文化廊道内文化线路的突出体现。其中，茶马古道沿线有大理古城、大研古镇、束河古镇等历史古城镇，笔者对茶马古道的大理等古城镇进行了多次建筑文化考察。（图2-2-3、图2-2-4）

2.2.2 南岭文化廊道概述

在我国广东、广西、湖南、江西等省区交界处有一系列由北向东平行的山岭和山地，其中以大庾岭、骑田岭、都庞岭、萌渚岭、越城岭五岭最为有名，史称南岭。在我国民族学与人类学领域里"南岭走廊"同"藏彝走廊"、"西北走廊"并列为中国民族格局中的三大民族走廊。在费孝通先生"中华民族多元一体格局"的思想中，民族走廊理论是其重要的组成部分。著名社会学家、民族学家费孝通先生从民族学的角度提出走廊与板块学说，给"南岭走廊"赋予了更广泛的涵义。在费孝通先生的民族研究中，空间与区域的概念是其民族研究的重要参照点。在费先生的中华民族多元一体格局的研究中，历史与现实上的空间和区域概念始终贯穿其中，而民族走廊的研究是其空间概念的核心组成部分。对于河西走廊，特别是藏彝走廊的人类学研究的历史和现实脉络的梳理，已经有诸多论述，但对南岭民族走廊的人类学研究的梳理，相对较少。[6]

"南岭走廊"自古以来，就成为中原进入南岭以南地区的重要通道，诸多民族在这里迁徙、流动、融合，创造了独具特色的人文环境和丰富多彩的民族文化。根据各民族翻越五岭后迁徙的路线和区域看，费孝通先生提出的民族学上的"南岭走廊"，显然不是狭义的，而应是广义的。相对于狭义的，广义的"南岭走廊"还包括贵州的黔西南、黔南、黔东南，云南的东部，福建的西部等地。"南岭走廊"上的各民族，不仅指今天生活在黔、桂、湘、粤、赣、滇等交界处的汉藏语系壮侗语族中壮傣语支的壮族、布依族，侗水语支的侗、水、仫佬、毛南等民族，还有苗瑶语族中的瑶族、苗族、畲族等。有学者将"南岭民族走廊"与南中国海看成一个整体进行研究，挖掘其与海上丝绸之路的关系。笔者认为可以称之为"南岭文化廊道"。（图2-2-5）

　　2012年初，贵州大学杨志强教授研究团队首次提出"古苗疆走廊"这一学术概念，在明代的文献中称为入滇"东路"或"一线路"，指元明时期以后开辟的连接湖广与西南边陲云南省的一条重要的交通驿道。它的起始地为今天的湖南省常德市与昆明。驿道沿线经过湘、黔、滇三省的30余县市，全长1400多公里，覆盖面积约8万平方公里，涉及2400余万人口。[7]"南岭走廊"上，层峦叠嶂，溪流纵横，森林密布。生活在这里的

图2-2-5　南岭文化廊道区位示意图

少数民族，在千百年的劳动生产实践中根据当地的地形、气候、建筑材料、生活习惯等，不断总结经验，创造性地修建了独具地方特色的吊脚楼等民居以及风雨桥、鼓楼等公共建筑，这些建筑展示出我国传统建筑文化的多样性。（图2-2-6、图2-2-7）

2.2.3　壮泰文化廊道概述

　　左江流域-红河流域-老挝高原-泰国中部平原等串连起的这一条长线，被学界称之为"壮泰走廊"。在"壮泰文化廊道"形成并发展的漫长岁月当中，由于云贵高原北部的藏缅语族民族（彝语支民族为主）的南下，以及越南京族政权的兴起并脱离中国的中央王朝政权取得独立后不断地向其北面的壮族地区和其西面的泰族地区扩张，壮泰民族从漫长的壮泰走廊分布变化为逐渐分离的局面，终于产生了壮泰民族的最终分化。从现在民族的分布图来看，壮族分布与泰族（包括老族、傣族、掸族等）分布呈一个葫芦状，壮族的分布区和泰族的分布区为葫芦的两大瓢，而两者之间唯一的连续点就是越西北泰族地区和云南文山州的壮族地区，可以窥视出壮泰迁徙历史的一些脉络。（图2-2-8）

　　壮泰文化廊道区域中的代表文化为骆越文化。骆越古国的范围北起广西红水河流域，西

图2-2-6　南岭山脉

图2-2-7　南岭地区猫儿山

起云贵高原东南部，东至广东省西南部，南
至海南岛和越南的红河流域。骆越文化的源
头和中心在中国，主体部分也在中国。骆越
古国曾创造了灿烂的文化，骆越文化中的稻
作文化、棉纺织文化、航运文化、龙舟文
化、象形方块字、铜鼓文化、冶炼制造文
化、花山壁画文化、巫文化、三界观、太阳
文化、龙母文化、宗祖文化、玉器文化、柱
子崇拜文化等对中华文明、东南亚文明乃至
世界文明产生了重大而深远的影响。从历史
文献记载的情况来看，骆越人主要聚居在左
右江流域和贵州西南部及越南红河三角洲一

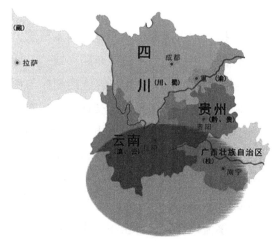

图2-2-8　壮泰文化廊道区位示意图

带。骆越因其所处的自然环境和特定的生产方式，创造了独特的物质文化和精神文化，具有
浓厚的地域特色。

骆越先民是最早种植水稻的民族之一。随着青铜器特别是铁制工具在农业生产中的使用
和生产技术的进步，骆越地区的稻作农业有了很大发展，形成了以稻田为载体，以水稻耕种
技术及其信仰为核心，以稻谷种植、收割、饮食习俗以及一系列稻作语言称谓及地名构成的
地方民族特色鲜明的稻作文化体系，在我国农业发展史上具有重要地位[8]。

2.2.4　秦蜀文化廊道概述

秦蜀古道是由关中平原通往成都平原的古道。是陕西、四川经济、政治、文化交流的道
路。"秦蜀古道"是长安（今西安）到成都的古道，全长约1000公里。其从长安出发，分别
从长安子午古道、周至骆峪口的傥骆古道、眉县的褒斜道、宝鸡陈仓道出发，到达汉中，再
由汉中到达成都，是中国重要的文化线路之一，是古代连接关中平原与成都平原的重要历史
通道，是黄河流域文明与长江流域文明交融
的文化通道，沿线分布有建筑、桥梁、道
路、石窟、石刻遗存等众多文化遗产。"秦
蜀古道"的称呼在秦惠文王时已形成，此后
数千年，在这千里古道上演绎着一幕幕军
事、商业、文学的传奇故事。蜀道的开凿始
于战国时期，这条惊险奇绝的古道可以说是
人类筑路史上的奇迹，也是世界文化的奇
迹。（图2-2-9）

秦蜀古道的开通，带来了文化与建筑技
术上的交流，川府之地2000多年前修建的都

图2-2-9　秦蜀文化廊道区位示意图

图2-2-10　都江堰水利工程遗址

江堰就是其中的一个代表。都江堰是世界文化遗产，是始建于秦昭王末年的大型水利工程，由分水鱼嘴、飞沙堰、宝瓶口等部分组成，两千多年来一直发挥着防洪灌溉的作用。凝聚着中国古代劳动人民勤劳、勇敢、智慧的结晶。（图2-2-10）

　　绘制于康熙初年的《云栈图》是我国现存最早的，画幅最长的手工彩绘蜀道长卷。党居易所作《云栈图》采用彩色绘制、虚实结合的山水画法，描绘了今陕西留坝铁佛殿南界牌关——勉县褒城镇——汉中城段栈道的自然和人文景观。据汉中市博物馆馆长冯岁平先生介绍，该图是目前所见尺度最长的彩绘栈道图长卷，现藏于陕西汉中市博物馆（古汉台）。（图2-2-11）

　　巴蜀地区，自古号称"天府"。巴蜀文化，是中国文化宝库中重要的组成部分。考古发

图2-2-11　《云栈图》局部（图片来源：http://www.sohu.com/a/125394720_114731）

掘表明，巴蜀大地是人类的发祥地之一，目前已知的巫山人、资阳人，以及成都平原的古城
文化、三星堆文化、金沙遗址等就是最好的证明。其中心区域为重庆、川东及鄂西地区，涵
盖陕南、汉中、黔中和湘西等地。古蜀先民被公认为人类历史上发明养蚕、缫丝技术的群
落。修筑于公元前3世纪的都江堰，是世界上至今仍在使用的年代最古老的水利工程。巴蜀
地区是西南丝绸之路的出发点和主经之地，自古与西南各族和南亚各国保持着密切交往。
我国土生土长的宗教是道教，道教的创教之地就在巴蜀[9]。郭荣章主编的《中国早期秦蜀
古道考述》，涉及几乎所有秦蜀古道，甚至小道的地理地貌、朝代沿革、建筑形制、军事战
争、历史典故、文人轶事、书法艺术甚至古树奇石、民俗风情等都有所记录，呈现了早期古
道风貌及其历史遗存情况[10]。2017年陕西文化遗产研究院首次系统绘制完整的秦蜀古道线
路图。笔者多次赴巴蜀地区进行建筑考察，拍摄了一批历史建筑照片。（图2-2-12、图2-2-
13、图2-1-14、图2-2-15）

图2-2-12　成都武侯祠

图2-2-13　青城山

图2-2-14　重庆古城

图2-2-15　秦蜀古栈道（作者自绘）

2.2.5　外来西洋文化廊道概述

西洋文化自明代时传入中国，主要是从1840年开始的两次鸦片战争，西方强行敲开了中国的大门，在清末和民国初年对社会产生了重要的影响。其中形成于西方的近代科学技术推动了中国文化的进步，利玛窦的《坤舆万国全图》的翻译中出现欧罗巴、大西洋、罗马、地中海、加拿大等沿用至今的地理名词，除此之外他和徐光启一起翻译的《几何原本》中的名词几乎奠定中国几何数学的名词基础。1850年中国打开国门之后，西南地区陆续出现了大量的西洋建筑，或者中西建筑文化融合的建筑，代表性建筑有北海近代建筑群、重庆西洋建筑、云南滇越窄轨铁路沿线西洋建筑等。近代广西北部湾地区是一个对外开放的区域，在近代中国，特别是西南地区的对外开放史上具有重要的地位和作用。在近代历史的发展过程中，形成了许多独具区域特色的西洋建筑。

广西北部湾地区北海市的近代西洋建筑群，是近代对外开放历史的遗存，是中西文化交流的产物。北海近代建筑群是全国重点文物保护单位，其中北海老街——珠海路是一条有近二百年历史的老街，始建于1821年，沿街建筑主要受19世纪末叶英、法、德等国建造的领事馆等西方卷柱式建筑的影响。

滇越铁路是中国境内最早修筑的铁路之一，也是中国最长的一条轨距为1米的窄轨铁路，已成为中国重点文物保护单位。铁路全长859公里，分南北两大段：南段在越南境内，自中越边境的老街市经首都河内至海防市，长394公里，1903年建成；北段在中国境内，自老街市跨越红河铁路大桥进入云南省河口县，经碧色寨到昆明，正线铺轨464.567公里，设置车站34个，1910年竣工。（图2-2-16、图2-2-17）

图2-2-16　滇越铁路线路示意图
（作者改绘）

图2-2-17　作者在碧色寨站考察法式建筑

2.3 文化廊道视域下的西南建筑文脉研究策略

2.3.1 理论研究策略

西南建筑文脉研究涉及西南各文化廊道沿线聚落的形成演变、结构布局、空间形态、建筑类型研究等宏观、中观层面的探讨。宏观层面上主要是五大文化廊道的界定；中观层面上则是对西南地域中各大文化廊道沿线建筑文化脉络进行的系统研究，以及对西南历史发展中廊道聚落的建筑模式语言进行的研究。

在本书的研究策略中，以西南五大文化廊道沿线驿道聚落作为研究的主线，把西南建筑文脉研究置于文化遗产廊道体系中加以考察，运用线线研究的方法，探讨西南几条文化廊道区域沿线中的建筑文脉，通过中国西南建筑文脉模式语言进行论述，发掘多维文化互动条件下的诸多建筑特点。在物质形态方面，以区域沿线遗留为主的古建筑作为主体。在非物质形态方面，对其民族与环境等进行全面综合地阐述，对文化廊道沿线建筑的发展规律进行总结与归纳，并概括出建筑文脉的综合价值特征。最后，从建筑模式语言的综合文化价值与审美特征出发，建立一套建筑文脉识别体系。

本书在文化廊道的视域下，从族群文化的维度阐述中国西南少数民族建筑之间的文脉渊源关系及其发展对西南少数民族建筑型制变化的影响，以避免单一研究型制可能造成的误解。同时在文化廊道视域下，从农耕文化的维度阐述中国西南地理环境中，建筑之间文脉与功能的关系，及其演变对西南民居建筑模式语言形成的影响，从廊道互动的维度，阐述中国西南地区历史上存在的古道、民族走廊、商业驿站等文化廊道遗存，考略其文化交流对建筑文脉与商业社会的关系及其对西南公共建筑模式语言形成的影响。（表2-3-1）

2.3.2 研究方法与学术价值

本课题研究在文化廊道的视域下，采用线性的研究方法以及结合大量的史料文献、实地调研资料以及分类绘制的学术图表和分类研究，系统梳理出西南建筑文脉的一系列创新性研究成果，综合体现出实际应用价值、文献检索价值、为实物调研提供有力依据，拓展出新视野和创新性。结合影响西南地区建筑文脉的农耕文化、族群文化、廊道互动文化三大要素，借用人类文化学与文化廊道研究理论，对各文化廊道建筑文脉进行详细归纳解读。具体包括对各文化走廊及各条古道沿线的村落选址、聚落形态、民居建筑特征、建筑模式语言进行系统深入解读。创新性地将西南建筑融入到西南地区文化研究中去，寻找不同建筑文化的脉络，区别以往侧重民族学、地理学、类型学等单一学科领域的研究，着重强调文化廊道线性研究方法。著作内容经过长期的实地调研和资料收集，包含有大量史实性文献图片、实地拍摄照片和建筑手绘，分析并集合了大量学术图表，提出富有逻辑性的西南建筑文脉新视角新观点。

本书研究方法，通过采用当前文化廊道理论深入到西南建筑文脉系统研究中去，从文化人类学、文化脉络切入，系统分析主要文化走廊，并且对南岭文化廊道、藏羌彝文化廊道、

研究架构表　　　　　　　　　　　　　　　　表2-3-1

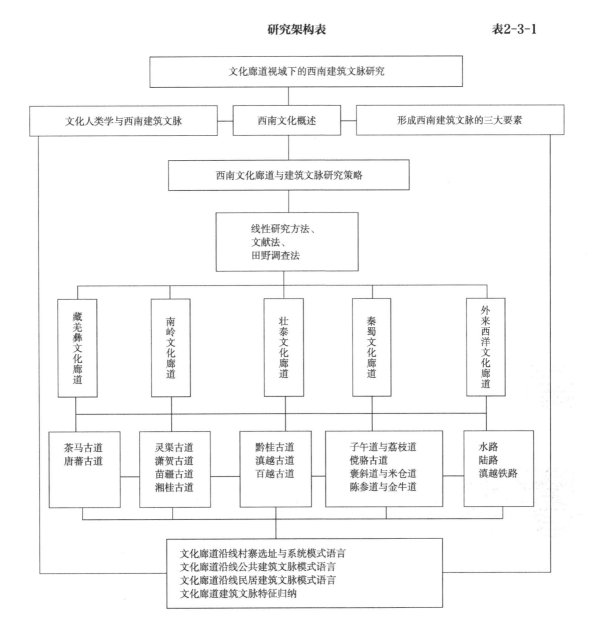

秦蜀文化廊道、西洋文化廊道存在的古道建筑文化进行分析调研归纳出不同的建筑模式语言，为进一步研究西南建筑提供详实资料。

《文化廊道视域下的西南建筑文脉研究》在学术上的价值与主要研究内容，主要体现于以下五点：

第一，对西南地区的建筑文化脉络演变与民族源流作了系统、整体的梳理与研究；

第二，将西南建筑文脉研究放在文化廊道视域下来进行系统研究，区别以往侧重民族学、地理学、类型学等单一学科领域的研究，着重强调文化廊道线性研究方法，以期在建筑文脉问题上取得新的突破；

第三，将西南地区按照族群文化、农耕文化、廊道互动三大因素，归纳并提出五大文化

廊道的建筑文脉学术概念;

第四,在研究角度、方法上有所创新和突破,创新性地将西南建筑融入到西南地区文化廊道研究,寻找出不同建筑文化的脉络;

第五,经过长期的实地调研和资料收集,包含有大量史实性文献图片、实地拍摄照片和局部手绘分析,并集合大量学术图表,对于重新认识西南地区建筑文脉之源流及特色建筑模式语言有重要的学术意义与贡献。

本研究旨在促进西南民族地区特色文化发展,保护建筑文化生态,传承民族文化,增强国家认同,促进民族团结。本书主要面对建筑领域设计学、文化旅游、传统村落设计院所的专家学者以及相关专业的高校师生,为研究西南民族建筑提供文献参考与原始素材资料。

参考文献:

[1] 李伟,俞孔坚. 世界文化遗产保护的新动向——文化线路 [J]. 城市问题, 2005 (4): 7-12.

[2] 王建波,阮仪三. 作为遗产类型的文化线路——《文化宪章》解读 [J]. 城市规划学刊, 2009 (4): 86-92.

[3] 王丽萍. 文化遗产廊道构建的理论与实践——以滇藏茶马古道为例 [J]. 贵州民族研究, 2011 (5): 61-66.

[4] 俞孔坚,李迪华,李海龙等. 京杭大运河国家遗产与生态廊道 [M]. 北京:北京大学出版社, 2012.

[5] 王丽萍. 滇藏茶马古道:文化遗产廊道视野下的考察 [M]. 北京:中国社会科学出版社, 2012.

[6] 麻国庆. 南岭民族走廊的人类学定位及意义 [J]. 广西:广西民族大学学报:哲学社会科学版, 2013 (3): 84-90.

[7] 马静. "古苗疆走廊"之内涵及特点 [J]. 广西民族大学学报:哲学社会科学版, 2014 (3).

[8] 覃彩銮. 骆越稻作文化研究——骆越文化研究系列之一 [J]. 广西师范学院学报(哲学社会科学版), 2017 (2).

[9] 杨福泉. 中国西南文化研究 [M]. 昆明:云南人民出版社, 2014.

[10] 郭荣章. 中国早期秦蜀古道考述 [M]. 北京:文物出版社, 2018.

第三章

藏羌彝文化廊道的建筑文脉

笔者认为：

藏族建筑在发展过程中，受到藏羌彝文化廊道文化交流的长期影响，吸收了汉族和其他民族的建筑艺术和建筑技术，反映了浓厚的藏传佛教文化和藏地民间信仰文化，体现了印度文化、唐代汉文化以及吐蕃时代藏族文化的交流与融合，形成了其特有的建筑文脉模式语言。羌族建筑在发展过程中，由于受到藏羌彝文化廊道的长期影响，羌族文化与汉、藏两大民族文化具有不可割裂的关系。羌寨聚落的密集性及其羌民住屋垂直布局的特征都具有节省建设用地的作用；形成了游牧民族的帐幕式、汉族的窑洞式和干栏式三种建筑形式融合特征的建筑文脉模式语言。彝族建筑在发展过程中，由于受到藏羌彝文化廊道的长期影响，形成一种天人相亲的生态伦理观念，蕴含敬畏自然、信仰自然万物、万物平等、人与自然和谐相处等伦理观念的建筑文脉模式语言。笔者采用文化廊道的线性研究方法，考析论述如下：

3.1 藏羌彝文化廊道的概念

3.1.1 藏羌彝文化廊道的文化内涵

1980年前后，社会学家费孝通提出了藏彝走廊的概念，其本质是一个历史-民族区域的概念描述，主要指今川、滇、藏三省区毗邻地区由一系列南北走向的山系、河流所构成的高山峡谷区域。之后一些学者进一步提出，青藏高原东南角沿岷江、雅砻江、安宁河谷至金沙江流域存在着一条自古就有的民族文化走廊——藏羌彝文化走廊。藏羌彝文化走廊以氐羌系统的多个民族生活地区为地理空间，以独特的民族文化及其融合为精神基础，是中国西部地区重要的经济文化长廊。在这片区域中，居住着藏缅语族中的藏、彝、羌、傈僳、白、纳西、普米、独龙、怒、哈尼、景颇等民族，而以藏缅语族的藏语支和彝语支的民族居多，故从民族学而言称之为"藏彝走廊"，本书将其归纳为"藏羌彝文化廊道"。其核心区域包括四川省甘孜藏族自治州、阿坝藏族羌族自治州、凉山彝族自治州，贵州省毕节市，云南省楚雄彝族自治州、迪庆藏族自治州，西藏自治区拉萨市、昌都地区、林芝地区，甘肃省甘南藏族自治州，青海省黄南藏族自治州等7个省（区）的11个市（州、地区）。该区域覆盖面积超过68万平方公里，藏、羌、彝等少数民族人口超过760万。该区域集地缘政治、生态保护、民族宗教、国际影响等多重因素为一体。藏羌彝文化廊道的提出，将历史地理概念拓展延伸到社会经济文化领域。从石器时代起直至现在，众多民族都在此留下了活动的实物证据，这些宝贵资料，对于研究中华民族的形成与发展、我国西南地区乃至中南半岛各民族的起源与迁徙、融合与分化，以及各民族的历史、宗教、语言、建筑艺术、社会文化等诸方面均具有极大的研究价值。

藏羌彝文化廊道是一条民族团结和睦共处的"家园走廊"。文化廊道内民族种类繁多，支系复杂，相互间密切接触和交融，最终形成了多元一体格局，是一条民族历史文化迁徙流动的"生命走廊"。廊道自古以来就是众多民族南来北往、沟通交流和繁衍迁徙的重要廊道，区域内文化资源富集、自然生态独特，在中国区域发展和文化建设格局中具有特殊地位，其是一条推动社会发展的"经济走廊"、一条世界文化与自然资源富集的"遗产走廊"，既拥有三江并流、四川大熊猫栖息地、中国南方喀斯特地貌等世界自然遗产，也包含布达拉宫、都江堰、峨眉山、乐山大佛等世界自然与文化遗产。藏羌彝文化廊道并非仅涉及藏羌彝三个民族，而是以三个代表性民族作为文化符号，同时还涵盖廊道沿线与之相关的各民族，如纳西、白、哈尼、回等族群的民族文化。走廊空间分布远不止划定区域，尤其是彝族，其分布空间带状延伸更广，北端由四川凉山州跨过金沙江向南、向东两线伸长，向南到西双版纳州抵越南、老挝北部山区均有广泛分布。2014年，我国第一个国家层面的区域文化产业发展专项规划《藏羌彝文化产业走廊总体规划》发布[1]。

3.1.2 藏羌彝文化廊道涵盖的古道

藏羌彝文化廊道在其区域历史上存在几条重要的古道，著名的茶马古道与唐蕃古道就在该廊道上。历史上的茶马古道并不只有一条，而是一个庞大的交通网络。它是以川藏道、滇藏道与青藏道（甘青道）三条大道为主线，辅以众多支线、附线构成的道路系统，存在于中国西南地区，以马帮为主要人群的民间国际商贸通道，是中国西南民族经济文化交流的走廊。茶马古道源于古代中国西南边疆的茶马互市，兴于唐宋，盛于明清，第二次世界大战中后期最为兴盛，其连接川滇藏，延伸入不丹、锡金、尼泊尔、印度境内，直到抵达西亚、西非红海海岸。据史料记载，中国茶叶最早向海外传播，可追溯到南北朝时期。唐宋以来，内地差旅主要由青藏道入藏，"往昔以此道为正驿，盖开之最早，唐以来皆由此道"[2]。

隋唐时期，随着边贸市场的发展壮大，加之丝绸之路的开通，中国茶叶以茶马交易的方式，经西域向西亚、北亚和阿拉伯等地区输送，中途辗转西伯利亚，最终抵达俄国及欧洲各国。唐初，吐蕃南下，在中甸境内的金沙江上架设铁桥，打通了滇藏往来的通道。宋代，"关陕尽失，无法交易"，茶马互市的主要市场转移到西南。元朝大力开辟驿路、设置驿站。明朝继续加强驿道建设。清朝将西藏的邮驿机构改称"塘"，对塘站的管理更加严格细致。清末民初，茶商大增。因此历史上的茶马古道是一个庞大的交通网络。茶马古道主要有三条线路：即青藏线（唐蕃古道）、滇藏线和川藏线，在这三条茶马古道中，青藏线兴起于唐朝时期，发展较早，而川藏线在后来的影响最大，最为知名。其地跨川、滇、青、藏，向外延伸至南亚、西亚、中亚和东南亚，远达欧洲。历史上滇藏线茶马古道有三大道路：一条由内江鹤丽镇汛地塔城出发，经过崩子栏、阿得酋、天柱寨、毛法公等地至西藏；一条由剑川协汛地维西出发，经过阿得酋，再与上一条道路相合至西藏；一条由中甸出发，经过尼色落、贤岛、崩子栏、奴连夺、阿布拉喀等地至西藏，其主要通道即与今滇藏线接近[3]。（表3-1-1）

茶马古道（青藏线）也称"唐蕃古道"，其起点是唐王朝的国都长安（今陕西西安），

藏羌彝文化廊道古道一览表 　　　　　　　　　表3-1-1

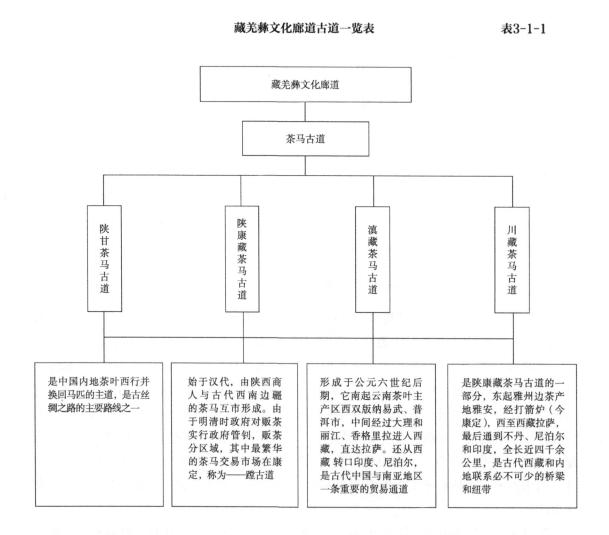

终点是吐蕃都城逻些（今西藏拉萨），跨越今陕西、甘肃、青海和西藏4个省区，全长约3000公里。唐蕃古道是中国古代历史上一条非常著名的交通大道，也是唐代以来中原内地去往青海、西藏乃至尼泊尔、印度等国的必经之路。整个古道横贯中国西部，跨越举世闻名的世界屋脊，联通中国西南的友好邻邦，故亦有丝绸南路之称。至今在古道经过的许多地方，仍然矗立着人们曾经修建的驿站、城池、村舍和古寺，遗留着人们世代创造的灿烂文化遗存，传颂着藏汉人民友好往来的历史。

茶马古道（川藏线）其路线是：由成都出发，经临邛（邛崃）、雅安、严道（荥经），逾大相岭，至旄牛县（汉源），然后过飞越岭、化林坪至沈村（西汉沈黎郡郡治地），渡大渡河，经磨西，至木雅草原（今康定县新都桥、塔工一带）的旄牛王部中心。这条神秘奇险的古商道，沉淀了厚重的历史内涵和丰富的边茶文化，是连接我国汉民族与吐蕃等少数民族政治、经济和文化交流的重要纽带。千百年来，它曾为促进藏汉地区贸易的发展起到了巨大作用，在铸就沿线藏、彝、汉各民族团结的历史进程中，功不可没。

茶马古道（滇藏线）也称为滇藏"茶马古道"，大约形成于公元六世纪后期，它南起云南茶叶主产区思茅、普洱，中间经过今天的大理白族自治州和丽江地区、香格里拉进入西藏，直达拉萨（图3-1-1）。

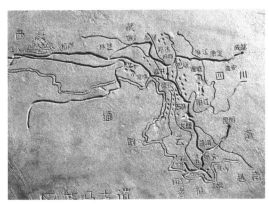

图3-1-1 茶马古道示意图

3.2 茶马古道沿线的藏族建筑文脉

人类的生活方式、习俗传统、思维观念都与建筑有着多维度的关联，并主导和制约着建筑技术的应用。藏族建筑体现了这种多维度的适应性，形成了与自然环境、宗教和民俗文化，以及社会背景相协调、相映衬的建筑风格。藏式建筑体现了藏族人民在长期的生产和实践中创造和积累的丰富经验。藏式建筑，从形式上可分为寺院建筑和民用建筑两大类。在西藏历史上，与传统建筑设计有关的理念主要有4种："天梯说"、"女魔说"、"坛城说"与"金刚说"。前两种思想与原始宗教信仰有关，后两种则是佛教哲学思想的反映[4]。连接各民族政治、经济和文化交流的藏羌彝文化廊道的形成与发展，影响了藏族建筑的演变与发展，产生了更加多元的建筑文化脉络，较清晰地体现了笔者前文所述的建筑文脉的民族文化、农耕文化、廊道互动三大要素理论。在文化廊道互动交流的重要影响下，藏族建筑文化脉络的发展先后经历了史前时期，吐蕃王朝时期，政教合一时期等阶段。

文成公主公元641年进藏，"随带营造与工技著作六十种"并召集汉族"要匠和雕塑等工匠"参加小昭寺的修建活动。公元710年金城公主进藏亦是"杂使诸工悉从"。萨迦政权之后，汉族建筑艺术和工程技术被大量吸收。（表3-2-1）

茶马古道沿线的藏族建筑发展一览表　　　　　　　　　　表3-2-1

阶段	发展分期	主要居住时代	建筑形制	建筑艺术特征
史前时期	原始时期	旧石器时代	穴居	天然岩洞或人类自己开凿的洞穴
	萌芽时期	新石器时代	半地穴窝棚式	往地下挖土凿坑，以木草覆盖窝顶或以木构架筑坡屋顶
			半地穴棚屋式	在地坑上之上筑墙或背倚山坡而三面砌墙，以梁、柱等木构架修建房屋
			地面建筑	摆脱了依赖于自然物体而筑屋的现象，完全是砌墙筑房
	雏形时期	六牦牛部落到吐蕃王朝之前的雅隆王统时期	堡寨或宫殿、大石建筑、墓葬建筑、帐篷	堡寨或宫殿是藏区地方头领在山岗上修建的具有碉楼风格的官邸
吐蕃王朝时期	发展时期	吐蕃王朝历史时期	拉萨宗教建筑	社会功能性建筑有了新的发展，建筑的艺术形象崭露头角，体现出外来文化的影响
	多元一体时期	吐蕃王朝崩溃后至元朝建立的400余年	王宫建筑	既有其基本功能，又利用了自然物或就地取材的方法，集宫殿、佛殿、民居、军事建筑为一体的布局，对后来藏式建筑的装饰审美产生了根本性影响

续表

阶段	发展分期	主要居住时代	建筑形制	建筑艺术特征
政教合一时期	转型时期	萨迦政权时期	宫殿、寺院	政教合一的社会制度体现在建筑领域中，修建了藏族历史上第一座寺宫合一的建筑物，具有汉式护城河和城墙院落的建筑特点
	成熟时期	帕竹政权统治时期	庄园建筑	分为贵族庄园、官府庄园、寺庙庄园，其建筑由一个中心和若干附属建筑构成，具备一个微型政府的基本功能
	定型时期	格鲁派政权统治时期	藏传教皇家寺院、园林建筑	建筑从规模到营造技术、从建筑质量到装饰水平都得到空前发展

3.2.1　藏式公共建筑与聚落形态模式语言

茶马古道是佛教东传之路，在茶马古道上，多元文化开始融合。茶马古道同时也是一条宗教文化传播之路，教徒与商人相伴而行，为这些区域带来了不同的信仰。比如通过藏传佛教在滇西北的传播，进一步促进了纳西族、白族和藏族的经济及文化交流。文化交流与互动，同时也会反映在其建筑文化的相互影响上。马帮的历史已经过去，但曾经的那段辉煌依然留在茶马古道上，留在藏族人们的心中。甘孜是全国藏区的重要组成部分，也是内地进入藏区的咽喉地带，州府驻地康定自宋代以来就是汉藏"茶马互市"的重要场所。州内德格与西藏拉萨、甘南夏河被称为藏区的三大古文化中心，是藏文化的发祥地之一。古朴厚重的民俗风情，流派纷呈的藏戏，风格各异的锅庄、弦子和踢踏舞蹈，独树一帜的藏族绘画和雕塑，神奇奥妙的藏传佛教都让人赞叹。藏族自称"博"，历史上有吐蕃、西番等不同称呼。藏族以农牧业为主，信仰藏传佛教，主要聚居在西藏自治区及青海海北、黄南、果洛、玉树等藏族自治州和海西蒙古族、藏族自治州、甘肃的甘南藏族自治州和天祝藏族自治县、四川阿坝藏族羌族自治州、甘孜藏族自治州和木土藏族自治县以及云南迪庆藏族自治州。藏族有自己的语言和文字。藏语属汉藏语系藏缅语族藏语支，分卫藏、康方、安多三种方言。藏族信奉大乘佛教，大乘佛教吸收了藏族土著信仰本教的某些仪式和内容，形成具有藏族色彩的"藏传佛教"。

藏族人民在其历史发展过程中、依据本地的自然环境、社会环境、生产环境和文化理念，逐渐形成了具有民族特色的建筑风格，并在与周边民族和地区文化的交往中积极吸收、借鉴先进的建造技术及优美的建筑风格。如明朝对西藏所施行的宽松政治统治制度和政策，吸引了众多的藏族社会地方势力和宗教领袖入京请封，这一社会环境为藏族建筑的个性化发展提供了良好的条件和机遇。

随着佛教的传播，藏式寺院建筑文化得到迅速发展，寺院建筑保持了古碉式建筑中结构合理、造型美、风格突出的特点，还糅合了其他类型的建筑形式，加之社会的人力、财力都耗费在寺院建筑上，寺院建筑集中地体现了藏族建筑的艺术成就。寺院多选择环境较好，地势险要之处依山而建。在平面布局、立面造型、力学构造原理、材料选用等方面都与汉式建筑风格迥异。松赞林寺的扎仓、吉康两座住殿高高矗立在中央，八大康参、僧舍等建筑簇拥拱卫，层层递进轮廓分明，充分衬托出了主体建筑的高大雄伟。主建筑扎仓，藏语意为僧院，是僧众学习经典、修研教义的地方。寺院大殿的修筑先按其高度确定收分系数，再计算墙脚的宽度，基脚用石块砌成。殿门的门框经木工精雕细琢后，再分层彩绘精细图案。僧房一般修建在寺院大殿周围，与大殿紧紧相连，俨如一座小城。格鲁派统治时期，藏族建筑从规模到营造技术，从建筑质量到装饰水平都得到空前的发展。这个时期具有代表性的藏族建筑有布达拉宫重建和扩建的塔尔寺、罗布林卡园林建筑、拉卜楞寺、拉萨宁玛教派寺院多杰扎寺、敏珠林寺、康区的竹庆寺、白玉寺等。

藏族建筑文化重要的历史遗存众多，笔者选取一些做简要介绍：

帕拉晶塔位于比如县良曲乡怒江北岸的山坡上，是贡萨寺附属建筑物。该塔于1611年由僧人让朵、夏加仁青倡导修建，属于噶举教派的建筑。主塔高约30米，周围有150多个小塔环绕主塔而建，塔群占地面积300平方米。帕拉晶塔建筑宏伟，历史悠久，塔内文物丰富，其中有一尊水晶塔堪称奇世珍宝。传说当时三十三天界降下了碎白晶，自然形成了一座白晶宝塔，就是这座被视为镇寺之宝的水晶塔，帕拉晶塔因此而得名。

布达拉宫坐落于中国西藏自治区的首府拉萨市区西北的玛布日山上，是世界上海拔最高，集宫殿、城堡和寺院于一体的宏伟建筑，也是西藏最庞大、最完整的古代宫堡建筑群。布达拉宫依山垒砌，群楼重叠，殿宇嵯峨，气势雄伟，是藏式古建筑的杰出代表（据说源于桑珠孜宗堡），也是中华民族古建筑的精华之作，其主体建筑分为白宫和红宫两部分。宫殿高200余米，外观13层，内为9层。（图3-2-1）

噶丹·松赞林寺是云南省规模最大的藏传佛教寺院，也是康区有名的大寺院之一，还是川滇一带的黄教中心，在整个藏区都有着举足轻重的地位，被誉为"小布达拉宫"。该寺依山而建，外形犹如一座古堡，集藏族造型艺术之大成，又有"藏族艺术博物馆"之称。该寺又称归化寺，距中甸县城5公里，是一座古镇规模的古堡群建筑，于1679年（藏历第十一绕迥阴土羊年）兴建，1681年竣工。（图3-2-2、图3-2-3）

茶马古道西藏段（唐蕃古道）上的文部南村位于西藏那曲地区尼玛县文部乡，是藏北的一个原生态村落，坐落在美丽的当惹雍错湖畔，面对绵延的达果雪山，就像是一个与世隔绝的世外桃源。文部南村所在地海拔4600米，是个半农半牧的小村子，石头砌成的藏式民居依山而建。早在松赞干布统一西藏之前，西藏高原曾经分布着几十个小王国，其中位于当惹雍错一带的象雄王国是最为古老的东方文明之一，文部南村附近就是象雄古国的王宫所在地。古象雄文明有着悠久灿烂的历史，已被列入世界文化遗产的保护范围。"象雄"起源于中国西藏冈底斯山一带，从西藏历史的角度来说"象雄"几乎就是古代整个西部的代名词。

茶马古道云南段上的枢纽独克宗古城位于云南省迪庆州香格里拉县，是一座具有1300多年历史的古城，是中国最大的藏民居群，也是雪域藏乡和滇域民族文化交流的窗口和川藏滇地区经济贸易的纽带。唐仪凤、调露年间（公元676~679年），土蕃在这里的大龟山顶设立寨堡，名"独克宗"。这一藏语发音包含了两层意思：一为"建在石头上的城堡"；另为

图3-2-1　布达拉宫（作者自绘）

图3-2-2　松赞林寺

图3-2-3　2004年作者在松赞林寺考察建筑文化

"月光城"。独克宗古城依山势而建，是茶马古道上的重镇，也是马帮进藏后的第一站。（图3-2-4、图3-2-5）传说当时的建城理念是缘于有活佛在古城对面山头遥望古城，发现大龟山犹如莲花古城布局形似八瓣莲花，形成因自然变化的空间。在古城的兴建中，建筑材料大都就地取材。工匠们发现当地出产的一种白色黏土可用作房屋外墙的涂料，于是古城民居外墙皆涂成白色。

3.2.2　藏式民居建筑文脉模式语言

藏民居种类主要有碉房、帐房两大类。碉房是中国西南部的青藏高原以及内蒙古部分地区常见的藏族人民的居住建筑形式。从《后汉书》的记载来看，在汉元鼎六年（公元111年）以前就有存在。这是一种用乱石垒砌或土筑而成的房屋，高有三至四层。因外观很像碉堡，故称为碉房，碉房的名称至少可以追溯到清代乾隆年间（1736年），其

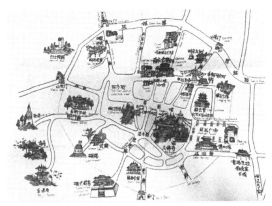

图3-2-4　独克宗古城形似八瓣莲花布局图

底层为畜圈及杂用，二层为居室和卧室，三层为佛堂和晒台，四周墙壁用毛石垒砌，开窗甚少，内部有楼梯以通上下，易守难攻，类似碉堡。碉房窗口多做成梯形，并抹出黑色的窗套，窗户上沿砌出披檐。（图3-2-6）

帐房的平面一般为方形或长方形，用木棍支撑起高2米左右的框架，上覆黑色牦牛毡毯，四周用牛毛绳牵引固定在地上。帐房内中间置火灶，灶后供佛。这种帐房是牧区群众为适应流动性生活方式所采用的一种特殊建筑形式。藏族民居在注意防寒、防风、防震的同时，也采用开辟风门、设置天井、天窗等方法，较好地解决了气候、地理等自然环境

图3-2-5　独克宗古城中心广场（作者自绘）

带来的不利因素。德格牧区普遍用牛毛帐
篷作为住房，牧民用牛毛纺线，织成粗氆
氇，厚约2~3毫米，缝成长方形的帐篷，
帐内以木杆支撑，帐外牛毛绳张拉，帐篷
四周用草饼或粪饼垒成墙垣。帐篷一方设
门，门上悬有护幕。帐顶上顺脊处开一长
方形天窗，作入光、排烟之用。这种帐篷
经暴雨不漏，大雪不塌裂。拆卸卷叠后用
牦牛便可运走[5]。

图3-2-6　香格里拉的藏族民居（作者自绘）

"屋皆平顶"的藏式民居建筑式样和风格从有关史料可知至少已有一千多年的历史。《旧
唐书·吐蕃传》称："其国都城号为逻些城，屋皆平头，高至数十尺。"《西藏志》："自炉至
前后藏各处，房皆平顶，砌石为之，上覆以土石，名曰碉房，有二三层至六七层者。凡稍大
房屋，中堂必雕刻彩画，装饰堂外，壁上必绘一寿星图像。"藏族是善于表现美的民族，对
于居所的装饰十分讲究。藏民居室内墙壁上多绘以吉祥图案，客厅的内壁则绘蓝、绿、红三
色，寓意蓝天、土地和大海。富有浓厚的宗教色彩是西藏民居区别于其他民族民居最明显的
标志。西藏民居室内外的陈设显示着神佛的崇高地位，无论是农牧民住宅，还是贵族上层府
邸都有供佛的设施。富有宗教意义的装饰更是西藏民居最醒目的标识，外墙门窗上挑出的
小檐下悬红、蓝、白三色条形布幔，周围窗套为黑色，屋顶女儿墙的脚线及其转角部位则
是红、白、蓝、黄、绿五色布条形成的"幢"。在藏族的宗教色彩观中，五色分别寓示火、
云、天、土、水，以此来表达吉祥的愿望。（图3-2-7）

由于藏族民居多为简单的方形或曲尺形平面，很难避免立面的单调，而木质的出挑却以
其轻巧与灵活与大面积厚宽沉重的石墙形成对比，这种做法不仅着眼于功能问题，而且兼顾
了艺术效果。（图3-2-8）

藏区建筑门边、窗边饰有黑色上小下大的边框，寓意为"牛角"，传说能给人带来吉

图3-2-7　藏族建筑色彩

图3-2-8　藏族民居（作者自绘）

祥。藏族古代曾信奉的图腾之一是"牦牛"，原始的图腾被写意为牛角。这种装饰不分建筑等级，普遍应用，是统一藏式建筑风格的主要因素之一。（表3-2-2）

3.2.3 茶马古道沿线藏族建筑的文脉特征

古象雄文明是西藏文明的源头，在藏族建筑的发展过程中，既注意吸收汉地和其他民族的建筑艺术和建筑技术，又保持了本民族建筑特色与风格的传统性。藏族建筑文脉装饰艺

文化廊道影响下茶马古道沿线的藏族建筑文脉特征分析表　　　表3-2-2

装饰	藏族建筑文脉装饰艺术，反映了浓厚的藏传佛教文化和藏地民间信仰文化，体现了印度文化、唐代汉文化以及吐蕃时代藏族文化的交流与融合。大量结合木雕的彩绘图纹，被描绘在寺院和民居建筑的内部空间，覆盖四壁、天顶、梁柱、门窗和檐廊

 室内装饰艺术  室内浮雕彩饰艺术  室内梁架彩饰艺术

门饰装饰艺术是藏族建筑装饰最精美的部分。它的宽窄、布局、雕花、绘画都受到自然环境和宗教艺术的影响。一般门上一定要有门钉及挂饰，门板上钉挂金属等材料做成的饰品，有横向条形包装、门环、门环座等。涂饰中较常见的门上装饰内容有日月、雍仲，以及用糌粑点缀的寓意吉祥的各种造型。门楣装饰构成自上而下，依次为狮头梁、挑梁面板、桃梁、椽木面板和椽木等五层重叠，多出现于传统藏族建筑寺庙与宫殿的门楣装饰中，普通民居多采用由三层和五层重叠形成的门楣雕饰与彩绘相结合的装饰

门

 大门门钉及挂饰装饰艺术  门上涂饰装饰艺术  三层和五层重叠形成的门楣雕饰与彩绘相结合的装饰

门廊檐下红、黄、绿、蓝等原色艳丽的彩画，结合家具用色，形成热烈的室内色调，与藏民淳朴、热情的性格相呼应。墙涂色装饰的部位，主要有墙檐、墙体、窗围、门围等

彩绘

 雕饰与彩绘结合的门廊装饰  室内彩绘装饰艺术  窗围彩绘装饰艺术

续表

	在宗教文化的影响下，藏式普通建筑大多仿照了寺庙建筑的形制和装饰来修建，窗上装饰有巴卡、飞子木、八苏以及香布等文脉元素。窗户的外窗一般为方形窗框，多为田字形窗扇；近现代以来，也多有作汉式小方格和花格窗扇；窗顶有挑出的檐口，称作"八苏"；窗周有梯形的黑色带装饰，称作"巴卡"。窗户上部均悬挂用织物制成的"香布"
窗	   八苏　　　　　　　　　　　巴卡　　　　　　　　　　　香布
	藏式古老建筑的木头构件如柱头、横梁、托木，甚至门窗、梁柱等都是木雕艺术大放异彩的地方。其木雕构件与内部装饰，都充满了藏传佛教的韵味，擅长删繁就简，用简单利落的轮廓去表现复杂的场景，给人一种神明般的空灵感
木雕	   屋檐下两排四方形的木饰寓意宗教信仰以及藏地风水规避，吉祥宅地之意　　　建筑立面大量应用木雕装饰艺术　　　融合了汉族木质建筑构造的建筑木雕装饰艺术
	藏族建筑屋顶上装饰有一对梅花鹿，中间的轮，是古印度的一种兵器，代表力量强大无坚不摧的法之轮，是指佛法的无比超越高妙。鎏金的屋顶与天相接，主要用于宫殿和寺院的主殿，象征着至高的尊敬之意。金顶与一般屋顶瓦相似，顶面为铜质镀金桶形长瓦，翘首飞檐。四角飞檐一般为四只张口的鳌头，屋脊上装有宝幢、宝瓶、卧鹿等，屋檐上雕饰有法轮、宝盘、云纹、六字真言、莲珠、花草、法铃、八宝吉祥等图案
屋顶	   屋脊上装饰的双鹿与中间的法轮　　　藏族建筑屋顶上的装饰组合　　　屋顶盖铜质镀金桶形长瓦

术，反映了浓厚的藏传佛教文化和藏地民间信仰文化，体现了印度文化、唐代汉文化以及吐蕃时代藏族文化的交流与融合。同时，受到文化廊道区域内的茶马古道等文化交流的影响，形成了如下几点主要的建筑文脉特征。

①宗教文化特征：西藏最初的宗教建筑多是以印度著名佛教寺院为蓝本，并是在来自印度、尼泊尔等地的高僧指导与协助下修建的，是藏族物质文化与精神文化高度统一的产物，是藏族崇尚自然，顺应自然的完美体现，也是藏族独特审美情趣与高超建造技术的结合。建

筑木雕构件与内部装饰，都充满了藏传佛教的韵味。民居建筑色彩尽量朴素、简洁，衬托主体建筑。如大昭寺周围的民居建筑色彩，简洁到只剩下白墙、黑框、小雨篷上的香布及香布里面简单的彩画，以突出大昭寺建筑。寺院既是宗教活动的中心，也是文化的传播场所，在战争中又往往是攻防的军事堡垒。为了取得居高临下的战略优势，寺址一般都选择依山面水向阳的缓坡地或陡峭的山谷。在考虑宗教的象征意义之外，社会因素、自然环境等因素的考虑也是造就藏传佛教建筑独特性的关键。

②"万物皆有灵性"的聚落布局与选址特征：住宅选址一般选择在背风向阳处，门窗大都开向东南，楼房的西北面和底层不开窗，以避西北风。体现了藏族人对高原自然环境的认知和与自然和谐共处的建筑选址理念。世居此地，藏族人认为这里的每一座高山，每一眼清泉都是造物主的馈赠，因此，千百年来不滥用和破坏自然万物。认为万物皆有灵性。藏族古代曾信奉的图腾之一是"牦牛"，由于时代的发展，原始的图腾被写意为牛角。简练、概括的艺术形象，装饰性极强。这种装饰不分建筑等级，普遍应用，是统一藏式建筑风格的主要因素之一。

③"高海拔地理要素"的高原性乡土建筑文化特征：藏族建筑材料就地取材，利用雪域高原取之不尽、用之不竭的土、木、石料建造经济、坚固、实用、美观的住宅。有些地方采取砌石墙，有些采取湿泥筑墙，有些则采用石、泥、木三者兼用，即下石、中泥、上木合理搭配。建筑面积用柱头来表示，柱与柱之间一般为8米长，通常有9柱、12柱到80柱等几种俗定成规的面积计算单位。住宅建筑的主要形式有帐房、碉房、干栏式建筑等。多采用木结构框架，屋顶以平顶居多。西北部牧民则用牛毛编织帐房，能经高原风雪的侵袭。西藏农区和城镇的民居，大都是二三层的楼房或单层的平房，也有高达四五层的建筑物，"屋皆平顶"是其共同特征。

3.3 茶马古道沿线的羌族建筑文脉

羌族源于古羌，是中国西部的一个古老的民族，古羌对中国历史发展和中华民族的形成都有着广泛而深远的影响。其语言为羌语，属于汉藏语系藏缅语族羌语支。羌族自称"尔玛"或"尔咩"，被称为"云朵上的民族"。主要分布在四川省阿坝藏族羌族自治州的茂县、汶川、理县、松潘、黑水等县以及绵阳市的北川羌族自治县，其余散居于四川省甘孜藏族自治州的丹巴县、绵阳市的平武县以及贵州省铜仁地区的江口县和石阡县。大多数羌族聚居于高山或半山地带，少数分布在公路沿线各城镇附近，与藏、汉、回等族人民杂居。

3.3.1 羌族村寨选址与聚落形态模式语言

羌人历史上久经战乱，被迫迁移至岷江上游之后，因地理原因，分布零散，为防御外敌，每个羌寨内部形成了很强的凝聚力，精诚团结成为羌族的民族性格。民居布局与其民族性格一致，强调整体，群体意识感强烈。羌族一般都是由几户或上百户人家聚族而居形成

"羌寨"。出于生活、耕牧方便兼具安全性的考虑，建羌寨多选在依山傍水的河谷、半山腰、高半山地带。羌族建筑在选址、村寨布局以及空间形式等方面，依然保持了浓厚的古风遗韵，传统羌寨有意识地选择靠近河湾滩地的山坡坡脚，考虑适宜的耕作距离，又避免占用珍贵的可耕地。羌寨选址大多遵循"大水避、小水亲"的原则，对于村寨的存在和发展具有极为重要的意义。羌寨的聚落形态是多户密集建房，具有极高的建筑密度，不受形式的限制，依山就势顺应地形，空间层次丰富。羌寨内所有建筑及街巷组织均围绕中心碉楼建造。碉楼在寨中高高凸起，具有突出的向心性。狭窄的巷道肌理，四围都是壁立的"邛笼"和碉楼民居，屋面相通，部分村寨还修建有人工地下水系统。其空间的开合都与碉楼民居密切相关。在大寨之内各碉楼民居又自成体系，二者融为一个有机整体。（表3-3-1）

茶马古道沿线的羌族村落选址类型一览表 　　　　　表3-3-1

方式	选址	布局	形式	功能类型与原则
河谷	因地制宜，依山而建，所选地点多为无法耕种的岩石荒坡	聚落村寨朝东	河谷地带羌寨北山面河，依附于山体之上	大多遵循"大水避、小水亲"的原则。依山面水。水源充足，交通方便，气候相对暖湿，平坝缓坡集中。有意识地选择靠近河湾滩地的山坡坡脚
半山	可耕面积所决定	多为河谷两岸半山腰的台地与缓坡等开阔地带	村落民居顶部多为平台，形成晒台，顶面相连	山腰选址利于防御，具有很强的使用功能。不受形式的限制，依山就势，顺应地形，遵循多户密集建房的原则，具有极高的建筑密度
高半山	地势相对缓和平坦的缓坡台地	依山而建	依托山势和台地面积大小，分上、中、下山寨	高半山缓坡台提供牧场及可耕地，天然海拔高度又具有易守难攻的功能类型特点

　　羌区的大部分羌寨，均依山而建，沿等高线布局，从外观上看，整体连贯，从内部结构看，每户的房屋也由大大小小的房间穿插相连。户与户之间有过街楼相通有机连接，全寨呈现出一体化的整体建筑布局，形成多个暗道，有很好的隐蔽功能，如理县的桃坪羌寨、增头羌寨等的布局就具有这种特点。羌族建筑围绕碉楼展开布局，突出碉楼，并不是强调某种个性意识，而是因为战备的需要，是生存观决定下的群体意识的表现。[6]。在空间形式方面，有以碉楼为中心的空间，有以水渠为中心的空间，有以道路和过街楼为中心的空间，有以官寨为中心的空间，构成了类型丰富、灵活多变的空间组合。（图3-3-1、图3-3-2）

　　羌族的建筑文化根植于本民族传统文化，兼蓄多种文化和建筑样式的有益因素，经过多年的经验积累和对外来文化的吸收，建筑以优美的外部形态，合理的内部空间分配，严谨的布局和丰富的内涵成为羌族极具代表性的文化表征之一。羌族建筑融合了我国传统建筑的三种主要形式——游牧民族的帐幕式、汉族的窑洞式和干栏式建筑的主要特征。在对游牧民族帐幕式的继承上，室内至今还完整保留中心柱的结构形式，羌人已将中心柱演化为室内空间中的精神之柱，这种表现形式与羌族的历史关系密切。羌族群体建筑为一体化的布局，单体

图3-3-1　四川理县桃坪羌族村寨的整体连贯布局
（作者自绘）

图3-3-2　四川理县桃坪羌族村寨

　　建筑布局则呈外部封闭，内部开敞的院落形式，合理有序。这体现出受四川盆地汉区穿斗木结构四合院的影响，仿造北方四合院形制的痕迹。羌族的"四合院"在汉族四合院形制的基础上，进一步向空中发展，形成了具有羌族特色的退台式四合院样式。羌族建筑形式多样，以碉楼、石砌民居、碉巢、土屋和板屋为主要建筑形式，石砌房占的比重最大。碉楼最具特色，是羌族生存观的主要物化形式，成为羌族艰辛历史经历的见证。《后汉书·西南夷传》载："冉駹夷者，武帝所开，元鼎六年，以为汶山郡，至地节三年夷人以立郡赋重，宣帝乃省并蜀郡，为北部都尉，其山有六夷七羌九氏。……众皆依山居止，累石为室，高者至十余丈为邛笼（今彼土夷人呼为雕也）"[7]。

　　羌族的官寨为土司的住宅。土司制度在羌族历史悠久，空间复杂、形态壮观的官寨建筑就是土司权力和权威的物化形式。羌区目前仅存三座官寨，分别是茂县曲谷乡河西村的王泰昌官寨、由藏族所建的羌区境内最大的瓦寺土司官寨以及理县甘堡乡藏族桑梓侯（桑福田）官寨。汶川瓦寺土司官寨位于四川省汶川县玉龙乡涂禹山村内，始建于明代中期，城堡坐北向南，平面呈长方形，南北长90米，东西宽68米。现存东、北、西三面墙，南墙被毁而仅存山门。该官寨为四川境内现存唯一的明代城堡式土司官寨。

　　羌族的本体伦理思想与汉文化中的伦理宗法制度融合，使羌族社会的伦理思想内容更加丰富。白石崇拜是羌族宗教中最重要的内容，白石是所有神灵的化身，羌族碉楼和民居的顶部，都放有几块白石，代表着天、地、山、火等诸神，逢重要节气，燃烧柏枝，进行祭祀，体现出崇上的伦理思想。火塘三脚分别代表男女宗神和火神，蕴涵有对祖先生殖繁衍的崇拜和感恩心理。

　　1400多年前羌民就创造了索挢（绳挢）。两岸建石砌的洞门，门内立石础或大木柱，础与柱上挂胳膊般粗的竹绳，少则数根，多则数十根。竹索上铺木板，两旁设高出挢面1米多的竹索扶手。栈道有木栈与石栈两种。木栈建于密林，铺木为路，杂以土石；石栈施于绝壁悬崖，穿岩凿孔，插木为桥。羌族民间石匠农闲时常外出做工。举世闻名的四川灌县都江堰工程，至今已有2000多年的历史，仍在造福利民，其中就凝聚有古代羌人的血汗和智慧。（图3-3-3）

图3-3-3　羌族传统建筑营造技艺（图片来源：http://www.beijingreview.com.cn/wenhua/201805/
t20180511_800129298.html）

3.3.2　羌族民居建筑文脉模式语言

羌族民居建筑起源于新石器时期。羌族这种垒石为室的民居建筑历5000多年的传承发展至今，在吸收其他民族文化的过程中更趋丰富。其类型集中、成片的大规模古建筑体系，从一定程度上讲，羌族建筑不仅是西南大部分少数民族的建筑之源，而且是中华建筑目前尚保存完好的源头遗迹之一。

碉楼是羌族建筑中一种特殊的空间形态，是具有代表性的文化符号之一和骁勇民风的历史见证。以碉楼为中心，形成羌族独有的建筑布局。早期碉楼的功能主要用于战备，各寨中碉楼的排列多成"Z"字形，达到提前防御和隐蔽御敌的目的，还可将宝物藏于碉楼之中，在冷兵器时代曾发挥过巨大的作用。羌族建筑技巧高超，就地取材，以石块拌以当地盛产的黄泥砌成，牢固坚实。在羌族史诗《羌戈大战》中，就有关于建筑的生动描述，如"如乌山上采青石，青石块块作墙面；木西岭上砍铁杉，铁杉作柱又锯板"，"九沟里头砍木头，九匹山上背石片；九沟清水调泥巴，羌人重把碉楼建"[8]。（图3-3-4、图3-3-5、表3-3-2）

3.3.3　茶马古道沿线羌族建筑的文脉特征

羌族具有极为特殊的民族文化，它的形成与发展充分体现着各民族之间的交流。由于安居地处在汉藏两大民族聚居的交界区域，受到藏羌彝文化廊道的长期影响，羌族文化与汉藏

图3-3-4　羌族碉楼（作者自绘）

图3-3-5　羌族碉楼剖面图（作者自绘）

茶马古道沿线的羌族建筑样式类型一览表　　　　　　　表3-3-2

名称	选址	建筑形态	材料	建筑功能与审美艺术特征
碉楼	多建于村寨住房旁	形状有四角、六角、八角几种形式，有的高达十三四层	石片和黄泥土	用来御敌、储存粮食柴草。是羌族最古老的古羌文化符号之一。独立垂直，呈锥形向高空发展延伸，具有高耸又淳朴厚重的审美艺术特征
石砌庄房	依山而建	平顶房，呈方形。从底部至层顶的墙体有收分，构成下大上小的梯形形态	木料、石片	以不规则的片石和黄泥垒墙，整体为下大上小的收分状态，外形变化有致，外部空间形态特征较统一，内部空间变化自由随意
索桥（绳桥）	在高山峡谷之间建造	结构比较复杂，在桥的两岸砌石为洞门，用几根或十几根手臂粗大的竹索并列，束在两岸坚固的石柱或木柱上，桥的左右两方还牵有几根平行的竹索作栏杆，竹索上铺以木板	木板、竹索	1400年前就创造了索桥，连通两山、河流两岸。利用竹、藤、麻等植物材料修建
土屋	阶坡台地、地势平缓宽阔之处	高度大多为三层，且内部空间较小，但共用空间较多，错落有致，各户的屋顶几乎连成一片，晒台面积大	以黄泥为主	土泥夯筑民居，在外观、颜色、高度和室内面积上与石砌民居有一定区别，保持着羌族传统的陈设风格
碉巢	高山地区	碉房形式多样，层次不一，结构严密，棱角整齐，坚固实用，有六角、八角等形态	石片和黄泥土	碉巢是更具古羌文化传统的民居形式，是高十余丈的碉楼与邛笼的结合体。充分体现了羌族人独特精湛的建筑艺术

两大民族文化具有不可割裂的关系。羌寨聚落的密集性及其羌民住屋垂直布局的特征都具有节省建设用地的作用。坡地的地形地貌限制使羌寨建设不得不适应自然，因而聚落形态与自然环境十分契合。碉楼在寨中高高凸起，位于中心领导地位，其余住层围绕它密密匝匝，层层簇拥，具有突出的向心性。在社会发展过程中，逐渐形成了如下几点主要的羌族建筑文脉特征。

①"融合式"建筑文脉结构特征：羌族建筑融合了我国传统建筑的三种主要形式——游

牧民族的帐幕式、汉族的窑洞式和干栏式建筑的主要特征。在游牧民族帐幕式的继承上，至今还完整保留中心柱的结构形式，羌人已将中心柱演化为室内空间中的精神之柱。羌族的"四合院"在汉族四合院形制的基础上，进一步向空中发展，形成了具有羌族特色的退台式四合院样式。羌族建筑形式多样，以碉楼、石砌民居、碉巢、土屋和板屋为主要建筑形式，石砌房占的比重最大。

②"碉楼式"建筑文脉空间特征：在文明早期，以氏族为单位组织生活、生产并共同抵御外地入侵。这时候出现的是"依山据险，屯聚相保"的聚落联防形式，防御性的单独碉楼在碉楼与村寨关系中占主导地位。随着社会、经济和文化的发展，氏族社会转入以家庭为单位的家族社会形态。碉楼随之发展的更深层次是碉楼与居住空间在空间上的结合，形成了村落整体防御之外家庭的第二道防御屏障。碉楼和住宅紧靠在一起，并以门、墙、廊、道、梁柱等结构与住宅合为一体，带来了碉楼和民居之间从平面关系到空间组合的相互衔接、渗透、融合的变化。羌族村落在选址、总体布局和建筑手法上，民族风格和地域特色鲜明，其建筑集实用、战备、精神崇拜、伦理思想等多种功能为一体，因地制宜、就地取材，极具民族特色。

③"锅庄文化"建筑文脉习俗特征：羌族地处高山，气候寒冷，火塘不仅可以烧煮，还是羌人取暖、聊天、喝酒等活动的场所，并产生出锅庄文化。火塘架的结构为铁制圆圈与三个铁脚组合而成，火塘结构各地有一定区别，有的村寨在火塘下挖坑，上面放置火塘架；还有的是在地面上用砖垫高约十厘米，再架置火塘。火塘的垂直顶部，有一木制隔挡，称"挂火炕"，基本为每寨每户必有。羌族的室内陈设主要集中在主屋，主要分为神龛、火塘和橱柜等，火塘除精神功能外，还具实用功能。（表3-3-3）

茶马古道沿线的羌族建筑文脉特征图像分析表　　　　表3-3-3

碉楼	碉楼根据不同的位置，有不同的功用，共分为家碉、寨碉、阻击碉、烽火碉四种。碉楼的高度在10~30米之间，形状有四角、六角、八角等几种形式，有的高达十三四层。主要建筑材料有石、泥、木、麻等

续表

	碉楼和住宅紧靠在一起，并以门、墙、廊、道、梁柱等结构与住宅合为一体，带来了从平面关系到空间组合的相互衔接、渗透、融合的变化
碉楼内部空间	  
	砌墙所选用的石头，必须是又薄又宽的块石，第一层如果竖着铺，第二层就必须横着铺，这样可以让石头与石头之间形成抓力。砌墙时必须两面都整齐，中间还要用大石头填心，并采用粘合力特别强的黏土砌筑
材料肌理	  
	羌寨巷道狭窄且阴暗，碉楼民居家家屋面相通，在这样的巷道肌理中，大壁垒之内各碉楼民居又自成体系，二者融为一个有机整体。出口连着甬道构成路网，形成了易守难攻的格局
羌寨巷道空间	  
	碉房相互依借，使屋顶平台连成一片，高差处则置木梯互通往来，成为连通相邻各户和沟通人们交往的第二通道。房顶平台是脱粒、晒粮、做针线活及孩子、老人活动的场地
羌寨晒台空间	  
	碉房各层均留二三个窗洞。窗呈方形、十字形，内大外小，用石板或木板于内镶成，不加窗格，可防风防盗
高悬窗	  

3.4 茶马古道沿线的彝族建筑文脉

彝族分布范围较广，因此，其民居类型为适应不同地区的自然地理环境和气候条件，或受其他民族的影响而显得比较复杂，不过彝族民居在各民族中却有广泛的代表性。彝家院落宽敞，以供生产和生活之便，尤其是在置办红白喜事时，可以广纳宾客。居室内，正房堂屋靠墙处供奉着天地祖宗牌位，供桌上摆设着香炉及虎、狮雕像；正中安放八仙桌，用于接待客人；左侧有常年不熄的火塘，由三块石头支成，俗称"锅庄"，用以取暖御寒，热水烤茶，火塘周围是家人围坐议事的地方。正房两侧房间为当家儿子媳妇的卧室，兼存放贵重物品。一般长子居左，次子居右。老人、小孩及客房设在侧厢房。大门后做磨坊，正房楼上是粮仓，楼下为畜厩[9]。

3.4.1 茶马古道沿线彝族村寨选址与聚落形态

彝族是农牧兼营的民族，村寨的分布与座落有其独特的传承，其居住村落多选择在地势险要的高山或斜坡上，或接近河谷的向阳山坡。这样有险可守，有路可走，高能望远，并有水源、耕地以及水草牧场。一般高山区多为散居，平坝河谷地则以集居为主，这是彝寨典型的聚落特点。《元阳县志》载："彝族多居住在山川壮丽、资源丰富的山区，村寨依山傍水，四周梯田层层，村后有山可供放牧，村前有田可供耕种，多数村寨都有一条水沟从中流过。"[10]民间有俚语："彝人住高山"。由于其历史上部族社会结构和内争外患，凉山彝族形成传统住宅的"聚族而居"、"据险而居"、"靠山而居"三大特点。历史上彝族聚居的心腹地域无集镇无街市。凉山彝族社会流行儿子结婚后独立门户，所以凉山彝族住宅不尚深宅大院。传统住宅布局是以土墙、竹篱、柴篱围成方形院落，又有"瓦板房"的别号。

晋宁县夕阳乡木鲊村建于清代，以一条大通道为主轴，旁生里巷，形成通道与小巷的两级交通体系，形成"鱼骨状"的街巷格局，是彝族建筑的典型代表。村子依山势而建，呈缓坡坐落在山腰上，房子高低起伏，非常紧凑地挨在一起。在空间上，以古树、小广场为中心，空间结构组织有序，呈自然山水环绕的半月形布局，层次清晰，空间灵活多变。乐居村位于昆明西山区团结镇，距今已有600多年的历史。乐居村的连片古建筑有80多栋，其中30多栋有200多年历史，有40多栋有100多年历史。巍山古城在唐初就有村舍了，元代的时候，段氏总管开始建筑土城，到明朝才正式建城，至今整座县城依然较为完整地保持了600多年前建城时的棋盘格局。古城内大街小巷纵横交错，呈标准的"井"字结构，共有25条街道，18条巷，全长14公里；以拱楼为中心，街道成井字状分布开来。主要建筑有巍宝山道教宫观古建筑群、巍宝山长春洞古建筑、山龙山与图山南诏都城遗址等。

云南彝族在村寨选址中表现出生态考究和生存适应的二元同构性，把保护生态的理念融入生存居住环境中，通过保护村子上方的森林，以自由分散的民居、村寨顺应地势进行布局，来确保生态环境能够持续支撑村民生活。建筑群依一定中心组合而成村落，如以水源、活动场地为中心布置；有的村寨是沿等高线集中布置，布局灵活自由。耕地往往沿山势陡坡呈台阶状布置。（表3-4-1）

茶马古道沿线的彝族传统村落形态布局一览表　　　　表3-4-1

方式	布局	选址	形态艺术特征
散点分布	形态上分散、规模不大	处于偏僻山区	村落往往由多个居民点、建筑群组合而成，具有依地形、就山势、散点分布的审美艺术特点
线性发展	平行等高线方向发展	顺自然地形	村落大都依附河流、道路等发展
	垂直等高线方向发展	依山而建	除了依平行等高线方向发展，有些村落是垂直等高线方向发展。这种情况下都有一条从下向上贯穿整个村落的道路，房屋大都集中在道路两侧
集合组团	树枝状村落	村落道路	随着线性发展的村落壮大，村中道路扩展，出现树枝状村落
	围绕特定场所	村落远离道路	晒坪在村落中具有重要地位，尺度大小并不影响其在村落中被赋予的精神意义

3.4.2　茶马古道沿线彝族民居建筑文脉模式语言

　　彝族分布甚广，居住类型多样。彝族在适应自然，合理改造自然的过程中，创造发明了富于特色的各式民居，如瓦板房、闪片房、土掌房、三坊一照壁、干栏房等（表3-4-2）。典型的民居样式有一字房、滇南彝区的土掌房（平顶式）、杂居区的三坊一照壁、三合院及四合院（庭院式）等。土掌房是滇南彝区的传统民居，其先用黏土筑成墙，墙高达二至三米时，用木椽封顶，顶上再铺黏土，经洒水抿捶，形成平台屋顶，可作晒场或凉台，多为平房，也有的设二至三层楼。此种房屋多依山而建（图3-4-1）。三坊一照壁流行于云南大理巍山等地的彝区。主房顺山势依山而建，两侧耳房较低，再加一照壁，为土木结构的组合建筑。在彝区，各地、各支系传承的居室建筑形式是多种多样的，并与当地的居住习俗有密切关联，表现出独特的民族风情。

图3-4-1　云南城子古村土掌房

茶马古道沿线的彝族民居建筑样式类型一览表　　　　表3-4-2

民居建筑样式分类	地区	主要材料	建筑艺术特征
风篱房	云南、四川、贵州	土块、木架、树叶	结构很简单，用树干或树枝插入土中，构成一面坡式的墙，其上覆盖树枝、树皮、茅草之类，用来遮蔽风雨。今撒尼人建盖的牛车棚、舂碓棚就是古代风篱的延续和发展
土库房	分布在滇中及滇东南一带	泥土、木料、石块	从自然、审美的角度和宗教文化角度衍演创造，房顶不易漏雨，且冬暖夏凉，有较好的隔热性能和防火性能，吸热慢，散热也慢，可以自然地调节昼夜温差，住在里面冬暖夏凉
茅草房	西街口乡月湖	木料、石块、夯土	为土木结构，以石块垫基，夯土筑墙，用结实的圆木或方木为柱。茅草屋比起砖瓦房简陋，但节约费用，冬暖夏凉

续表

民居建筑样式分类	地区	主要材料	建筑艺术特征
篱笆房	圭山乡的合和村一带	石块、泥巴、竹条、树条、藤条	房屋的结构与瓦房相同，分为上、下两层，上层仓储粮食，下层住人、关牲畜，屋顶盖瓦片。以条石做墙基，以竹条、树条或藤条编织成篱笆，再糊上泥巴，涂刷平坦，成为墙壁
石板房	圭山乡的糯黑村	木材、石料	多为两层楼房，楼上、楼下各三间，梁、柱、椽、楼均为木料，山墙、背墙和围墙用石板垒砌，地板用薄石板铺成

彝族传统民居有风篱房、土掌房等几种主要建筑类型，详细解析如下：

风篱房：丰富多彩的彝族建筑形式中较古老的一种居住形式。风篱的建筑结构特别简单，用两根上端带杈的树杆插入土中做柱子，用一根树杆横搭在两根柱子的树杈上做梁，再用数根树杆并排搭在梁上，一端落地，成一面坡式的墙，其上覆盖树枝、茅草之类的东西，用来遮风避雨。这种居住形式的发明改变了彝族先民"冬则居营窟，夏则居桧巢"的穴居生活，是彝族建筑史上的一大发明和进步。

土掌房：以土、木、石为原料，一般分上、下两层，上层住人，下层关牧畜。屋顶平坦，其构造是以块石做墙基，用土坯或泥土夯墙，无柱无梁，在筑好的墙上直接铺上一层木棍、木板或木条，上覆茅草，再铺一层不含杂质的泥土，洒水抿捶，形成平台。它既是屋顶，又是晒台和凉台；既可晒粮食，又可晒衣物，十分实用。历史文化名村"城子村"，位于云南省红河州泸西县南部的永宁乡，这是一座亦村亦城的土掌"古堡"，保存着完整的土掌房群落。古城有六百多年历史，极具特色且保存完整的古建筑有一千余间。据泸西本土学者杨永明通过多年的考古研究及查阅文史资料写成的《揭秘滇东古王国》一书提到城子村曾乃宋"自杞国"的"土窟城"，由白勺部建盖[11]。城子村（汉族居民）整个村落中土掌房集中连片，左右相通，上下相连，是最节约能耗、最能适应于当地气候、土壤条件及其环境，并且最不破坏自然的建筑类型。土掌房主体是木构架体系，建筑的承重结构与维护结构分离，"墙倒屋不塌"是其特征。土掌房的室内空间是一个完整的有机体，空间可灵活分割，可满足各种不同的功能要求，主要功能分为堂屋、卧室、厨房、附属用房和檐廊空间等。（图3-4-2、图3-4-3）

茅草房：一般为土木结构，以石块垫基，夯土筑墙，用结实的圆木或方木为柱。虽是夯土为墙，却十分牢固，传几代人而不坍塌。茅草房为双面坡斜顶，用草盖顶。盖草顶时，先打尽草绒，泼上冷水让风吹，接着放火燎茅草，浸透水的部分因风吹不干而不被火燃烧，形成结实的草顶。这种茅草屋比起砖瓦房简陋，但节约费用，冬暖夏凉。（图3-4-4）

图3-4-2 云南城子古村土掌房建筑群考析

图3-4-3　云南城子古村将军第考析　　　　图3-4-4　彝族茅草房

　　篱笆房：这种房屋的结构与瓦房相同，分为上、下两层，上层仓储粮食，下层住人，关牲畜，屋顶盖瓦片。以条石做墙基，以竹条、树条或藤条编织成篱笆，再糊上泥巴，涂刷平坦，成为墙壁。

　　石板房：建盖房屋以木材和石料为主，彝族人民借此创造了独具特色的石板房。这种房子多为两层楼房，楼上、楼下各三间，梁、柱、椽、楼均为木料，山墙、背墙和围墙用石板垒砌，地板用薄石板铺成。人们上山采石，依照石头的纹理改制成大小不等的石板条，建造出比砖木、土木结构更为坚固结实的房屋。

　　"一颗印"："一颗印"式民居是由汉、彝先民共同创造的。昆明地区的"一颗印"式民居建筑，是一种具有典型地方特色的建筑文化遗产。其基本规则为"三间两耳倒八尺"，平面近乎正方形，正房三间两层，两厢为耳房，组成四合院，中间为一小天井，多打有水井，铺石板，作为洗菜、洗衣、休闲的场所。为安全起见，传统的房屋四周外墙上是不开窗户的，都从天井采光。门廊又称倒座，进深为八尺，所以叫"倒八尺"。整体方形如印章，故称"一颗印"式。（图3-4-5、图3-4-6）

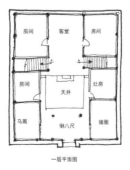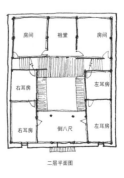

图3-4-5　"一颗印"民居（作者自绘）　　　　图3-4-6　一颗印民居平面图（作者自绘）

3.4.3　茶马古道沿线彝族建筑的文脉特征

从彝族传统建筑文化来看，其在长期的发展中形成一种天人相亲的生态伦理观念，主要有敬畏自然、信仰自然万物、万物平等、人与自然和谐相处等伦理观念。在房屋选址上，其有近水、向阳、有林的三大原则，这使得彝族的村寨表现出一种散居在河谷向阳地的特点。

①"农耕文化"的建筑文脉特征：彝族是中国西南地区最古老的民族之一，拥有渊远的历史。彝族建筑文化体现出非常明显的农耕文化特点。民居在功能上巧妙地满足了居民日常生活的工作方式需求，特别是屋顶可以作为晒台与活动空间。民居材料上也充分体现了乡土性原则，就地取材。土掌房主体是木构架体系，建筑的承重结构与维护结构分离，"墙倒屋不塌"是其特征，墙体可灵活处理。集中连片，左右相通，上下相连，是最节约能耗，最能适应当地气候、土壤条件及其环境，并且最不破坏自然的建筑类型。

②"山地文化"的建筑文脉聚落布局特征：彝族房屋的宅基地，多选择在居高临下、有险可据的小山头或山坡平地处。古时，彝族因生产生活因素，常迁徙。村民每年都要定期进行祭拜，称为"祭龙树"、"祭山神"，正是通过经年累月的"强化仪式"，积淀了彝族独特的环境审美文化心理结构。

③"彝汉文化融合"的建筑文脉空间特征：彝汉文化经历了长达数百年的融合，建筑形成了今天以彝汉为主，其他各民族的文化互补互融的文化格局，具体表现为古彝汉风。城子村的土掌房是彝汉文化融合的代表。过去彝族的房屋、房基、柱础、檐柱和锅庄石上，往往有工匠雕刻的人物、鸟兽、花草等图案。

3.5　文化廊道沿线的纳西族、白族等建筑文脉

3.5.1　纳西族建筑文脉模式语言

纳西族民居非常注重房屋的装饰，重点是门楼、照壁、天井、外廊、门窗隔扇、梁柱等，以鲜明的特点反映着纳西族的经济文化水平、民族习俗、生产生活方式、伦理、宗教信仰及哲学价值观念。汉、白、藏等族的建筑技术不断为纳西人所吸收，被称为"三坊一照壁"和"四合五天井"的土木或砖木结构瓦房建筑在丽江城镇和坝区、河谷区农村普遍流行起来，并产生了极有特色的民居庭院。农村"三坊一照壁"楼瓦房的西房、北房为卧室，南房作畜圈。纳西民居建筑一般是高约7.5米的两层木结构楼房，也有少数三层楼房为穿斗式构架、垒土环墙、瓦屋顶，设有外廊（即"厦子"）。根据构架形式及外廊的不同，可分为平房、明楼、雨步厦、骑度楼、蛮楼、闷楼、雨面厦等七大类。纳西族的居住建筑历史发展可分为巢居、洞穴、窝棚（风篱）、井干式木楞房、土木结构瓦房等几个阶段。"三坊一照壁"是丽江纳西民居中最基本、最常见的民居形式（图3-5-1）。在结构上，一般正房一坊较高，方向朝南，面对照壁，主要供老人居住；东西厢略低，由晚辈居住；天井供生活之用，多用砖石铺成，常以花草美化。

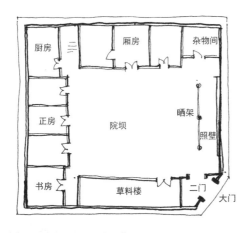

图3-5-1　纳西族三坊一照壁民居平面图（作者自绘）

图3-5-2　丽江古城四方街布局图
（图片来源：www.baidu.com）

　　大研古城区内有山有水，地势随坡多变，随河流弯曲，故民居建筑因势利导，组织成不拘工整而自由布局的一条条街道，汇集于古城中心广场——"四方街"，构成古城的整体（图3-5-2）。古城既有山城之秀，又有水乡之美，建筑完全保持了独具地方特色的风格，体现出纳西传统民居对复杂地貌的适应性[12]。（图3-5-3）

图3-5-3　丽江大研古镇纳西族民居（百岁坊）庭院
（作者自绘）

　　世界文化遗产丽江古城体现了中国古代城市建设的成就。丽江整体分为大研古镇、束河古镇和白沙古镇，白沙古镇建筑群的形成和发展为日后的丽江古城布局奠定了基础。白沙镇的民居主要分布在以广场为中心的南北中轴线上。束河古镇，纳西语称"绍坞"，因村后聚宝山形如堆垒之高峰，以山名村，流传变异而成，意为"高峰之下的村寨"，是纳西先民在丽江坝子中最早的聚居地之一，也是茶马古道上保存完好的重要集镇和纳西先民从农耕文明向商业文明过渡的活标本。束河是茶马古道在丽江坝子中保存完好的驿站，是丽江古城的重要组成部分。束河古镇的四方街长宽不过30几米，有五条道路通向四面八方，水流环绕、日中为市，为丽江坝子最古老的集市之一。古时候，束河的四方街上设有夜市。（图3-5-4、图3-5-5、图3-5-6、图3-5-7、图3-5-8）

　　清代丽江古城东面兴建府衙、县衙、雪山书院、文庙、武庙（关帝庙）、城隍庙、东岳庙和玄天阁等一系列建筑。丽江土司府，原为丽江世袭土司木氏的衙署，位于古城狮子山东麓，始建于元代，占地46亩，府内有大小房间共162间，中轴线长369米，三清殿、玉音楼、光碧楼、护法殿、万卷楼、议事厅、忠义坊由西向东排列井然。木府充分体现了明代中原建

图3-5-4　束河古镇古商道建筑肌理（作者自绘）　　　　图3-5-5　束河古镇青龙河上的青龙桥（作者自绘）

图3-5-6　作者2004年拍摄的束河古镇古商道沿线街铺建筑照片

筑的风采气质，同时保留了唐宋中原建筑古朴粗犷的流风余韵，其坐西朝东、府内玉沟纵横、活水长流的布局，则又见纳西传统文化之精神，在主要保留了中原明代建筑风格的基础上，融入了纳西、白族各种地方工艺风格。[13]

3.5.2　白族建筑文脉模式语言

云南大理是白族的主要聚居区，通过"蜀身毒道"和"茶马古道"的互动，在不同时期将本区域的本土文化与东边的江楚文化、西边的吐蕃文化和印度文化、南边的东南亚文化、北边的中原文化，兼收并蓄，融汇沉积，形成了大理独有的、多元的白族建筑文化。白族地

图3-5-7　作者2004年拍摄的束河
古镇四方街照片

图3-5-8　丽江大研镇街巷（作者自绘）

区经济繁荣，主要从事农业和渔业，有自己的语言，属汉藏语系藏缅语族白语支，在天文、建筑、文学等领域都有许多发明创造和优秀作品。大理崇圣寺三塔、剑川石宝山石窟造像、《南诏中兴国史画卷》、《大理画卷》等都显示了白族人民悠久的历史和在建筑、雕刻、绘画等方面的卓越才能。大理历史上的喜洲商帮在西南地区曾是一支举足轻重的商业力量。清代后期，喜洲帮就和腾冲帮、鹤庆帮并称为"滇西三大商帮"。

　　云南大理白族聚居区的住宅都建有门楼，以喜洲门楼最佳。通常采用中原殿阁造型，但多用石灰塑成或砖瓦垒砌。除大门瓦檐裙板和门楣花饰部分用木结构外，余以砖瓦结构为主。木质部分凿榫铆眼相结合，错落有致，精巧严谨。楼面以泥塑、木雕、彩画、石刻、大理石屏、凸花青砖等组织成丰富多彩的立体图案，富丽堂皇，古朴大方。白族人节衣缩食到了倾其所有也要建造起结实舒适的住宅，建盖一所像样一点的住房，往往成了白族人花毕生精力的大事。追求住宅宽敞舒适，以家庭为单位自成院落，在功能上要具有住宿、煮饭、祭祀祖先、接待客人、储备粮食、饲养牲畜等作用。

　　大理白族民居大都就地取材，广泛采用石头为主要建筑材料。石头不仅用在打基础、砌墙壁，也用于门窗头的横梁。这种用材的特征沿袭的是南诏时的建筑方式。据记载，南诏的民居建筑就是"巷陌皆垒石为之，高丈余，连延数里不断"。白族民居的平面布局和组合形式一般有"一正两耳"、"两房一耳"、"三坊一照壁"、"四合五天井"、"六合同春"和"走马转角楼"等。其居住格局往往会暗示尊卑等级、家庭结构和性别关系等，对空间分割和利用方式显示了当地的文化特征。在白族民居中，堂屋往往充当起居室，同时也是安放神龛和祖先牌位的地方。照壁与正房和两侧楼房构成"三坊一照壁"的格局。此外，更高级的"四合五天井"、"六合同春"等套院建筑，其木雕、石刻、粉画就更为集中突出。白族的"四灵崇拜"是受汉文化影响的产物。"四合五天井"中的四坊同时也象征着四季，即东为春、西为秋、南为夏、北为冬的民居建筑文化理念。

白族传统民居建筑代表性类型的空间格局及文化内涵解析如下：

"三坊一照壁"：由三间两层组成一个建筑单元，即由三栋带厦的房屋和照壁围成一个院落，庭院中种植花木。正中为主房，比两边房屋高，在主房和两边房屋相交处各有一个漏角天井，组合成一大二小的三个院落，所以又称"三合院"。这类民居在白族地区最普遍，给人以舒适华丽、绰约多姿的印象。院内各处装修都用木料，极其丰富华丽，千姿百态，互相争妍，其雕工技巧十分精湛。（图3-5-9、图3-5-10）

图3-5-9　白族民居"三坊一照壁"（作者自绘）　　　图3-5-10　白族民居技巧精湛的雕刻装饰

"四合五天井"：由四栋带厦房屋组成，有四个院落，其中四栋房屋中间的院落最大，每两房子相交各有一个漏角天井，共四个，较小，故称"四合五天井"。房子都为三间两层楼房，正房较高。漏角天井都有耳房，有两层。除大门外，有的人家习惯用一个漏角天井做入口小院，再在厢房山墙上开二门通达厢廊。在洱源、邓川等地区，还将正房漏角的楼房作铺子，面向街道，大小门可出入。在剑川、鹤庆等地区，有的将大门开在厢房次间上，以便安排宽敞的门廊。其他各地除无照壁外，与"三坊一照壁"相同，注重内部装修，富丽堂皇。

"一坊一耳"：白族民居平面型的一种，也称作一坊一廊，单坊单耳。为三开间两层，正房一坊，侧面带一间耳房、角房。正房底层中间为堂屋，两边次房为卧室，楼上堆放粮食、杂物，也可以住人，耳房多数用作厨房。

"一坊三墙"：即由一方带厦的房屋和三面围墙组成院落，房屋左右两边各有漏角一个。

"三坊两耳"：三间主房带两间耳房，主房中间为堂屋，两侧为卧室。主房左侧作厨房，右侧作厕房。

"两坊一耳"：又称两向两房，即由两方带厦的房屋组成，一般正房向东，耳房向南，和相对的照壁与围墙组成院落。在两房相交处有一个漏角天井，没有房屋的两边，多以正房相对的一边做照壁，耳房相对的一边做围墙，组成三合院或四合院。

"六合同春"：由两个或两个以上院落组合成的重院。其中有将一个"三坊一照壁"与一个"四合五天井"串联在一起的，有将两个"四合五天井"院落串联在一起的。其以一过厅、一主房、两耳房、双漏廊表达"六"这个吉祥数。同时又以两个大天井，四个小天井加起来也表达"六"，集中体现和表达了"六合同春"的主题思想，体现了白族民居院落整体布局的独特艺术风格，同时体现了白族人民从古至今崇尚"合和"的道德思想。

白族民居建筑彩绘是构成大理白族建筑装饰艺术的一个重要部分。白族建筑彩绘广泛分布于寺庙建筑、民居建筑和公共建筑上。白族建筑精美的雕刻、绘画装饰、木雕多用于建筑物的格子门、横披、板裙、耍头、吊柱等部分。卷草、猪、蝙蝠、玉兔等各种动植物图案造型千变万化。内容多为"金狮吊绣球"、"麒麟望芭蕉"、"丹凤含珠"、"秋菊太平"等图案作品。檐口彩画饰有色彩相间的装饰带，以各种几何图形布置"花空"作花鸟、山水、书法等文人字画，清新雅致。文化交流奠定了白族民居彩绘装饰的基础，地方经济发达促进了白族民居彩绘装饰的发展，工匠技艺高超提高了白族民居彩绘装饰的水平，宗教信仰、书法题词、祈福迎祥和民族审美等观念精神孕育了白族民居彩绘丰富的文化内涵[14]。（图3-5-11、图3-5-12）

图3-5-11　白族民居门楼彩绘艺术

图3-5-12　白族民居彩绘装饰艺术

白族民居的建筑格局，合理地将房子与照壁有机地组合在一起，造就出独具特色的白族庭院式文化。照壁位于主房的正前方，正对着堂屋，成对称的中间高两边低的"凸"字形。壁顶以青瓦覆盖，四角微翘。整座照壁以石灰抿刷成的白色为基色，壁檐下方和壁的左右两边，多用深色薄砖框成矩形、圆形或扇形的画框，画框交替相连。框中用彩墨或淡墨绘上祥禽瑞兽、花鸟虫鱼、山水人物和松竹兰梅，写上唐诗宋词中的名言名句，一类是表达心愿，如"福寿康宁"、"人寿年丰"等；二类为描绘景色，点出民居周边的景象，如："玉洱银苍"、"彩云南现"等；三类是引述典故，典故要与屋主人的姓氏相关，如周家题写"濂溪世第"等。白族民居照壁上题写的内容，反映出白族深厚的文化底蕴，同时也显示出白族在汉文化的长期熏陶下，重视文化修养。（图3-5-13）

门楼是整个白族民居建筑的精华，从门楼的建筑水平和精致程度可以看出主人的文化修

图3-5-13　白族民居照壁上的"彩云南现"题词

养。白族民居门楼的造型一般有"一滴水"和"三滴水"两种，"一滴水"门楼是普通的坡屋面式，简朴大方，为一般民居所用；"三滴水"门楼，则宏伟壮观，有精致的斗栱，双层上翘，额溯结构繁缛，为殿阁式的造型，通常使用泥塑、木雕、大理石屏、石刻、彩绘、凸花砖和青砖等材料组成一座综合性艺术建筑。

喜洲商帮是大理喜洲白族商人创立的商帮。大理喜洲是南诏大理国的"故都"，当地白族人民自古以来就有重文重商的传统。代表性建筑有赵廷俊大院，位于喜洲办事处大界巷21号，为嘉庆年间进士赵廷俊兴建。这座大院总建筑面积为3000多平方米，竣工于1839年。整座大院建筑阔气，为"四院五重"的建筑格局。四个院落既自成一院，又相互贯通，像小型宫殿一样壮观，是最能体现喜洲儒家文化建筑风格的代表性建筑。严子珍大院位于喜洲办事处四方街富春里1号，为大理著名的民族资本家严子珍于1919年兴建。大院占地约2478平方米，由北而南的两院"三坊一照壁"、两院"四合五天井"组成。四个院落之间，以"六合同春"和"走马串角楼"连贯成为一个整体。（图3-5-14）整座建筑

图3-5-14　喜洲严家大院内庭院局部

豪华、古朴、典雅，主房四方均居西，厢房五坊，中三坊为"两面照壁"，下房两坊。总大门在第一院北侧。严家创立"永昌祥"商号，创制的沱茶经茶马古道远销海外，开辟了以缅甸为中心的东南亚市场。

综合分析，可以总结归纳出白族民居建筑文脉的特征五要素。（表3-5-1、表3-5-2）

白族民居建筑文脉特征五要素　　　　　　表3-5-1

白族民居建筑文脉特征五要素之平面布局					
"三坊一照壁"	"四合五天井"	"一坊一耳"	"一坊三墙"	"三坊两耳"	"两坊一耳"
由三间两层组成一个建筑单元，即由三栋带厦的房屋和照壁围成一个院落，庭院中种植花木。正中为主房，比两边房屋高，在主房和两边房屋相交处各有一个漏角天井，组合成一大二小的三个院落，所以又称"三合院"	由四栋带厦房屋组成，有四个院落，其中四栋房屋中间的院落最大，每两房子相交各有一个漏角天井，共四个，较小，故称"四合五天井"。房子都为三间两层楼房，正房较高	白族民居平面型的一种，也称作"一坊一廊"，"单坊单耳"。为三开间两层，正房一坊，侧面带一间耳房、角房。正房底层中间为堂屋，两边次房为卧室，耳房多数用作厨房	即由一方带厦的房屋和三面围墙组成院落，房屋左右两边各有漏角一个	三间主房带两间耳房，主房中间为堂屋，两侧为卧室	又称"两向两房"，即由两方带厦的房屋组成，一般正房向东，耳房向南，和相对的照壁与围墙组成院落。在两房相交处有一个漏角天井
白族民居建筑文脉特征五要素之门楼					
无厦门楼	有厦门楼（出角）		有厦门楼（平头）		
无厦门楼，多用砖雕、泥塑、镶砖手法修建和装饰，门顶一面厦出水，即普通的坡屋面式，所以又叫"三滴水门楼"，特点是简朴大方，为一般民居采用，建筑形式无固定的格局，还在发展和变化之中	有厦门楼，民间称"三滴水"门楼。其建筑历史悠久，建筑手法成熟，格式固定，一般都是三间牌楼形制。出角是指在门楼的顶部有两层翘起的翼角，檐下有斗栱装饰，极为华丽多彩。斗栱装饰或为木质，或为泥塑，气势雄伟壮丽。木质斗栱端头的跳头多雕成"龙、凤、兔、象、花卉"等图案，斗碗雕成八宝莲花，外饰彩色油漆，或用木质本色，突出雕刻艺术的精妙，有的用彩色贴金油漆装饰，显得更加富丽辉煌。斗栱以下是重重镂空的花枋和砌有大理石的八字墙。大理石有彩花图案，配以名人诗句。此种门楼多为富贵和仕宦人家的宅第		平头有厦门楼，多为传统的"三滴水"，屋面有厦大门，斗栱较为简单，注重绘画和装饰。门楼下为灰白的粉墙，绘有各种图案，淳朴大方。这类门楼多为农村白族居民采用		
白族民居建筑文脉特征五要素之照壁					
渊源	独脚照壁		三滴水照壁		
在白族民居中有一个独特的建筑形式——照壁。照壁不仅具有实用价值，而且具有很强的装饰作用，因此白族民居正房院落对面的围墙，一般都要做成照壁。照壁的尺度比例匀称，外观十分优美。其形式主要有独脚照壁和"三滴水"照壁两种	独脚照壁又称一字平照壁，壁面高度一致，不分段，壁顶为庑殿式，为仕宦人家选用		"三滴水"照壁系将横长而平整的壁画直分成三段，左右两段大小对称，形似牌坊，中段较宽高。这种形式多为民居普遍采用，其宽度等于院子的宽度；中段的高度约等于厢房上房檐口的高度，左右段的高度等于与厢房下重檐间的"封火墙"等齐		

续表

白族民居建筑文脉特征五要素之平面布局		

白族民居建筑文脉特征五要素之彩绘		
渊源	檐口与门楼彩画	照壁彩画
白族建筑彩绘是在建造王宫、寺庙的过程中，工匠对建筑进行一定的装饰绘画基础上产生的。《南诏图传》中的"修廊曲庑"图表明了南诏、大理国是白族建筑中开始广泛采用彩绘的时期。后经元、明、清几代的发展，白族建筑彩绘内容越来越丰富，喜洲镇董家大院是民居彩绘的代表	檐口彩画饰有色彩相间的装饰带，以各种几何图形布置"花空"作花鸟、山水、书法等文人字画，清新雅致。门楼一般采用殿阁造型，再以泥塑、木雕、彩画、石刻、大理石屏、凸花青砖等组合成丰富多彩的立体图案，显得富丽又不失古朴大方	彩绘与大理石相结合的装饰手法，与建筑整体的协调适应，融入了白族传统文化、汉族文化、佛教文化、道教文化、儒家文化、周边少数民族地域文化、原始宗教文化等。反映出白族深厚的文化底蕴，同时也展示白族在汉文化的长期熏陶下，重视文化的修养。如"福寿康宁"、"彩云南现""濂溪世第"等主题

白族民居建筑文脉特征五要素之雕刻		
渊源	石雕	木雕
早在宋大理国时期，秀邑的白族先民就有擅长石刻、石雕的专业匠人，从事房屋、庙宇的基础、柱墩、护栏和石牌坊、石塔、碑石及一些石器具的制造与装饰。白族木雕以物寄情，寓意深远，富有生活情趣。特别擅长作玲珑剔透的三至五层"透漏雕"，多层次的山水人物、花鸟虫鱼都表现得栩栩如生	其雕刻工艺分为平刻、浮雕、圆雕、镂雕、镶嵌等门目。造型古朴稚拙，情趣盎然，题材广泛，多为现实生活中特有的原型或传说中的人物、掌故，有浓郁的地方色彩和民族特色	以体现吉祥文化为主旋律。内容多为祥花、瑞兽、瓜果和民俗文化中的"暗八仙"及历史人物等，寄托了白族人民对美好生活的真诚向往。写实性强，具有鲜明的民族风格。它将剪纸艺术与国画中的工笔画技艺兼收并蓄，主题突出，造型生动。木雕多用于建筑物的格子门、横披、板裙、耍头、吊柱等部分

文化廊道影响下白族建筑文脉特征五要素图像分析图　　　　表3-5-2

门楼	白族门楼的基本造型有"一滴水"和"三滴水"两种。"一滴水"即普通的坡屋面式，简朴大方，为一般民居通用；"三滴水"则宏伟壮观，殿阁式造型，双层屋檐上翘，配以精致的斗栱，再以泥塑、木雕、彩画、石刻等组合雕砌而成，有浓郁的地方色彩和民族特色

照壁	白族建筑照壁除了继承中原照壁文化的基本特点外，又结合本土的地理环境、人文特色和审美思想。它的形制、纹饰及功能则是基于白族建筑的布局形式，主要有"独脚"照壁和"三滴水"照壁两种形式。"独脚"照壁又称一字平照壁，形制以中轴对称为基本原则，壁面高度一致，不分段，壁顶为庑殿式；"三滴水"照壁以中轴对称直分成三段，形似牌坊

彩绘	白族建筑彩绘是国家级非物质文化遗产，彩绘广泛分布于寺庙建筑、民居建筑和公共建筑上，融入了白族传统文化、汉族文化、佛教文化、道教文化、儒家文化、周边少数民族地域文化、原始宗教文化等。建筑彩绘图案大量地使用了比喻和象征、谐音与双关等艺术手法，来表达对美好生活的愿望和精神追求。彩绘与泥塑相结合的手法通常在白族建筑中的门楼和照壁上使用；彩绘与木雕相结合的手法常在门窗、梁枋处使用；彩绘与大理石相结合的装饰手法大多在照壁、围屏、门楼和腰檐下使用

木雕	白族建筑木雕集明、清各式木雕技艺之精华，写实性强。传统纹样有茶花、梅花、喜鹊、狮子、孔雀、龙凤等，尤以龙凤、花鸟最为出色，构图饱满，层次丰富，充满了吉祥喜庆的寓意，各种动植物图案造型千变万化

白族建筑石雕艺术在继承南诏、大理国手工艺文化的同时，逐渐将民族性、差异性、地域性凸显出来。传统的白族建筑石雕装饰艺术遵循"木石不分家"的风格和形式，多在大门两侧、柱础、花台、栏杆等处。题材广泛，表现形式多样，既有威严肃穆的神兽和文官武将，又有象征吉祥如意的花草鸟兽

石雕

白族民居的平面布局和组合形式一般有"一正两耳"、"两房一耳"、"三坊一照壁"、"四合五天井"、"六合同春"和"走马转角楼"等。白族民居院落的空间布局主要由院墙、大门、照壁、正房、左右耳房组成

平面布局

　　大理古城位于云南省西北部，横断山脉南端，居于苍山之下，洱海之滨。大理古城在唐、宋500多年的历史间是云南的政治、经济、文化的中心。古城内文物古迹众多，城池格局基本保存。大理古城东西宽约1000余米，南北长约2000余米，布局上，南北纵向有三条大街，东西向有五六条小巷。城内房屋皆土木结构瓦顶民居，街道大多由青石板铺设而成。大多数街道有引自苍山的清泉水流淌。古城方圆十二里，建有四座城门楼以及四座角楼。城墙四面设有四道城门，即东门洱海门（又称通海门），南门双鹤门（又称承恩门），西门苍山门，北门三塔门（又称安远门）。城外有护城河。清代多次重修，城内保持着典型的棋盘式结构，南北城门对称，城内街道纵横交错，有"九街十八巷"之称。城池的布局为棋盘式，南北城门相互对称，而东西城门相错。南北有三条街，东西有六条街构成了大理城主要道路

格局。城市的中心偏西，南北轴线不居中，形成了西重东轻的城市布局。而东西城门相错，是采用了白族建筑中的"东西南北不取中正"的原则。城内有文献楼、五华楼、南城楼、北城楼以及西云古书院等古建筑。

崇圣寺三塔始建于南诏王劝丰祐时期（公元824~859年）。先建了大塔"千寻塔"，高69.13米，是座方形密檐式砖塔，共16层，外观和西安小雁塔、登封永泰寺塔、洛阳白马寺塔为同一类形。稍后又建了南、北小塔，均高42.19米，是一对八角形的砖塔，都是10级。徐霞客到大理时，仍见崇圣寺前"三塔鼎立，诺四旁皆高松参天。其西由山门而入，有钟楼与三塔相对，势极雄壮"，楼后为正殿，正殿后为"雨珠观音殿，乃立像，铸铜而成者，高三丈"（《徐霞客游记·滇游日记八》）。（图3-5-15）

沙溪位于丽江和大理之间的剑川县，是茶马古道上唯一"幸存"的古集市，至今仍完整留存着茶马古道上的马帮文化。唐宋时期，沙溪是南诏、大理国古道上的一个古镇。古镇以寺登街为中心展开四方街的布局。四方街似曲尺形，正街南北长约300米，东西宽约100米，其中北部街东西长约100米，南北宽约50米，整个街面用红砂石板铺筑。四方街东面有坐东朝西的古戏台，西面有坐西朝东的兴教寺，两者遥相呼应，将四方街平分为南北两半，整个街场四周商铺马店林立，三条古巷道延伸到古镇的四面八方。四方街是一个集古寺庙、古戏台、古商铺、古巷道、古树、古寨门于一身的、功能俱全的古集市，被世界纪念性建筑基金会誉为"茶马古道上唯一幸存的古集市"。古戏台始建于清代，为三层楼魁星阁带戏台结

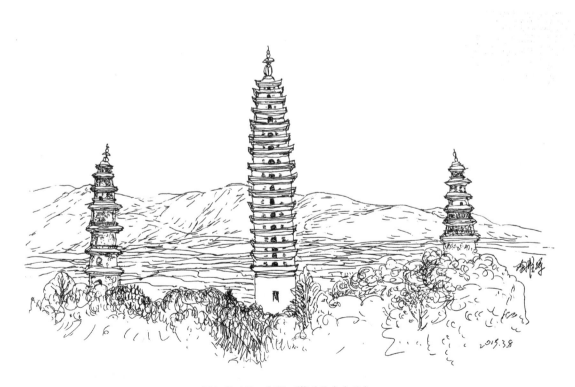

图3-5-15　大理三塔（作者自绘）

图3-5-16 沙溪古镇戏台（作者自绘）

图3-5-17 沙溪古镇寨门（作者自绘）

构，前台后阁，结构独特，飞檐叠角凌空。
（图3-5-16、图3-5-17）

　　沙溪玉津桥始建于清朝康熙年间，是
当年马帮由大理进入沙溪古镇的重要通
道，经几百年风霜战乱保留至今。玉津桥
跨空12米，高6米，桥长35.4米，宽5米，
石柱石板护栏。拱顶上一侧有石雕鳌头，
雄视黑惠江上游；另一侧是石雕鳌尾连接
黑湛江下游。护栏尽头有四只"娃娃鱼"
石雕。（图3-5-18）

图3-5-18 沙溪玉津桥

3.5.3 摩梭族建筑文脉模式语言

　　摩梭人属纳西族支系，多集居于林木丛生、气候冷凉的山区台地。摩梭人习惯依山傍水
而居，房屋全用木材垒盖而成，当地俗称"木楞房"。木楞房四壁用削皮后的圆木，两端砍
上卡口衔楔垒撑而成，屋顶则用木板铺盖，上压石块，整幢房屋不用一颗钉子，也不用砖
瓦。它不仅冬暖夏凉，而且因为衔楔整架结构而特别防震。摩梭人保留了一部分母系氏族的
社会形态，建筑的空间布置基本上依母系大家庭的家族结构形成。四合院由正（祖母）房、
经堂、花（阿夏）房、门楼等组成。摩梭人的房屋建筑结构与宗教信仰、婚姻形态和家庭组
织相适应，具有独特的民族风格。摩梭房屋的大门，一般开朝东方或北方。正屋结构复杂，
屋后设夹壁，储存食物，并作为老人居室，正屋右侧为家庭主妇的起居室。房中有两根大柱
子，左柱为男柱，右柱为女柱。摩梭人在砍这两根柱子时必须用一棵树，顶上一节为左柱，
根底一节为右柱。在举行成年礼仪时，男的在左柱旁举行，女的在右柱旁举行。花楼摩梭语
称"尼扎日"，供年轻女子居住，以便于单独接交"男阿夏"。底楼主要存放杂物，楼上分
隔成二至四间小房，每屋设有小火塘。（图3-5-19、图3-5-20）

图3-5-19　摩梭族建筑（图片来源：http://www.naic.org.cn/html/2018/gjjg_0222/39078.html）

图3-5-20　摩梭族木楞房传统院子（作者自绘）

图3-5-21　摩梭族人走婚（图片来源：
http://www.naic.org.cn/html/2018/gjjg_0222/39078.html）

　　祖母屋前方相对应的两层木楼房称为"尼扎日"，即二层楼之意，俗称花楼，多呈转角楼，有的为土木结构。楼上分隔成2~4个单独的小房间。家庭中凡建立了走婚关系的成年女性，每人均可分得一间，是家庭中成年女性的卧室。楼上每柱前面，上有吊柱，下有立柱，都经过雕刻；柱的两边配有雕花，雕饰多样，或配以花窗式木雕，颇为美观。（图3-5-21）

3.5.4　景颇族、佤族、傈僳族建筑文脉模式语言

　　云南德宏州景颇族聚居的山寨中，最引人注目的是别具一格的景颇族竹楼。这种草顶竹

楼，每隔几年就要修葺一次。景颇族的聚居区一般是几家或几十家组成单元寨，由一个个单寨形成群寨。草顶竹楼属长条式，开门于一端，先进入过道间。不论官家或百姓家的过道间都有柱一根，大小不一，根据人口、劳动力和房子的大小而异。大山官家的柱子，有的直径达二三尺，柱子的粗大程度标志着山官势力的大小。屋内根据人口多少设置若干火塘，周围铺以篾席，作为寝榻之处。景颇竹楼每间正中设一个火塘，供全家人聚坐取暖。火塘四周是家人歇息和睡觉的地方。景颇族聚居的山区，海拔一般在1500米到2000米左右，草顶竹楼多建于斜坡上，一边接地，一边架空，楼上住人，楼下饲养猪鸡，大牲畜则另建厩栏。景颇族建盖竹楼十分重视选择地基，不在山梁正中盖房，而选择在当阳平缓、依山傍水的地方。建造竹楼的墙、梁、楼板、椽子、护栏、楼梯和床凳，都是使用竹子（也有梁柱用木料）。景颇竹楼一般分为3种：第一种是全楼式，即整间房子，全部人都住在楼上。竹楼有三格至六格不等，分别设置火塘；第二种是半楼式，即竹屋的一半用作楼屋，另外一半做伙房，或是支上一副脚碓，或者用来堆放秋粮；第三种是田棚窝铺，用来守卫庄稼，或用来煮饭和休息。

临沧市沧源县勐角乡翁丁村是中国现今最后一个佤族聚居的原始部落村。居民住房主要是以干栏式建筑的茅草房为主，房屋主要以竹子、草片为原材料，其特点代表了佤族的原始风貌，是佤族文化的结晶，也是沧源古老的见证和象征。佤族的住房，各地区不同。受汉族影响较大的地区，一般是四壁着地的草木房，也有土壁草房和个别的瓦房。而大部分佤族地区的住房构造和形状与傣族的住房相似，建筑材料均为竹子（竹藤、竹竿、竹片、竹篾等）、草（茅草、椽子、脊檩、木板等）。木柱的顶端保留树杈，用以托梁，横梁上再托上一些细竹子，然后覆以茅草，筑成架空的"竹楼"。房屋分上下两层，楼上住人，楼下为牲畜、家禽活动之所。

朵纳阁村至今仍保留了具有典型的傈僳族传统建筑风格的木楞房，依山傍水，也是塔城规模最大的且保留最为完好的傈僳族聚居村落。叶枝镇的同乐傈僳族山寨是云南乡土建筑中真实性、完整性和延续性保持最好的村寨之一，有600多年的历史，是傈僳族非物质文化遗产保护最为完整的村寨。

茶马古道沿线各民族建筑文脉形制一览表　　　　　　　　表3-5-3

民族	地区	建筑类型	建筑样式	主要材料	建筑艺术特征
傣族	云南省西双版纳	民居建筑	干栏式建筑	竹、木	官家竹楼高大宽敞，呈正方形，屋顶呈三角锥状，用木片覆盖。整个竹楼用二十至二十四根粗大的木柱支撑，木柱建在石墩上，屋内横梁穿柱，结构简单。百姓竹楼与官家竹楼相同，只是较为狭小，屋顶用茅草覆盖
		佛寺建筑	以砖木结构，重檐多坡面平瓦建筑为主	竹、砖、木	傣族佛寺建筑在屋顶、墙面、梁、柱等地方都有大量装饰，装饰材料极其多样，有用瓦装饰，有用铁装饰，也有用玻璃装饰，还有用各种涂料装饰的。装饰方法有构件装饰和彩画装饰

续表

民族	地区	建筑类型	建筑样式	主要材料	建筑艺术特征
纳西族	云南省滇西北的丽江市	民居建筑	土木或砖木结构	木材、土石	民居中建筑使用的木材大都不刷油漆，保持原色，门窗雕刻，图案清晰。丽江纳西族民居除了大量选用木材之外，产自玉龙雪山脚下的角砾岩也是主要建筑用材
	云南省高寒山区	木楞房	井干式	木材、土石	是原始的形式，构造简单，四壁用削皮后的圆木，两端砍上卡口衔楔垒摞而成，屋顶则用斧劈的木板错叠铺盖，上压石块，整幢房屋不用一颗钉子，也不用砖瓦，它不仅冬暖夏凉，而且利于防震。秋收时节，部分居民在屋顶上晾晒粮食
白族	云南省大理	民居建筑	穿斗式	石材	多为二层楼房，三开间，筒板瓦盖顶，前伸重檐，呈前出廊格局。墙脚、门头、窗头、飞檐等部位用刻有几何线条和麻点花纹的石块（条）进行点缀，墙壁常用鹅卵石砌筑。墙面石灰粉刷，白墙青瓦，尤耀人眼目
摩梭族	云南省的宁蒗县	木楞房	四合院或"三坊一照壁"	木材	四合院形式或"三坊一照壁"，配上柴房、围墙，就形成一个独立的院落。院内分祖母屋、经堂、花楼和草楼（畜厩）四部分，中间为大院坝
景颇族	云南省德宏傣族景颇族自治州	民居建筑	木竹草结构，干栏式建筑	竹、木、草	传统干栏式竹木结构的草房，房架用带树杈的木柱支撑，以藤条绑扎固定，房顶覆盖茅草，墙壁和楼面均为竹篾编织而成，有晒台
佤族	云南省西南部	民居建筑	干栏式建筑、落地式竹楼	竹子、木料、茅草	古人类巢居的影子，是民居建筑的"活化石"，在历史文化研究和旅游资源开发中都值得给予重视

3.6　文化廊道的汉族建筑文脉

3.6.1　建水汉族公共建筑

汉族建筑形式有宫殿、坛庙、官署、佛寺、道观、桥梁、牌楼、园林等。汉族建筑布局的特点一般是平而向纵深发展，分上房下房、正房侧房、内院外院，往往左右严格对称，庭院与建筑物融为一体。汉族民居建筑的民族形式为斗栱挑檐的木结构，俗称"大屋顶"。这种民族形式的住房建筑，最早萌芽于半坡遗址草泥木柱网结构和河姆渡遗址干栏式榫卯结构的房屋。

建水城西五公里的泸水与塌村河会合处有一座双阁十七孔大石拱桥，这就是久负盛名的双龙桥，因两河犹如双龙蜿蜒盘曲而得名，是云南艺术价值最高的桥梁。双龙桥始建于清乾隆年间，全长150余米，宽3米，全部用凿得很平整的石料镶砌而成。从远处看双龙桥，十七个桥孔一字排开，孔孔相连，倒映于水天一色之中，组成一幅自然美卷。建水最初是"大

图3-6-1　建水双龙桥

海"的意思，这里的水源远流长。始建于元代的建水文庙，是国内仅次于曲阜文庙的大型文
庙。它位于建水古城西北隅，历代多次增修扩建，现占地114亩。庙为六院落，总体布局仿
曲阜文庙而建，规制严谨，气势宏伟，主要建筑有一殿一亭一阁二庑二堂三祠八坊，其中以
大成殿最为壮丽。建水朝阳楼又称迎晖门，建于明洪武二十二年（1389年），是当时建水城
的东门城楼，历经600余年，至今仍旧巍然屹立。城楼共有三层，由48根大合抱的木柱和无
数粗大的木梁接成坚实的构架，覆以三层歇山式的屋顶，檐角飞翘，画栋雕梁，气势宏伟。
朝阳楼上，一座重千余斤的大铜钟悬挂门口，钟上雕刻的飞龙活灵活现，四周阁楼上还刻有
飞禽走兽，栩栩如生。（图3-6-1、图3-6-2）

　　晋城古镇在建筑史、城建史上具有较特殊的地位，其仍保留着明、清两代的城建布局，
占地约60余万平方米，由老城的上西街、下西街、官井街等八条街道组成田字形，附以数十
条小巷。据说其格局自明万历年间保留至今，街巷间保留着的民居院落，多为干栏式、"一
颗印"结构，采用"三间四耳"及"两间两耳"四合院布局。

3.6.2　建水汉族民居建筑

　　云南建水城内的朱家花园，是清末富绅朱渭卿兄弟建造的家宅和宗祠，始建于清光绪
年间，占地2万多平方米，其中房屋占地5000多平方米，主体建筑呈"纵三横四"布局，为

图3-6-2　建水朝阳门

建水典型的并列联排组合式民居建筑群体。整座建筑布置精美，院落层出迭进，巷道行曲通幽，被称为"滇南大观园"。花园坐南朝北，在主轴线上，依次排列着池塘、前花园、一进、二进、三进院落和后花园。入口为垂花大门，左侧沿街的10间"吊脚楼"与其后的"跑马转角楼"相连，右侧前为家族祠堂，后为内院。祠堂前有水池，水上有戏台、亭阁、庭荫花木等。整组建筑的正前为三大开间的花厅，左右两侧为小姐的"绣楼"。花厅前是花园，左右对峙透空花墙，将其自然分隔为东园和西园。四十二个用青石板铺地的大小天井，院院相连。（图3-6-3、图3-6-4）

　　建水古城内的琴鹤堂位于临安路，毗邻建水文庙太和元气坊。院落坐北朝南，始建于民国年间，院落由三个两层的传统四合院建筑组合而成，开阔的后花园完全体现出中式庭院的宁静闲暇。永宁居寄予世道祥和安宁长久的美好寓意，占地一千多平方米，建筑面积达七百余平方米，宅院坐北朝南，始建于民国，融入了西方特色，以砖石结构为

图3-6-3　朱家花园门楼

图3-6-4　朱家花园戏台　　　　　　　　　　图3-6-5　建水古城传统民居

主、木结构为辅，建筑工艺精细，形式简约，造型典雅，是中外建筑艺术的一个缩影。（图
3-6-5）

　　团山民居是位于云南建水古城以西团山村的民居建筑群落，是世界建筑遗产保护对象之
一。它是由传统的汉族青砖四合大院、彝族土掌房和汉彝结合的瓦檐土掌房三类建筑风格结
合而成的民居世界，体现了一个多民族聚居区所特有的建筑文化。团山至今还保存着完整的
古村落整体格局，有着滇南乡村的特色风貌与传统社会人文环境的原生态特点，是近代中国
民营商业与乡村传统文化发展融合的最佳实证。团山的古民居建筑有一寺、三庙、八大厅、
十二"大五间"之说：一寺为大乘寺，三庙为上庙、下庙和家庙（张氏宗祠），厅是官人办
公用，民居中有此厅的就有八处。"大五间"即五间大瓦房连在一起，具有此规模的民居就
有十二座，代表性的有皇恩府、司马第、秀才府、保统府、将军第、张家花园、知雯园等。
其中张家花园建于清代末年，占地面积约一万平方米，房屋平面布局基本为建水传统民居中
的"四合五天井"平面形式，纵向横向并列联排组合成两组三进院和花园祠堂，是一组规模
较大、建筑质量较好、保存较为完整的民居建筑群。空间丰富的传统建筑，做工精美的木
雕、石雕、砖雕，凸显出滇南民居的典型特征。

参考文献：

［1］《藏羌彝文化产业走廊总体规划》，中华人民共和国中央人民政府网http://www.gov.cn/xinwen/index.htm.

［2］　陈观浔. 西藏志［M］. 成都：巴蜀书社，1986.

［3］　蓝勇. 中国西南地区传统建筑的历史人文特征［J］. 时代建筑，2006（4）.

［4］　周晶，李天. 从历史文献记录中看藏传佛教建筑的选址要素与藏族建筑环境观念［J］. 建筑学报.

［5］　陈耀东. 中国藏族建筑［M］. 北京：中国建筑工业出版社，2007.

［6］　耿静. 羌乡情［M］. 成都：巴蜀书社，2006.

［7］　石硕. 隐藏的神性：藏彝走廊中的碉楼——从民族志材料看碉楼起源的原初意义与功能［J］. 民族研

究，2008（1）.

［8］ 季富政. 中国羌族建筑［M］. 成都：西南交通大学出版社，2000.

［9］ 胡善芙. 中国建筑简史［M］. 北京：中国建筑年鉴，1985.

［10］云南省元阳县志编纂委员会编纂. 元阳县志［M］. 贵阳：贵州民族出版社，1990.

［11］杨永明. 揭秘滇东古王国［M］. 昆明：云南民族出版社，2008.

［12］潘曦. 纳西族乡土建筑建造范式［M］. 北京：清华大学出版社，2015.

［13］于洪. 丽江古城形成发展与纳西族文化变迁［D］. 北京：中央民族大学，2007.

［14］徐游宜. 大理白族民居的彩绘装饰艺术研究［D］. 昆明：昆明理工大学，2008.

第四章
南岭文化廊道的建筑文脉

笔者认为：

南岭文化廊道区域内各民族建筑在发展过程中，受到南岭文化廊道文化交流的长期影响，通过几条主要的古道进一步互动，沿各条古道演化出丰富多彩的建筑文化脉络特质。灵渠古道区域是楚越文化的交融地，建筑受到了"中原文脉"的长期影响与演变融合，体现了中国传统建筑集实用、审美、情感三位一体的美学思想；湘桂古道沿线的建筑文脉受儒家思想的影响，讲究秩序感的建筑文脉特征；潇贺古道沿线不同民族文化之间相互融合，风雨桥是瑶族聚居地特色的公共建筑，民居集多个朝代风格，形式多样，体现了多民族文化融合的建筑模式语言；苗疆古道沿线不同民族文化之间相互交融，形成了该区域具有不同民族信仰与传统观念的山地建筑文脉模式语言。本章采用文化廊道的线性研究方法，考析论述如下：

4.1 南岭文化廊道的概念

4.1.1 南岭文化廊道的文化内涵

南岭走廊是费孝通先生在20世纪80年代提出的，与西北走廊、藏彝走廊一起并称为"三大走廊"。南岭民族走廊既是一个地理学的概念，同时也是一个民族学概念。在费孝通先生"中华民族多元一体格局"的思想中，民族走廊理论是其重要的组成部分。数十年来，学术界对南岭民族走廊的研究涉及理论概念、地理交通、民族文化、遗产保护与开发、民族互动等诸多方面，初步形成了比较完备的体系。南岭文化廊道的地理范围大致包括赣南山区、粤北山区、湘南山区、桂东北山区、桂北-黔南喀斯特地形区等。这里既生活着壮侗语族的壮族、布依族、侗族、水族、仫佬族、毛南族等民族，也分布着苗瑶语族的苗族、瑶族、畲族等。南岭山区丘陵与河谷盆地土质肥沃，是各类族群生存发展的首选聚居地，也是长江水系和珠江水系的分水岭。南岭文化廊道既是我国南方各民族之间的交通连接之地，也是我国各民族关系互动和交融之所，历史上一直是楚文化与百越文化的交汇之地，也是中原文化与岭南文化的交汇之地，在中华民族文化的融合中发挥了极其重要的作用[1]。

笔者在本书中将南岭走廊称之为南岭文化廊道。当地人民在千百年的劳动生产实践中根据当地的地形、气候、建筑材料、生活习惯等，创造性地修建了独具地方特色的吊脚楼等民居，以及风雨桥、鼓楼等公共建筑，建筑上显现出中原文化传播、北方文化南下扩散交流的元素，该走廊中的"漓湘文化"具有桂北湘南共同的文化特质，以及古苗疆廊道丰富的历史遗存、潇贺古道的商道文化等。南岭走廊不仅是一条地理走廊，更是一条文化走廊。南岭文化廊道涉及区域面积较广，本课题的研究，从地理上仅限于西南地区范围来界定，具体为文化廊道内的广西、贵州两省区部分地区。

4.1.2　南岭文化廊道区域内的古道

南岭文化走廊这一区域中，包含了空间的社会性、文化性及地理区域性，处于中原文化与岭南文化的融合交汇区域。同时，南岭文化廊道本身的历史变迁，带来了族群文化不断建构，已经超越了民族或族群的特殊性和个性。在其历史发展长河中，形成了许多的文化与商旅古道。南岭历来为南北交通要道，如水运通道灵渠、陆路通道梅关古道等。据史载，南宋乾道九年二月二十八日，名臣范成大被贬桂林，途中来到湖南与广西交界地区。摆在他面前的有两条路，一条是翻过萌渚岭的潇贺古道，另一条是秦代开凿的灵渠。范成大特意游览了秦人所筑秦堤，记经湘桂古道入桂林界，有大华表跨官道，榜曰"广南西路"。笔者于2011~2018年曾先后多次对南岭相关区域（古道）进行建筑文化考察。在吸收前人研究的基础上，笔者认为西南地区的南岭文化走廊区域内，存在的代表性古道有如下几条。

①灵渠古道：灵渠，古称秦凿渠、零渠、陡河、兴安运河、湘桂运河，是古代中国劳动人民创造的一项伟大工程。其位于广西壮族自治区兴安县境内，于公元前214年凿成通航。灵渠流向由东向西，将兴安县东面的海洋河（湘江源头，流向由南向北）和兴安县西面的大溶江（漓江源头，流向由北向南）相连，是世界上最古老的运河之一，有着"世界古代水利建筑明珠"的美誉。灵渠沟通长江、珠江两大水系，将湘江与漓江原本南北相异的水系连通起来，为秦始皇统一岭南奠定了交通基础。秦设置了桂林、象郡、南海三郡，基本上将秦朝的南方、东南的版图扩大到极致，奠定了今天沿海的大陆疆域。灵渠成为中原进入岭南的重要通道，也成为了中原文化与岭南文化的融合交汇区域。

②湘桂古道：在湖南道州（县）和桂林之间，存在着一条千年古道。从湖南道州出发，经广西灌阳文市、全州两河鲁荐、隔壁山、古岭头、新富洞和石塘镇乐板田、灌山、石田、石塘、余粮铺、杨梅山、麻市、凤凰、探鹏岭（旧名碳鹏岭）至界首入广西官道，沿着官道至光华铺、唐家市到达兴安县城，继续沿着海洋河至海洋圩、熊村、大圩古镇至桂林城。南宋以后，随着海运的发展，全国经济重心逐步向沿海转移。湘桂古道上商业曾繁荣昌盛长达500多年，带来了中原建筑文化与岭南建筑文化的交融，产生了湘桂文化融合的建筑风格，形成了一批具备宜商宜居特征的地域性建筑[2]。

③潇贺古道：潇贺古道是秦始皇统一中国后开辟的一条通往岭南地区的驿道，至今已有2000多年历史，又名秦建"新道"，原称岭口古道，后来称楚粤通衢、富川驿道。其雏形秦"古道"最初建成于秦始皇二十八年（公元前219年）冬，并与其海上丝绸之路相接。它由湖南道县的双屋凉亭、麦山洞入江永县的锦江、岩口塘至广西富川的麦岭、青山口、黄龙（富阳）、古城。陆路全长为170多公里，经过三十多个村寨和城镇。潇贺古道是中原文化与楚越文化交融的主要通道，贯通湘桂粤三省。其沿途保存大量汉族、瑶族等民族的古建筑群以及丰富的民间民俗文化。

④苗疆古道：指的是元代1291年新开辟的一条连接湖广（今湖南、湖北等地）经过贵州至云南、东南亚、南亚的一条"官道"及其支线，全长近1500公里，涵盖了云贵高原大部分

地区。现学界一般把其起点定为湖南常德，终点为云南昆明，进而从昆明向西至大理与唐宋以前的南方丝绸之路相连至缅甸印度。古苗疆走廊是一个囊括多民族的民族走廊，许多民族在融入该走廊的同时也将自己独特的民族文化融进该走廊的文化圈中。苗疆古道的"苗"不是特指现在的苗族，而是对南方少数民族的一种统称。苗疆古道是历史上中国内地进入西南民族地区的传统通道，其形成是中国各族群长期互动和中国经济、政治结构变革的结果。其成因具有多元性：民族生态分布、西南民族贸易与区域市场、南方稻作水利田发展、国家力量的渗入、西南的经济开发与移民等都对其产生重要影响[3]。（表4-1-1）

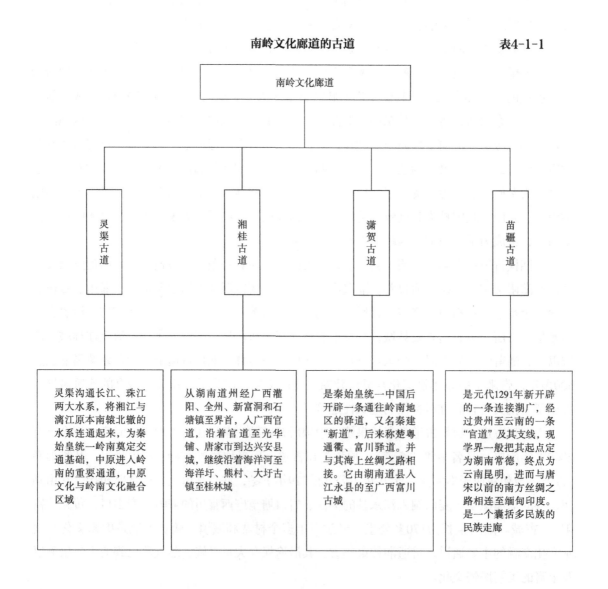

南岭文化廊道的古道　　　　　　　　　　表4-1-1

4.2　灵渠古道沿线的建筑文脉

灵渠，古称秦凿渠、零渠、陡河、兴安运河、湘桂运河，是古代中国劳动人民创造的一项伟大工程。其位于广西壮族自治区兴安县境内。为了解决被困秦军"粮食绝乏"和部队后援的问题，秦始皇不得不改变战略，"使监禄凿渠运粮"，用四年时间在五岭中的越城岭西南脚下开凿了一条运河，这就是世界上最古老的运河之一——兴安灵渠，并于公元前214年凿成通航。灵渠联接了长江和珠江两大水系。自秦以来，其对巩固国家的统一，加强南北政治、经济、文化的交流，密切各族人民的往来，都起到了积极作用。其对接合浦出海港口的漕运，是秦汉帝国通达海外的必经之处。据《灵渠文献粹编》记载："自宋代以来，兴安灵渠商旅繁忙，楚米之连舶而来者，止于全州，卒不能进……向来铜船过陡河必行一月……"。郭沫若先生在20世纪60年代初视察灵渠时，所写的《满江红》里提到了"北有长城，南有灵渠"的比对关系。

灵渠主体工程由铧嘴、大天平、小天平、南渠、北渠、泄水天平、水涵、陡门、堰坝、秦堤、桥梁等部分组成，两千多年悠远的历史为灵渠所处的桂北地区留下了丰富的人文古迹，如军事遗址、古城遗址、牌坊、古桥、古镇与古村落等。在2018年8月加拿大萨斯卡通召开的国际灌排委员会第69届国际执行理事会上，公布了2018年（第五批）世界灌溉工程遗产名录。其中中国的灵渠项目申报成功[4]。（图4-2-1）灵渠作为一条运河古道，其正式通航后，对该区域的社会文化带来了显著的影响，尤其体现在对建筑文化的影响上。

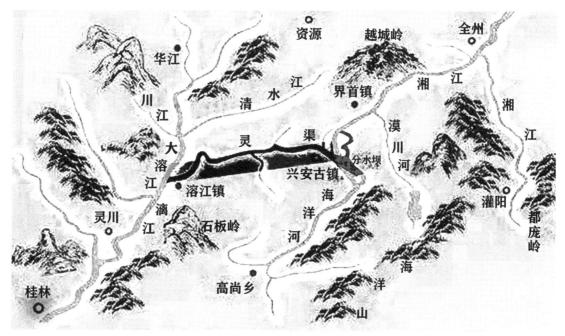

图4-2-1　灵渠示意图

4.2.1 灵渠沿线村寨选址与聚落形态模式语言

灵渠兼有水运和灌溉效益，宋代文献已有灵渠灌溉的明确记载，干渠上以有坝或无坝引水、提水等多种形式灌溉湘桂走廊沿线农田。灵渠所处的桂北地区人口稠密，沿线区域传统村落众多。关于灵渠灌溉的明确记载最早见于12世纪。南宋乾道年间，时任静江（即今桂林市）知府的李浩曾修治灵渠，在《宋史》中记载"郡旧有灵渠，通漕运，且溉田甚广"。南宋地理学家周去非在其著作《岭外代答》中描述当时的灵渠："渠水绕迤兴安县，民田赖之"。其沿线大部分保持着传统的农业生产方式与生态景观环境。周有光、唐咸明等学者对运河沿线古村落调查及其与灵渠相互作用进行了研究。

该区域还有一条古道支线——漠川古道。古道东走灌阳、恭城，南通高尚、灵川，西出兴安、桂林，是古代商贩组成的马帮队伍运输货物的重要商道。在清代是桂林通湖南官马大道和平乐至全州大路之间的重要连接线。古道上先后建成过湖南会馆、江西会馆等。同时，该区域内也产生了一批代表性的古代城池关隘。

秦城遗址，位于桂林地区兴安县境内，是秦始皇统一岭南的屯兵遗址。秦城是秦始成五岭时所筑，秦城遗址分"大营"和"小营"。大营北起马家渡，南至灵渠口，东濒灵渠，西临溶江，纵约6公里，横约2公里，总面积约12平方公里。其间尚存马家渡、七里圩、太和堡等城垣遗址，还包括马家渡至大营村东北1.5公里外的"城墙埂子"、通济与太和堡之间的两道土城、灵渠出口处与大溶江汇合处的水街、紧临大溶江的"王城"等。王城分为内外两层，内层面积达90多亩，其东南城墙长90多丈，西北城镇长60多丈，城外还有3丈多宽的城壕及外城，内城是一方形台地[5]。

兴安古严关遗址：越城岭与都庞岭之间有一条狭长的谷地名"湘桂走廊"，是中原通向岭南、荆楚南下广西的交通要道，秦汉时期有"楚尾越头"之称。严关就建在这峡谷中间。其关墙长40米、高5米、厚8米，中间开有3米多宽的关门，门中有两重可以升降启闭的闸门。南宋周去非著《岭外代答》对其险要地形和战略意义有专门说明："北二十里有险曰严关，群山环之，鸟道微通，不可方轨，此秦城之遗迹也。"有"楚越之咽喉"之称。（图4-2-2、图4-2-3）

灵渠运河水系流域还包括广西境内的漓江源与湘江源地区，具体包括兴安县、资源县、全州，沿线古村落都具有桂北建筑的共同特征。建筑多临水而筑，沿水岸成条状分布，利用河道进行交通运输与日常生活，河上架设桥亭连接灵渠两岸人家，岸边修筑各种文化廊及亭榭。广西桂北民居村落大都遵循这一基本格局。灵渠运河沿线共有9个古村落，分别为打鱼村、南徒口村、大弯徒村、三里徒村、季家村、六口岩村、画眉塘村、盐埠村、菜园村。（图4-2-4、图4-2-5、表4-2-1）

图4-2-2　兴安古镇秦城城门

图4-2-3　兴安古镇秦城塔楼

图4-2-4　灵渠秦堤

图4-2-5　兴安灵渠水街

灵渠古道沿线的村落布局 表4-2-1

灵渠古道沿线的村落布局

名称	类型	代表村落	布局文脉特点
聚落空间形态	散点随机型聚落	资源县李洞屯	散点随机型聚落的特点是规模较小,民居建筑稀疏、分散、随机分布,没有形成完整的巷道系统,也无法构成具有整体性的建筑群体形态
	线性分布型聚落	兴安县界首镇古街	线性分布的聚落多以一条主要的巷道为联系,居住空间和公共活动场所都串接在这条巷道上。建筑沿巷道单侧或两侧发展,局部建筑布置稀松的地方形成公共空间
	面状网络型聚落	资源县社水寨	当聚落规模进一步扩大,线性分布的聚落进一步发展成为道路纵横交错的面状网络型聚落。山区的网络型民族聚落较为自由,多呈树枝状的网络格局;而平原地区的汉化聚落则多为规则整齐的网络交织状形态
	河道两岸型聚落	兴安县水街	邻水聚落由于自身尺度小、河流尺度小,以及受自身地理区位的影响,两岸通过桥梁连接,保留了聚落与河流关系最初的朴实、自然的亲水特色
	依山面河型聚落	兴安县漠川乡榜上村	桂北地区属喀斯特地貌,因而依山面河的山脚往往是桂北地区(沿河道)传统村寨聚落的优先选址之地

灵渠水系流域的代表性村落之一兴安县漠川乡榜上村,已有两千多年的历史,其后靠青山,左右两侧青山如巨龙环抱,村前是一片开阔的田园美景,两条河流如玉带般在村前交汇,傍着古道依山顺势面建。古村层叠有序、规划整齐。群落之间巷道相连,村中高耸的炮楼、古牌坊与古拱桥,寨门守望。村落融入山水间,形成天人合一,人与自然完美和谐的意境。其选址深受南方地区汉族风水文化的影响。

资源县社水寨,位于华南之巅猫儿山之脚,是一个历史悠久、民风民俗浓郁的苗族聚居地,至今已有600余年的历史。房屋大多为四排三开间木瓦结构的平房或吊脚楼,顶盖青瓦或禾皮。寨内苗族风格保持完好,乡土建筑约有92处,多为苗家吊脚楼形式,其最早的建于清朝乾隆年间。为方便交通,积聚财气与福祉,常于村口、溪畔和山坳修建风雨桥亭,极具民族特色。两水苗族乡李洞屯,该地建筑因地制宜,沿坡由下向上,自中间向两边连片建筑,也有于四周边缘合适地点独立而筑,形成既集中又独立,既分散又连片的建筑格局。李洞屯的总体布局在顺应自然的前提下,在统一的建筑模式中产生了古朴静谧、错落起伏的变化。

据《灵川县志》、《周氏宗谱》等文献记载,灵川县建县(始建于唐龙朔二年,公元662年)之时已有江头村,该村至今已有1000多年历史。该村至今仍保存有门第匾额和皇帝诰封挂匾200多块,在这里可以看到清代奇特的"闺女楼"、"公子床"、"秀才街"、"举人巷",以及明代村民为防御敌人进攻而有意构造的"迷宫"巷道。该村代表性建筑除爱莲家祠外,还有太史第、按察史第、奉政大夫第、同知府第、五代知县宅、解元第、闺女楼等建筑,灵川江头古村体现了桂北儒家文化传统。耕读传家、不尚奢华,以"出淤泥而不染、濯清涟而不妖"的"爱莲文化"为主要内容的终极人生价值观,给了这个周姓古村以久盛不衰的灵魂。2006年灵川县江头村被国务院批准列为第六批全国重点文物保护单位。(图4-2-6)

灵川县路西村（原路莫村）：1938年底，路莫村物资转运站设立后，桂林"八办"在村中租借了很多民房，用作办公和工作人员住所。如今，电台室、救亡室和周恩来传达党中央"六届六中"全会精神的龙王庙等三处旧址都被保存下来了。该村现存部分清代和民国初年建筑，基本为一层砖木结构建筑，主要建筑有建于民国十九年（1930年）的莫氏宗祠、建于清嘉庆年间的龙王庙旧址和乾隆六年（1741年）的进士亭。（表4-2-2）

图4-2-6 江头村

（图片来源：http://5sing.kugou.com/fc/15262297.html）

灵川县路西村（原路莫村）建筑实考 表4-2-2

 八路军桂林办事处路莫村物资转运站	 龙王庙大门	 村里的电台室天井	 村里的电台室大门
 村里的进士亭	 村里周恩来父亲居住过的民居	 周恩来传达党中央"六届六中"全会精神的房间	 龙王庙现在改为小学仍然在使用
 村里的巷道	 村中的传统民居	 村里建于乾隆六年的进士亭	 村边的特色桥亭

4.2.2 灵渠古道公共建筑文脉模式语言

灵渠古道处于中原文化与岭南文化的融合交汇区域，在社会人文、商旅文化与地理气候环境的共同作用下，形成了丰富的公共建筑文脉模式语言。代表性的公共建筑有桥、亭、戏台等。

①桥梁与阁楼：兴安古镇灵渠两岸也被称为水街，沿河的古桥是数千年历史留给水街的痕迹。剩下的九座石桥有霞云桥、三里桥、萧家桥、接龙桥、娘娘桥、万里桥、粟家桥，北渠的桥是观音阁桥、花桥，这九座石拱桥就是道光县志中记载的"九虹桥"了。

万里桥：位于兴安县城中水关的灵渠上，为昔日往来南北的必经之道，据说该桥距唐代都城长安水路约万里，故称万里桥。万里桥是秦军从南往北时经过最多的一个桥，为桂管观察使李渤于唐宝历元年（公元825年）修灵渠时所建，也是广西现存最古老的石拱桥。

沧浪桥：又名天后桥、娘娘桥，位于万里桥下游约80米的灵渠上。

接龙桥：位于兴安县城下水门的出口处灵渠上，距沧浪桥约50米，建于宋太平兴国八年（公元983年）。

马嘶桥：是世界上独一无二的二桥跨二水的"水立交"。据说是因当年汉代将军马远之马不肯过桥而得名。

渡头江石板桥：建于雍正五年（1727年），距今已有二百九十余年历史，是整条湘江唯一幸存的大型石板古桥，也是湘桂古商道上重要的古桥遗址之一。

状元桥：也叫青云桥，建于清代，距今已有二百多年的历史了，整座桥栏由汉白玉建造而成，桥栏上雕刻有八块精美的图案，寓意人们平步青云。

粟家桥：在兴安县城东门外的灵渠上。此桥设计轻巧，造型秀丽，形式古朴。

三里桥：在兴安县城西的灵渠上，建于明成化二十三年（1487年），虹式单拱石桥。

花桥：遗址在兴安县城东北一公里的湘漓镇花桥村前，横跨北渠，花桥美观而牢固，其建桥工艺精巧，造型美观实用，显示了当时高超的建桥技术。

霞云桥：又名夏营桥、下营桥。清初修建，至今完好。

萧家桥：在城西北1公里，于明万历间由邑绅萧学易、学仪建。现已倒塌，仅留痕迹，萧家桥碑残留灵渠岸边。

笔者常去灵渠考察，对灵渠上形式多样、文化内涵丰富的桥梁印象深刻，并不时绘制一些古桥手稿。（图4-2-7、图4-2-8、表4-2-3）

②祠堂：灵渠古道村落中，有按照朝庭例制修建的祠堂，它代表着皇室的权威和朝廷的地位。祠堂气势浑宏、端庄大气，旁有文房。如兴安县湘漓镇枧底村的蒋氏祠堂。有为了纪念圣贤的祠堂，如四贤祠。有些村落的大姓建有家祠，如江头村爱莲家祠。祠堂的位置一般居于村前、村中和村后山，中轴对称布局，沿中轴线方向由天井和院落组成两进或三进大厅。第一进为门厅，中进为"享堂"，也叫大堂、正厅等，是宗族长老们的议事之地和族人聚会、祭祖之处，后进为"寝堂"，奉祀祖先神位。由大门至最后进，地面逐渐升高，既增

图4-2-7　灵渠壮元桥（作者自绘）

图4-2-8　灵渠接龙桥（作者自绘）

灵渠代表性古桥建筑文脉模式　　　　　　表4-2-3

名称	图片	营建年代与位置	建筑形制	艺术特征
灵渠陡门		灵渠的陡门先于巴拿马运河的船闸上千年，是世界船闸之祖	灵渠有"陡门湾湾三十六，二水湘漓一派分"的说法。陡门是使船在水浅急流的运河上航行的一项发明创造	号称"长天下第一陡"。通过沟通湘江与漓江将长江与珠江水系相连
万里桥		始建于唐宝历元年（公元825年），修灵渠时所建。位于兴安县城东门外灵渠上	桥为虹式单拱石桥，以长方条石错缝围砌	广西现存最古老的石拱桥。上建四角八柱亭，单檐歇山顶翘角，琉璃瓦，天棚彩绘飘海图
沧浪桥		始建于清康熙七年（1668年），又名天后桥、娘娘桥，位于万里桥下游约80米的灵渠上	虹式单拱石桥，桥面长6.5米，跨度6米，拱高5米，宽6米。亭为琉璃瓦、双重檐、四阿顶	桥上原有亭，亭内供天后像，桥名为清代大书法家何绍基所题

名称	图片	营建年代与位置	建筑形制	艺术特征
接龙桥		始建于宋太平兴国八年（公元983年）。清乾隆元年（1736年）重建，位于灵渠上，距沧浪桥约50米	虹式单拱石桥，桥面长6.1米，宽7米，拱高4.8米，跨度6米。据说由怀丙和尚（赵州桥设计者）设计修建	其一改古法，将桥的重心放在渠的西面，桥东修有九级石台阶上桥，而桥西不留石阶
马嘶桥		位于兴安县城灵渠上。万里桥上游约100米，灵渠与双女井溪相交处	是世界上独一无二的二桥跨二水的"水立交"，是灵渠水街南北路横跨双女井溪的两座桥	桥亭为仿汉代建筑风格
状元桥		也叫青云桥，建于清代，距今已有二百多年的历史。位于灵渠上	整座桥栏由汉白玉建造而成，桥栏上雕刻有八块精美的图案	桥面上有三块石板雕刻着非常精美的云彩，寓意人们平步青云
渡头江石板桥		建于清雍正五年（1727年），位于兴安湘江故道渡头渡口上。	石板桥长100余米，宽1.5米，底基宽6米，桥墩高1.4米，桥墩22座，涵孔23个，石板桥	是整条湘江唯一幸存的大型石板古桥，是湘桂古商道上重要的古桥遗址之一

续表

名称	图片	营建年代与位置	建筑形制	艺术特征
三里桥		建于明成化二十三年（1487年），位于兴安县城西的灵渠上	虹式单拱石桥，桥面长12米，宽6米，券洞跨度约8米，斧刃石发券铺桥面石	距今已有500余年历史，建桥数百年从没有维修过
粟家桥		位于兴安县城东门外灵渠上，建于乾隆五年（1740年）	明朝建筑形式，为虹式单拱石桥，桥面长7.37米，宽2.65米	此桥设计轻巧，造型秀丽，形式古朴
花桥		建于明万历年间，位于灵渠北渠之上	三拱石桥	此桥造型优美，三个石拱倒影就像三个花环，浮在清澈的渠水面上，人们都称它花桥

加了宗祠的威仪，明确了空间的等级，又将不同功能的空间区隔。

四贤祠，位于距南陡下游约半里的南渠北岸，是座庭院式的建筑。四贤祠又名灵祠、灵济庙，始建于何时，史说不一。明代永乐年间（1403~1424年）、清康熙五十四年（1715年）、清雍正十一年（1733年）曾先后修葺四贤祠。清咸丰二年四月初四日（1852年5月22日），太平军攻占兴安，四贤祠被火焚毁。清光绪十四年（1888年）再建，为二殿并列共6开间，宽24米，深11米，东西北3面砌墙，南面有雕花木门36扇，西殿前临灵渠有门楼，建筑面积共280平方米。四贤祠内除保存有元明以来10余方石刻外，古树吞碑，为四贤祠内一大奇景（图4-2-9）。

江头村周氏宗祠——爱莲家祠，始建于清光绪八年（公元1882年），落成于光绪

图4-2-9 四贤祠

十四年，原为六进五开间，后来部分被毁，现余四进三开间，其外观高大宏伟、气势非凡，祠内精雕细刻、工艺绝伦。爱莲家祠不同于一般家祠，还在于它不仅具有拜祭祖先的功能，还有承传和彰显爱莲文化的功效。

季家村季氏宗族祠堂，长24米，宽12.3米，为两进三开间带天井式建筑。打鱼村建有文氏宗祠，是一座保存基本完好的古建筑，为三开间两进木式建筑，砖木石瓦房结构。兴安县乳洞岩旁边，有一座已屹立千年的飞霞寺。因为历史的原因，飞霞寺已经难以考究建立于何年，据传是唐宋年间，正当乳洞岩文人骚客往来最多的时候，就已经落成。如今已经成为兴安佛教协会的所在地，是传承了千年的佛门圣地。

③书塾：按照书塾的位置，可分为与宗祠合建和独立建造两种。灵川县九屋镇江头村爱莲家祠是祠塾合一的代表，集敬祖修身为一体，清乾隆时期，朝廷对南方宗族势力的膨胀有所顾忌，认为"合族祠易于编结地缘关系，发展为民间组织。朝廷例当有禁"。而限制宗族势力扩展的手段之一就是限制宗祠的建设，为了应对这一情况，许多宗族分支就将建祠堂改为修书塾，促进了祠塾合一的发展。

④古戏台与会馆：兴安古戏台又名天韵阁，位于县城中心广场与水街交会处，高12米，分上下两层，上面唱戏，下面行人，为徽派建筑风格。该戏台与万里桥遥相呼应，是居民休闲看戏的好地方。（图4-2-10）湖广会馆位于灵渠水街中段，建于清朝初年，系旧时旅居兴

图4-2-10 兴安古戏台（天韵阁）

安的湘南、湖北同乡聚会议事、供奉先贤、唱戏娱乐的场所。内设有大堂、戏台、先贤祠和花园。具有典型的荆楚文化风格。（表4-2-4）

灵渠古道上的传统村落的公共建筑　　　　　　表4-2-4

区位	类型	功能特点	例证	文化脉络
桂北地区	祠堂	是供奉祖先和祭祀场所，是宗族的象征。一般位于聚落的最前列或中心	兴安县湘漓镇蒋氏宗祠	是汉民族悠久历史和传统文化的象征与标志。祠堂文化与书院文化、家庙族府、地方庙宇文化等建构起地域性文化的立体形态
	书塾	书塾为家族聘请老师管教族中学童的场所，可分为与宗祠合建和独立建造两种	灵川县九屋镇江头村爱莲家祠	是祠塾合一的代表，集敬祖修身为一体，当时朝廷限制宗祠的建设，许多宗族分支就将建祠堂改为修书塾
	牌坊	起到防御和标志的作用，牌坊多位于村口，和门楼一起形成聚落空间的第一层次	月岭村的节孝坊	牌坊作为一种教化传世象征，可分为五类：一是为人记功记德的，如"功德坊"；二是表彰节妇烈女的，如"贞节坊"；三是标志科举成就的，如"进士坊"；四是标志性的，如"村庄牌坊"；五是表彰教化的，如"兴学坊"等
	门楼（关口）	具有防御和体现村寨形象的双重作用	兴安古严关	是南北交通要道，历代名人经过此处，题咏甚多，如宋代著名诗人李师中、张孝祥、范成大等，均有诗章留传

区位	类型	功能特点	例证	文化脉络
桂北地区	戏台	戏台多为干栏式,上层抬高以利于表演,下层为准备间或作为休息活动的空间	 兴安古镇天韵阁	处于中原进入两广的交通要道,中原文化和岭南文化相互交融,也带来了中原文化特色的古戏台
	寺庙	可以供给远方的人士挂单住宿,方便行商过旅。能带给人心灵上的净化、精神上的鼓舞、思想上的启发	 飞霞寺	据传建于唐宋年间,如今已经成为兴安佛教协会的所在地,是传承了千年的佛门圣地。寺庙这种独特的建筑集中显示了中国传统的祭祀文化
	桥梁	此桥是由当时的民间集资赞助而建成,参与捐款的贡生、进士、举人就有好几十位,解决了古代人民的过河难问题	 化龙桥	建于清光绪十三年(1887年),古桥为单拱石桥,利用两岸天然石作桥基起拱,其坚固如磐石,其英姿如飞虹

4.2.3 灵渠沿线民居建筑文脉模式语言

榜上村古民居,依山而建傍水而立,村里典型的桂北古民居有数十座,座座都住着人家,建筑风貌得以完整保存。榜上村古民居构筑十分讲究,粉墙、青瓦、马头墙以及层楼叠院、高脊飞檐、曲径回廊和谐地组合在一起。院中有院,门中有门,院院相通,户户相连。地面用石灰、桐油、瓷粉混合的三合泥,平整光亮而不滑,凉爽而不潮湿。中天井由青石板铺成。建筑群具有一定的徽派建筑模式语言[6]。榜上古民宅传承徽派建筑和岭南骑楼风格,参入西洋建筑符号,形成独具一格的桂北古民居风格,多为两进三开间,各进皆分开天井,充分发挥通风、透光、排水等作用。尤其是装饰在门罩、窗楣、梁柱、窗扇上的砖、木、石雕,工艺精湛、形式多样,造型逼真。(图4-2-11)

灵川江头村民居有保存完好的元、明、清三代建筑,整个村落青砖灰瓦,木质构架,屋檐层叠,古朴典雅。其至今保存着较为完整的明、清、民国时期的古民居71座。这些古民居背山面水、聚气藏风、讳南称尊、坐西朝东、小巷纵横、布局奇妙、形如迷宫、青砖青瓦、隔扇漏窗、工艺精湛、火墙马头、昂首长啸、太极八卦、门当户对；室内天井通天四水归堂、房梁屋顶彩绘金描、花鸟人物千姿百态、石雕木雕栩栩如生。200米的"进士街"上就有7座大府邸院落相连，依次悬挂有"进士"、"太史第"、"父子翰林"、"解元"、"知洲"、"知同"、"德高望重"、"慈善可风"、"知县"、"奉政大夫"等10块大字匾额。（图4-2-12）

图4-2-11　榜上村古民居

4.2.4　灵渠古道沿线建筑的文脉特征

灵渠古道带来了族群文化、商业文化的不断发展，古道沿线成为了楚越文化和民族文化的融合地。在灵渠古道的影响下，当地不断地传播和吸纳中原文化、岭南文化、荆楚文化及百越文化等多种地域文化，并孕育出独特的当地建筑文化。（表4-2-5）

图4-2-12　江头村民居

经过大量的综合研究与实考，归纳灵渠古道区域具有如下几点主要的建筑文脉特征。

①灵渠古道区域是楚越文化交融地，是中原进入岭南的重要廊道，也是中原文化与岭南文化的融合交汇区域。受到中原文脉建筑文化的长期影响与演变融合，桂北地区传统建筑在选址布局、建筑风格、文化情感上，深刻地体现了中国建筑集实用、审美、情感三位一体的建筑美学观。秦代开凿灵渠促使桂林建筑文化实现质的飞跃。除了灵渠，在当地已很难见到秦汉时代的建筑，但从桂北兴安、全州等地发掘的秦城汉墓出土文物考证，可以发现在灵渠

文化廊道影响下灵渠古道沿线的建筑文脉特征图像分析图		表4-2-5
建筑有许多细节装饰，出现在石础、石水缸、木应门、木花窗上面的雕刻。线刻、浅浮雕、浮雕、镂空雕等装饰雕刻技法多样。文化内涵、寓意丰富。如希望国泰民安就雕三只山羊，意为"三羊开泰"		

装饰			
	柱础图案装饰艺术	"三羊开泰"主题雕刻装饰艺术	象征《易经》中坤卦的门当

门	由于受到中原文化的影响，门头造型追求飞檐翘角，气宇轩昂，更雕刻着许多精美图案，蕴含治家信念及处世之道		
	 民居大门的砖雕装饰	 民居门头的图案彩绘	 民居大门的传统样式
建筑肌理	有青砖砌墙肌理和土泥砖墙体材质肌理两大类，以及富有当地特色的泥砖、青砖与鹅卵石等多种材料混合的建筑墙体肌理，建筑屋顶全部覆盖青瓦片，多种地域性材料的组合形成了当地的建筑肌理		
	 民居建筑肌理质感	 传统的青砖砌墙肌理	 传统土泥砖墙体
窗	窗户的类型与形式多样，外墙大多采取开小窗户的方式，造型方正，装饰简洁，富裕人家建筑窗户与隔扇，多见寓意吉祥的象征性装饰题材，如商贾文化、士大夫文化、耕读文化等主题在木雕窗花上的出现。窗花纹样大多与中国传统建筑窗花样式一致，纹饰文化内涵一脉相承		
	 连续几何图案的木格扇	 宝瓶纹饰窗花	 中国传统纹饰木隔屏
雕刻艺术	建筑石雕多应用在建筑的大门门槛石、柱础底座上及桥梁的桥头与栏杆上，内容多为中国传统纹样与造像，工艺上基本沿袭了中式传统技法。马头墙上一般也会有精美的雕饰，其装饰图案与雕像内容一般为灵禽神兽，奇花异草等。建筑木雕多应用在门窗及木构上		
	 民居门槛石石雕艺术	 马头墙雕花	 建筑柱础石雕艺术

屋顶、马头墙	传承赣派或徽派风格建制，在大墙上均建有马头墙。马头墙不但是用来防火、防风之需，也有着"一马当先，马到成功"之意。马头墙的垛头顶端安装有"座头"，座头有"鹊尾式""印斗式""坐吻式"等数种		

	多檐变化的马头墙	组合式马头墙	马头墙座头鹊尾式

文化的推动下，秦汉建筑思想理念和风格形式对当地建筑的影响十分深远。灵渠古道区域的建筑，集秦汉建筑文化、古桥文化、岭南市井商业文化、地理环境之精华为一体，传承了"秦汉神韵"的建筑文脉特征。

②"临水、依山而筑"的聚落布局与选址特征。村落沿水岸成条状分布，利用河道进行交通运输与日常生活，河上架设桥亭连接灵渠两岸人家，岸边修筑各种文化廊及亭榭，作为公共活动建筑空间场所。灵渠所在地的广西桂北地区，民居村落大都遵循"水街"这一基本模式语言，村营多为临水、依山而筑，线性分布型聚落、面状网络型聚落。灵渠水街两岸具有典型的"小桥流水人家"之风貌。依山而筑的传统聚落，在统一的建筑模式中产生了古朴静谧、错落起伏的变化。

③"多元融合"的建筑文脉模式语言。桂北民居承载着两千多年的历史，具有丰厚的文化底蕴。桂北是一个多民族地区，长期以来，各少数民族与汉族和谐相处，故其民居呈现出多元态势，具体表现在各少数民族文化与汉族文化融合，同时又各自沿着自己的规律发展出独特的建筑模式语言。民居建筑文脉上，大多体现出徽派建筑南传与本地民俗相结合的特征。建筑群体大多为砖木结构，柱基多为石础，民居外观有一显著特征马头墙，建筑布局与建筑装饰上具有中原传统文化的文脉特征，如建筑形制、样式、门槛石、木雕窗花等方面，皆体现出中原传统礼制文化与审美情趣。该区域传统建筑在廊道互动、族群文化、地理等要素的影响下，产生了多元文化融合、与山水交相辉映、和谐发展的建筑文脉特征。

4.3　湘桂古道沿线的建筑文脉

为了从陆路弥补灵渠水运的不畅与运输周期过长的问题，宋代，地方官府为此组织开辟一条从大圩镇经熊村、灵田、三月岭、长岗岭到兴安、灌阳的陆路通道，连通广西与湖南，用以辅助灵渠枯水季节水运的运力不足，这就是当时有名的"湘桂古商道"。商道鼎盛期达500多年。（图4-3-1）

4.3.1 湘桂古道沿线村寨选址与聚落形态模式语言

自宋代起，湘桂间民间商贸日渐昌盛，大量的商品货物需经由陆路转运，地方官府为此组织开辟湘桂陆路商道，有上千年历史的湘桂古商道从桂林经灵川、兴安、全州往湘南，商道鼎盛期达500多年。线路即现在的湖南南部通过广西兴安镇、崔家乡、高尚乡、灵川县灵田乡长岗岭村、阳旭头村、大村、熊村、大圩镇至漓江，史学家称之为湘

图4-3-1　湘桂古道长岗岭村驿站遗址

桂古道。古道沿线区域人口密集，传统村落众多，建筑文化丰富。

桂北全州县庙头镇大碧头村，是湖南永州零陵区进入广西全州的湘桂古商道旁的第一个村落。湘桂古道旁月岭村位于灌阳县，布局上三面环山，背依灌江，村落东南高、西北低，形成一个梯形状态，建筑布局整齐有序。村里路面全部铺设大青石板，以青石板为基础而形成先进的排水系统。整个村落大量采用统一模数的石块、砖和瓦。月岭村防御体系非常严密，村头有炮楼，村周围有城墙，村中有碉堡。月岭村文物古迹甚多，如文昌阁、节孝坊、凌云塔、催官塔、将军庙、孔林墓、石炮楼、百岁亭、步月亭等。月岭村有六个大院，很多单体建筑达二千多平方米，外墙大青砖，多为两层建筑，每个大院都有古井饮水、石盘洗衣、桂剧戏台、鱼池花园，构成典型的清代古民居体系。

长岗岭村位于湘桂古商道上，因其得天独厚的地理优势，当年吸引了大批商贾在此开设商铺，成为商人南来北往的中转站、歇脚点。该村为中国传统村落，古建筑群坐落在山坡上，呈弧形布局，依缓坡递进相连而建。

熊村，是一个具有2000多年历史的古村落，到南宋时期成圩以后，方名曰"熊村圩"。熊村似棋盘布局，随地势而起伏，建筑依山势而筑，形成三街六巷，小巷弯弯曲曲，民居错落有致。小巷还有很多巷门相隔，入夜闭门，自成一体。全村共有长短不一的六条巷道，向四周辐射，建有六座拱门，巷道迂回曲折，由石板台阶或鹅卵石砌成，拱门都建在石阶上，每道拱门上都刻有名称。熊村老村仍有居民居住，湖南会馆与万寿宫还保留着其原貌，显得非常宁静和古朴。

湘桂古商道上的大圩古镇，是广西古代"四大圩镇"之一。古镇曾名长安市、芦田市，通称大圩。史载，古镇始建于北宋初年，中兴于明清，鼎盛于民国时期，距今已有千年历史。远在600年前，成为广西"四大圩镇"之最。其在汉代已形成小居民点，北宋时已是商业繁华的集镇。清光绪三十一年《临桂县志》称其为"水陆码头"，泊船多达二三百艘，地方商业文化积淀深厚。当地建筑除始建于明的单拱石桥万寿桥、清代建筑的高祖庙、汉皇庙处，各地商人在此均建有会馆，如有名的广东、湖南、江西会馆及清真寺等。到民国初期，

图4-3-2　大圩古镇历史街区（作者自绘）

大圩已形成八条大街：老圩街、地灵街、隆安街、兴隆街、塘坊街、鼓楼街、泗瀛街、建设街。（图4-3-2）

东西巷是桂林明清时代遗留下来的一片历史街巷，空间尺度宜人，是桂林古历史风貌街区，包含了正阳街东巷、江南巷、兰井巷等桂林传统街巷，体现了桂林的历史文脉。东西巷早在明清时期就盛极一时，鼎盛时还有"青龙白虎"宝地之美誉。这里不仅商贸云集往来，达官显贵也在此栖居。特别是近代以来，曾有许多名人绅士在此置业定居，如清朝两广总督岑春煊等。

4.3.2　湘桂古道的公共建筑模式语言

湘桂古道沿线地区有非常丰富的公共建筑类型及其模式语言，总结如下。

①寺院古塔与戏台、楼阁

代表性的古寺有：全州湘山寺，位于广西全州县城西山麓，素有"兴唐显宋"之美誉，"楚南第一名刹"之雅称，系公元756年唐代高僧无量寿佛创建。宋朝4位皇帝先后5次加封，宋徽宗亲临膜拜，清初著名画家石涛曾住寺为僧21年。全州湘山寺寺中还有妙明塔、寿佛殿、圆通宝殿、放生池动物石雕群等，鼎盛时期寺内建筑面积达18000平方米。妙明塔为七级浮屠，高26米，底层直径6~8米，结构奇特，巍峨壮观。它外八方，内六方，中空，壁道回曲，螺旋而上。（图4-3-3）

图4-3-3 全州湘山寺（作者自绘）

全州县马王庙，又名关岳庙，位于该县最繁华的中心路的小广场旁，建于清嘉庆三年（1798年），原建筑面积达330平方米，规模宏伟，原来有门楼、戏台，很有气势，现在只余正殿。这关岳庙还曾是被誉为"小遵义会议"的红七军前敌委员会会议旧址，在它门旁的右侧刻着莫文骅将军题的苍劲有力的四个大字"扭转危局"。

代表性的戏楼有：全州大西江镇锦塘四板桥村精忠祠戏楼，建于清同治元年（1862年），为祭祀民族英雄岳飞所建精忠祠之附属建筑，砖瓦结构，坐北朝南，正台由8根木柱支撑，藻池结构，两侧副台用木板拼成屏风。后墙门额饰精美石雕，别具一格。戏台和祠殿之间为露天看戏坪。屋脊、屋檐、横枋所饰浮雕形态逼真。月岭村地处湖南广西两省交界，是我国十大剧种之一"桂剧"的发源地。长岗岭村中戏台木结构，三开间，小青瓦，歇山顶，周围建有完整的青砖院墙，这是典型清代作品的风格。戏台建筑还有灌阳县江口村戏台等。

代表性的阁楼有：桂林逍遥楼，遗址在今市区滨江路北段解放桥与伏波山之间。始建于唐，为唐代桂州城之东城楼，上置颜真卿所书"逍遥楼"石刻碑一方。崇宁元年（1102年），广南西路经略安抚使程节对楼宇重加修建，并改名"湘南楼"。现存"逍遥楼"碑阴的《湘南楼记》，记载了修楼经过和更名缘由。唐代著名诗人宋之问于唐景云二年（公元711年）

图4-3-4　历代桂林逍遥楼建筑模型

被流放至桂林时创作《登逍遥楼》："逍遥楼上望乡关，绿水泓澄云雾间。北去衡阳二千里，无因雁足系书还。"这是现存最早吟咏逍遥楼的一首唐诗。（图4-3-4）

②牌楼、祠堂

代表性的建筑有：全州蒋氏宗祠，位于全州县永岁乡石头岗村。为明正德六年（1511年）工部侍郎蒋淦所建，旧称教睦堂。祠依地形变化为沿纵轴线布置祠门、祠堂、神堂，供奉蒋氏历代祖先牌位。蒋代宗祠建筑为三进、有两重天井的四合院，总占地面积516平方米，建筑面积396平方米。蒋氏宗祠门楼构筑精致，门楼高8.7米，宽10.9米，设上四层下三层斗拱，上宽下窄，四周无任何依托，只凭4根木柱高擎。各斗拱雕刻有精美的图案，屋顶麒麟吻兽雕塑，门楼出檐翼角雄伟大方，为明代建筑所罕见。（图4-3-5）

图4-3-5　全州县石头岗村蒋氏宗祠门楼
（图片来源：http://dy.163.com/v2/article/detail/
DQGI22U20523L7A8.html）

全州县沛田村的四座祠堂，它们分别是建于明清时期的肖峰公祠、瑾南公祠、鸣歧公祠、鼎台公祠。每座祠堂均系清水砖马头墙穿斗式木结构，祠堂的屋檐和出挑上都有精美木刻浮雕，或花草鱼虫，或飞禽走兽，或动感人物，栩栩如生。而明代初年的大祠堂以梁柱粗硕、墙体厚实为特点。

全州县下宅村的新公祠建成于光绪三十二年，占地1186平方米，坐落在老公祠的右前方。该公祠坐西北朝东南，进公祠大门，上层为莲花罩顶式古戏台，戏台长宽各十余米，均为厚木板铆铺。戏台正上方为一朵巨大的木制莲花向下反罩，戏班在台上唱戏时，声音经木莲花反射产生共鸣，传播数十米，是声学与建筑学的完美结合。戏台后有进出门、化妆间、四周回廊，戏台檐廊枋木上雕有古代各种经典教育故事图案，绘画雕刻手法娴熟，生动传神。公祠前方开有中门，门口一对石狮守护，门上正中镶嵌一巨大镂空三龙石雕，双龙向上，上龙居中，正中雕《赵氏公祠》。（图4-3-6）

月岭村"贞孝牌坊"名叫"孝义可风"贞孝牌坊，建于清道光十四至十九年（1834~1839年）。这座牌坊是月岭村的唐景涛为其母亲史氏向朝廷提出请求，经道光皇帝降旨恩准后建造的。牌坊为四柱三间四楼式仿木结构，上为梯形，下为长方形，坊上雕刻全用整块石料镂空或浮雕而成，整座牌坊全由石榫、卯眼连接。牌坊主体的中间两根正方形石柱，有抱鼓石护柱。第二层正面石刻唐史氏节孝懿事，背面石刻唐史氏简历和县署、府署、布政使司关于竖立月岭石牌坊的呈文及道光皇帝的批示。此层横梁镂雕"二龙戏珠"。第三层正面和背面分别镌刻道光皇帝手书"孝义可风""艰贞足式"八个大字。第四层四组斗拱支撑庑殿顶。（图4-3-7）

图4-3-6　全州下宅村新公祠与戏台组合

图4-3-7　月岭村"孝义可风"石牌坊

灌阳县文市镇月岭村总祠位于村口，大房、五房的支祠分布在主要干道两旁，而四房支祠则位于整个村落的后山上。兴安县白石乡水源头村的秦家大院村落，其宗祠位于聚落的正中央。长岗岭村莫氏宗祠，面积200余平方米，建于清道光年间，民国十四年及20世纪80年代曾进行过维修。建筑坐北朝南，二进一井形式，第一进为上下两层，木构件，小青瓦屋面，四周青砖墙围护。

③府衙与会馆、桥、码头

代表性的桥、码头建筑有：大圩古镇万寿桥，始建于明代，重建于清光绪二十五年（1899年），单拱石桥，位于马河与漓江汇合处，是一座石块砌起的石拱桥，古朴自然，桥的西面是漓江。大圩古镇共有13个码头：寿隆寺码头、更鼓楼码头、清真寺码头、社公码头、石鸡码头、大码头、渡船码头、狮子码头、塘坊码头、五福码头、秦聚利码头、鼓楼码头、卖米码头，多用料石镶砌。

代表性的府衙有：桂林王城，是明代靖江王府，宋代时这里是铁牛寺，元代改为大国寺，后又称万寿殿。明太祖朱元璋封其重孙朱守谦为靖江王，此处是藩邸。朱守谦在明洪武五年（1372年）开始建府。王城有承运门、承运殿、寝宫，左建宗庙，右筑社坛，亭台阁轩，堂室楼榭，无所不备；红墙黄瓦，云阶玉壁，辉煌壮观。城开东南西北四门，分别命名为"体仁"（东华门）、"端礼"（正阳门）、"遵义"（西华门）、"广智"（后贡门）。其先后经历了14代靖江王，后来被清朝定南王孔有德所占而成为定南王府，现在王城尚完好。（图4-3-8、图4-3-9、图4-3-10）

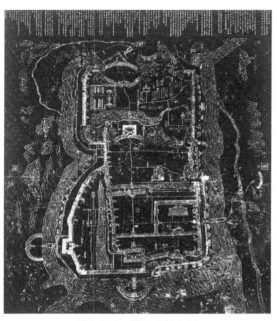

图4-3-8 桂林古城布局

图4-3-9 桂林王城状元及第城门

图4-3-10 桂林王城（靖江王府）大门

到近代时期，桂林地区还出现了李宗仁公馆等府衙与住宅功能相结合的模式语言。

4.3.3　湘桂古道沿线民居建筑文脉模式语言

湘桂古道沿线民居建筑融合了中原文化、湘赣文化、徽派文化以及本土文化，产生了多种宜商、宜居的民居建筑模式语言。

宜居又具有防御功能模式的语言：全州沛田古村位于全州石塘镇东北部，建于明朝景泰时期，距今已有500多年的历史，至今还保存着70多座古民居。这些古民居中最早的建于明代，最晚的建于民国初期。其中明代兴建的房屋墙体厚度达60厘米，这种超厚型的墙壁在南方的现代民居建筑中极为罕见。桐荫山庄由练武厅、文书厅、官厅、会客厅、对面厅、住宿厅和绣花楼七部分构成，依山建造，层层递进，总面积5840平方米。虽然建于民国，但是吸收了明清建筑的精华，融合了民国建筑的防御功能的模式语言。

府第式模式语言：月岭古民居位于灌阳县城北面30公里的文市镇月岭村。该村是灌阳县第一大自然村，居住着约400户人家，古民居始建于明末清初，属典型的湘南式民居。其中六大院是保存完整、最典型的民宅建筑，相传这是唐氏祖上为其六房儿子修建的庭院，其庭院各立门楼，依次名为"翠德堂"、"宏远堂"、"继美堂"、"多福堂"、"文明堂"、"锡嘏堂"。每院由六幢组成，每幢均为上下两座结构，主房、客房、仓库和传供唱戏用的戏楼具全，为官府院式，整齐划一，气势恢宏。每院内均有水井、石磨、粮仓、鱼塘、花园，全村及各院围墙道路均用石围石砌[7]。（图4-3-11）

兴安秦家大院总体规划合理，既有中原建筑群布局的严谨，又充分与地形结合。建筑群的主次轴线分明，依轴线层层深入，呈梯形布局。宅子大多为三进三间，房屋分为四组，组与组间隔两米，形成狭长的巷道，均以青石板铺筑。宅子的高堂、戏院、花厅都敞开大门，两旁房子的大门朝里开。宅子的墙壁都以几吨重的青石方墩为基，砌上1米多高后，改用青砖砌至屋顶。楼房镶嵌的窗花是琉璃瓦烧制而成，上面画花卉，房中的板壁上刻着各种花纹的图案，庭柱下的石磴上凿有龙凤的花饰。江口村隶属于灌阳县新街乡，为中国传统村落。该村最有名的是台湾代理巡抚唐景崧的故居，紧依灌江西岸。（图4-3-12）

图4-3-11　月岭古民居

图4-3-12　作者在灌阳县江口古村唐景崧故居调研

长岗岭古建筑群为全国重点文物保护单位（2006年公布），有明清、民国建筑近60座。民居高大宽敞，布局规整，建筑形式多种多样，其跨度、高度和体量堪称桂北民居之首。该建筑前后四进四天井，前两进始建于清乾隆末年，后两进始建于康熙初年，两侧分立横屋横天井，左侧横屋供仆人等居住，"莫氏宗祠"、"五福堂"公厅、别驾第等清朝早期民居的院落设计从三进直到六进，标准形式的村中民居为砖木结构，青砖小瓦，硬山屋顶，飞檐翘角。陈氏大院则坐落在村子的西南方，为层层叠进的四进四天井院落结构。熊村民居以明清建筑风格为主，以叠梁式木质结构为多，辅以青砖外墙，每栋房屋由前门、天井、正房、厢房、后院组成。（图4-3-13、图4-3-14）

图4-3-13　长岗岭村五福堂公厅

图4-3-14　熊村民居

宜商宜居的模式语言：大圩古镇传统民居集商住于一身，均由前门、天井、正房、厢房、后院组成。靠街的一般作铺面从事商业，有楼梯可上二层。一般的中小型民居均为两层，开间3~5米，尺度比例适宜。古老的大圩老街顺着漓江绵延2公里长，沿街多为骑楼和木结构的铺面。这些宜商宜居的民居，往往外通码头、巷道，内通商业古街，集"坊、居、文、商"元素于一身，造法上以叠梁式木结构为主，沿街多设组合式门板，开启成铺面从事商业，形成充分与地形结合的乡土文脉模式语言。大圩古镇传统民居的阳台造型轻盈通透，栏杆雕饰精美，与下面的砖面墙形成了虚实对比。传统民居的封火山墙形状各异，有阶梯状的，也有官帽式等。由于战乱动荡、发展中的无序等原因，大圩古镇原有的许多传统宜商宜居的建筑遭到了破坏，现保留下来的传统建筑以明清与民国时期的建筑居多[8]。

4.3.4　湘桂古道沿线建筑文脉特征

湘桂古道带来了商业文化的不断发展，古道沿线成为了湘桂文化的交融地与乡土文化的融合地。在湘桂古道的影响下，产生了独特的本土建筑文化。与灵渠古道的建筑文脉有许多相似之处，也有一些区别。（表4-3-1）

文化廊道影响下湘桂古道沿线的建筑文脉特征图像分析图表		表4-3-1
村落布局	由于受到人口迁徙原因及廊道（古驿道）等几方面因素影响，村落多遵循靠山面水、重商的格局。村落布局既有中原建筑群布局的严谨，又充分与地形结合	

	沛田村的明代传统村落特征布局　　规矩排列，防御体系严密的月岭村布局　　沿江而筑，宜居宜商的大圩古镇布局	
民居建筑	受到地理气候与文化廊道交流的双重影响，建筑融合了中原文化、湘赣文化以及本土文化，产生了多种宜商、宜居的民居建筑文脉特征	

	多种建筑文化融合的桐荫山庄　　具有府第式建筑特征的月岭村六个大院之一　　宜商宜居的大圩古镇民居	
建筑肌理	湘桂古道沿线的建筑肌理充分体现了地域材料的特色，如当地常用的青砖、灰瓦、石块、木材材质组合形成的肌理，具有明显的桂林乡村特质肌理	

	熊村地面、墙面的青砖与石块组合建筑肌理　　传统村落的石砌房肌理　　沿街商住建筑的木材肌理	

窗式	建筑窗式与窗花纹样显示出明显的中国传统木雕窗花文脉，梅、兰、竹、菊等经典几何纹样与吉祥主题被大量运用    明清风格木花格窗花　几何木花格与麒麟献瑞主题雕刻组合　经典几何纹样组合窗
门式	体现出中原建筑文化与岭南建筑文化的交融特征，古道沿线经过的村落与圩镇沿街民居大门，呈现出一定的地域性商住功能特征    传统民居外设半高栅栏门的双层大门式样　熊村湖南会馆的府第式大门式样　大圩古镇商住式民居便于每日拆装的大门式样
装饰艺术	体现出中原建筑文化与岭南建筑文化的交融特征，在建筑木构装饰、石雕柱式、屋脊装饰上，展现出大量的融合性建筑文脉特征    建筑石雕柱墩上装饰的暗八仙主题　屋脊雕刻装饰艺术具有一定的岭南风格装饰元素　建筑木构装饰艺术传承了中原传统木作样式及装饰元素

经过大量的综合研究与实考，归纳湘桂古道区域具有如下几点主要的建筑文脉特征。

①"受儒家思想影响"的建筑文脉特征。受儒家思想的影响，湘桂古道的汉族地区讲究秩序感，在村落的整体布局上多呈规矩排列，用巷门、墙等元素来界定范围。在单体建筑形式上，以中轴线居中对称。规划布局强调官式建筑群体布局的规整。

②"宜居宜商"的村落与圩镇结合的村落布局与选址文脉特征。受湘桂古商道文化的影响，村落与圩镇往往体现出集商住于一身的格局。既有中原建筑群布局的严谨，又充分与地形结合的乡土文脉模式语言。

③"中原文化与岭南文化融合"的民居建筑文脉特征。建筑形式多种多样，民居建筑型制受中原文化影响较深，多采用中轴对称的内天井合院式，传统民居的封火山墙形状各异，

典型的有湘南式民居风格等。

4.4 潇贺古道的建筑文脉

潇贺古道位于湘桂之间，连潇水达贺
州，沿永州、道县、江华、富川，穿越都庞
岭和白芒岭（今白芒营一带）过贺州县（今
八步区）南下。始于春秋战国时期、连接着
从广西贺州到湖南永州的许多古镇古村的潇
贺古道在富川境内仍幸存有65公里长的鹅卵
石和青石路面，阔1.15米，据说恰好与秦兵
马俑出土的战车车辙宽度吻合。如今这条古
道仍在使用。潇贺古道是迄今我国南岭文化
原生形态保留完好的一条民族文化廊道，它
不仅是官道，也是商道、盐道，更是一条民
族文化的融合之路。数千年来不同民族文化
之间相互碰撞、交融赋予了潇贺古道沿线建
筑鲜明的文化特征。（图4-4-1）

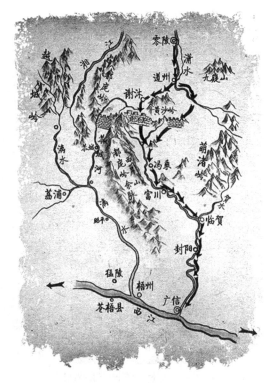

图4-4-1　潇贺古道示意图（图片来源：长寿贺州绘）

4.4.1 潇贺古道沿线村寨选址与聚落形态模式语言

富川的古村落，大多源于中原文人沿潇贺古道宦游定居发展而来，如秀水村始祖为祖籍
浙江江山的唐开元年间贺州刺史毛衷；福溪村的周姓源于"先祖北宋湖南道县周敦颐宦游路
过此地时，留下一子在此安居"（福溪村周氏族谱记载）；深坡村的始祖为南宋绍定年间桂
林府通判蒋士弘"致仕回湘路过此地定居"，因此使得这些古村落既带有古道唐宋时代中原
汉族的村寨布局及建筑工艺，同时又结合了当地少数民族的生活特点。随着北方道教、汉传
佛教等一起进入古富川，其接受和融合了中原的"风水观念"。富川的古村落，一般靠近古
道或其岔道，村前有河流或溪水，村庄后面肯定有后龙山或树林。村庄的规划更是有文化意
蕴，排最前的是祠堂、书舍和牌坊，后面是民居，村落都有庙宇和石桥。富川古村落的布局
和环境营造，可以概括成六句话："择村倚一道，建村取一水，兴村靠一山，营村造一林，
娱神定一节，兴文造一台。"岔山村是秦汉时期从中原通过潇贺古道进入岭南的第一个入
口，有"潇贺古道入桂第一村"的美誉。历史悠久的瑶汉古老村寨，具有后龙山和村前小溪
组成的富川建寨格局，保存有秦汉石期的"潇贺古道"。（图4-4-2）

富川县瑶族"秀水村"建于唐开元年间，立村建寨距今已有1300多年的历史。村内建有
五座古戏台、四座祠堂、十二座门楼、四所书院、三处商贸交易区，形成了独特的人文景
观。秀水村自古文明礼教昌盛，出有一个宋代状元和二十六个进士。其保留着较为完整的

街、巷、坊空间格局，拥有对唐、宋、元、明、清几个朝代历史研究价值很高的古建筑群体。村落布局结构很奇特，周边的一大片民居，广场周边有四五个门洞，通往不同片区的宅院。这里没有厚重的围墙，没有林立的炮楼，也没有重重的闸门，却有供学习的书院，与乡邻们共享欢乐的戏台。戏台是跟宗祠联系在一起的。在富川每一个宗祠对面都会有一个戏台。秀水村古村落格局是一种中原文化与岭南文化有机融合的产物，带有浓厚的儒家文化色彩。村落布局体现了氏族内部的凝聚力，同时又是一种开放式的格局，具有包容性。（图4-4-3、图4-4-4）

　　福溪村位于湘桂边境秦汉潇贺古道旁，地处湘桂两省三乡交界处，是中国南岭地区著名的千年古寨和桂东北和湖南江永江华一带瑶族地区的名寨。古村原名叫沱溪，始建于宋代，是国家命名的"中国历史文化名村"和"中国传统古村落"，集古道、古镇、古圩、古村和古寨于一身。从村落建制上看，是一座典型的中国传统古村落；但从人文风情上考察，又是一座典型的古瑶寨。福溪的古石街、古寺庙、古凉桥、古营盘、古门楼、古祠堂、古戏台、古民居等古建筑群独具特色，被誉为"华南古民居建筑史上的奇迹"，其中楚王庙和风雨桥是全国重点文物保护单位。村内共有各种明清古民居近200栋，古建筑面积达2万平方米。村内有一涌泉，形成一条古灵溪。寨周四面环山，秦汉古道穿寨而过福溪历史

图4-4-2　潇贺古道岔山村

图4-4-3　秀水村中央广场布局

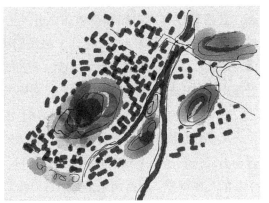

图4-4-4　秀水村村落布局（作者自绘）

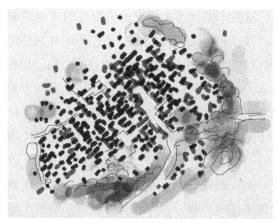

图4-4-5 福溪村村落布局（作者自绘）

图4-4-6 福溪村照壁

图4-4-7 福溪村巷道（古商道）

图4-4-8 福溪村水系

上曾有24座寺庙、24座戏台、24座花街大坪、13座门楼、15条巷道、4座祠堂、4座书院，在那900多米长的石板古街上有90多家商铺和90多个生根石。（图4-4-5）

福溪村属于平地瑶村落（据富川县志，县内瑶族有高山瑶和平地瑶之分）。村寨中有许多大石头，大小不一，村民们称为生根石，视为村庄的守护神而加以保护。"一溪、两庙、三桥、四祠、十三门楼、十五街巷"是古村聚落形制体系的特色。福溪是一座被五座山梁包围的一块谷地里的村庄，它周围方圆几公里内没有一个村庄与其近邻，自然形成了"五马归槽"的天然景观。（图4-4-6、图4-4-7、图4-4-8）

凤溪村是潇贺古道上的一座古代瑶族村落，背靠都庞岭，头枕观音山，村里一条水渠顺着山石而过，是一个典型的平地瑶聚居村，有着800多年的历史。村内有古戏台和建在村寨中心的几座祠堂，村落两米余宽的石板巷道体现出明清时期的商业街市布局特征，是瑶文化与汉文化交融荟萃的典型代表和艺术结晶。

深坡村又名深坡街，是潇贺古道上的一条古街道。秦新道潇贺古道从此经过，是富川瑶乡的宋代瑶汉聚居的古村寨。深坡古街主要以三镶石板街为主，全长800米。深坡的三镶石板街四通八达，东西一条主街纵贯全村，几条辅街纵横交错，宛若迷宫。石板街用坚实厚重的大条石铺砌而成。村中现存三座祠堂，均建造于清朝同治年间（1862年），村中还有保留完好的书房五座，较著名的有"恕堂书屋"和"汲古书屋"，均建于清咸丰末年。

麦岭街，一条大青石板街道横贯东西。东连富江源头的麦岭河沿岸，穿过风雨桥到鸬鹚塘村和宝剑寨；西南通往大鼓街而直下富阳城。街道两旁商铺作坊栉比，皆是明清建筑，青砖墨瓦，马头骑墙，重檐飞角，青石门槛门框，门口石鼓石墩，门额古匾高悬。街上建有祠堂、寺庙、戏台，浮雕彩绘各具异彩。

富川古明城位于都庞岭余脉的西屏山下，据旧县志载，该城建于明洪武二十九年（1396年），始为土墙，明万历年间（1573～1620年）改为砖墙。城东西距500米，南北距600米，外有护城河。明城原有4座城门：东为升平门，西为泰定门，南为向日门，北为迎恩门。城门原为砖建，清乾隆八年（1743年）易砖为大方青石。楼廊有暗道与城门外15米长的地道相通。东门顶为圆拱型，城门上的城楼采用"木廊结构"。城内街道共有4条，分别为镇升、仁义、镇

图4-4-9　富川古明城城门

武、阳寿街，交叉分成12方阵，呈"井"字型布局。街道路面全用鹅卵石镶嵌成金钱图案，俗称"花街"。各条街道都有"灯楼"，城内井巷交错，集市密布，始设有衙署书院、寺祠庙庵、商铺客栈、文娱杂耍等功能设施，最典型的有文武两庙和城隍庙、文昌阁、报恩寺、慈云寺、节孝祠、昭忠祠及养济院等古代建筑。（图4-4-9）

4.4.2　潇贺古道公共建筑文脉模式

①潇贺古道上的风雨桥：风雨桥又称廊桥，它是在桥面上盖建廊屋，集桥、亭、廊三位一体的特殊桥梁。《古建园林技术》杂志对其评论道："广西富川油沐乡下花园中的回澜、青龙两座廊桥，皆为石砌、券孔、砖墙、木结构，以石券桥、桥亭和楼阁三者组合而成，并配以彩墨绘画艺术造型，乃是集我国北方的石券桥、南方的亭、古远的阁，四者造型的特点于一体的组合体。"这产生了别具富川特色的新品种——石券廊桥。风雨桥的种类繁多、风格各异，按结构划分，风雨桥有木梁、木拱、石梁、石拱之分。富川是中国瑶族风雨桥之乡，中华人民共和国成立之初仍保存有108座风雨桥。时至今日，富川古风雨桥仍遗存有27座：朝东镇油沐村的青龙桥、回澜桥、福溪村的钟灵桥、锦桥、

儒子村的儒子东门桥和西门桥、岔山村的兴隆桥、东水村的双溪桥、油沐岗湾村的社尾岗桥、沐笼村的毓秀桥、集贤桥、长塘村的环洞桥、长塘苦竹湾村回龙桥、白面寨村的东辕桥、龙归村的龙归桥、城北镇凤溪村的朝阳桥、新桥、福寿桥、石曹母村的回龙桥、两源村阳寿桥、巍丰大村的永济福桥、下井村的下井桥、茅家村的新田青龙桥、麦岭镇黄侯泉村的黄侯泉桥、高桥村的高桥、鸬鹚塘村的澜通桥、石家乡龙湾刘家村的龙湾桥[9]。（表4-4-1）

潇贺古道富川县风雨桥　　　　　　　　　　　　　　　　表4-4-1

序列	名称	地址	年代	桥型	艺术特征
1	回澜风雨桥	朝东镇	明万历三十年（1602年）	石拱桥	由三孔石桥、桥廊、桥亭、楼阁组成，全长37.54米，其中桥廊长30.43米、宽4.64米，硬山顶，通高5.60米，中部设一桥亭，歇山屋顶，通高6.70米，采用穿斗式木结构，为三拱石桥
2	朝阳风雨桥	城北镇凤溪村	明万历三十五年（1607年）	木梁桥	由石拱、桥廊、桥亭组成，石拱上再用横梁分为三跨，跨间架楞木铺桥板。两岸桥台基岩砌石而成，木梁杉木制作，铺木板为桥面，桥面上架设进深五间，穿斗式木构架、小青瓦屋面的桥廊和桥亭，桥头两端建马头墙入口
3	福寿风雨桥	城北镇凤溪村	明万历三十六年（1608年）	木梁桥	两岸桥台利用小溪的基岩砌石而成，木梁粗大杉木制作，木梁上铺木板为桥面，桥面上架设进深五间、穿斗式木构架、小青瓦屋面的桥廊和桥亭，桥头两端建马头墙入口
4	凤溪新桥风雨桥	城北镇凤溪村	明天启元年（1621年）	木梁桥	两岸桥台利用小溪的基岩砌石而成，木梁为杉木制作，木梁上铺木板为桥面，桥面上架设进深三间、穿斗式木构架、小青瓦屋面的桥廊，桥头两端建马头墙

序列	名称	地址	年代	桥型	艺术特征
5	青龙风雨桥	朝东镇油沐乡	明天启四年（1624年）	石拱桥	由单孔石桥、桥廊、桥亭、阁楼组成，硬山顶，中部设一桥亭，歇山屋顶，采用穿斗式木结构。单拱石桥，南面桥头为砖木结构阁楼，三层重檐歇山顶，设三个门口出入，每层檐下周围有32扇木质花窗，四柱底部为莲花鼓形柱础
6	黄侯泉风雨桥	麦岭镇黄侯泉村	明天启六年（1626年）	石梁桥	两岸桥台使用料石砌筑。由石梁、桥廊、桥亭、马头山墙组成，桥亭为小青瓦歇山屋顶，采用穿斗式木结构。桥廊下为石梁，铺木板为桥面，桥面上进深五间、穿斗式木构架、小青瓦屋面的桥廊和桥亭
7	高桥风雨桥	麦岭镇高桥村	清雍正十年（1733年）	砖木桥	岩石作桥基，皆用大木为梁横架而过，全桥砖木结构，分桥和亭两部分。桥由五层大木梁24根纵横叠架。24柱抬梁式构架榫卯结合形成三层檐，顶中两层为歇山，两头悬山与歇山组合，设中道门，进深一间，面阔5间
8	石曹回龙风雨桥	城北镇石曹母村	清乾隆六年（1741年）	木梁桥	两岸桥台使用料石砌筑，两跨，木梁制作，木梁上铺木板为桥面，桥面上架设进深五间、穿斗式木构架、小瓦屋面的桥廊和桥亭，三层檐，歇山屋顶，桥头两端马头墙入口
9	东辕风雨桥	朝东镇白面寨村	清乾隆三十四年（1769年）	石梁桥	桥面为青砖地面，桥面进深五间、穿斗式木构架、小青瓦屋面桥廊和桥亭，桥头两端建马头墙入口

序列	名称	地址	年代	桥型	艺术特征
10	鸬鹚塘澜通风雨桥	麦岭镇宝剑村	清乾隆三十五年（1770年）	石梁桥	桥墩（台）使用料石砌筑，共设4跨，石梁面层为桥地面，桥面上架设进深五间、穿斗式木构架、小青瓦屋面的桥廊和桥亭。风雨桥两端均设有拴马石
11	龙归风雨桥	朝东镇龙归村	清乾隆四十年（1775年）	木梁桥	桥墩（台）使用料石砌筑，木梁由粗大杉木制作，木梁上铺木板为桥面，桥面上架设进深五间、穿斗式木构架、小青瓦屋面的桥廊和桥亭，桥头两端建马头墙入口，共两跨
12	兴隆风雨桥	朝东镇岔山村	清嘉庆十八年（1813年）	木梁桥	两端桥台使用料石砌筑，木梁粗大杉木制作，木梁上铺木板为桥面，桥面上架设进深八间、斗式木构架、小青瓦屋面的桥廊和桥亭，桥亭两层歇山屋顶，桥头两端建马头墙
13	石皇阳寿风雨桥	城北镇两源村	清嘉庆二十二年（1817年）	木梁桥	两端桥台使用毛石砌筑，木梁为粗大杉木制作，木梁上铺木板为桥面，桥面上架设进深三间、穿斗式木构架、小青瓦屋面的桥廊和桥亭
14	永济福风雨桥	城北镇巍丰大村	清道光七年（1827年）	石梁桥	地面及两岸桥台均使用料石砌筑，桥面上架设进深三间、上架设进深三穿斗式木构架、小青瓦屋面的桥廊和桥亭，梁架上的坐兽栩栩如生。桥头两端建马头墙入口

续表

序列	名称	地址	年代	桥型	艺术特征
15	环涧风雨桥	朝朝东镇长塘村	清道光二十二年（1842年）	 木梁桥	两端桥台使用料石砌筑，桥面上架设进深三间、穿斗式木构架、小青瓦屋面的桥廊和桥亭，桥亭为歇山屋顶，桥头两端建马头墙入口
16	锦桥风雨桥	朝东镇福溪村	清道光二十二年（1842年）	 石拱桥	青石板桥面，桥面上架设进深三间、穿斗式木构架、小青瓦屋面的桥廊和桥亭，均使用歇山屋顶，桥头两端建马头墙入口
17	下井风雨桥	城北镇下井村	清道光二十七年（1847年）	 石梁桥	桥墩（台）使用料石砌筑，共设两跨，每跨为1.58米，石梁厚度为260毫米，桥面上架设进深五间、穿斗式木构架、小青瓦屋面的桥廊和桥亭
18	新田青龙风雨桥	城北镇茅家村	清咸丰五年（1855年）	 木梁桥	两端桥台使用红砖砌筑，木梁为杉木制作，木梁上铺木板为桥面，桥面上架设进深三间、穿斗式木构架、小青瓦屋面的桥廊和桥亭，桥亭为歇山屋顶，桥头两端建马头墙入口
19	长塘迴龙风雨桥	朝东镇苦竹湾村	清同治五年（1866年）	 木梁桥	两端桥台使用毛石砌筑，桥面上架设进深三间、穿斗式木构架、小青瓦屋面的桥廊和桥亭，桥亭为歇山屋顶，桥头两端建马头墙入口

序列	名称	地址	年代	桥型	艺术特征
20	龙湾风雨桥	石家乡龙湾刘家村	清光绪五年（1879年）	 木梁桥	桥墩（台）使用料石砌筑，木梁为粗大杉木制作，木梁上铺木板为桥面，桥面上架设进深七间、穿斗式木构架、小青瓦屋面的桥廊和桥亭，桥头两端建马头墙入口
21	儒子西门风雨桥	朝东镇儒子村	清光绪十年（1884年）	 石梁桥	桥面为青砖地面，桥面上架设进深三间、穿斗式木构架、小青瓦屋面的桥廊和桥亭，桥头两端建马头墙入口
22	集贤风雨桥	朝东油沐沐笼村	清光绪十一年（1885年）	 木梁桥	桥墩（台）使用料石砌筑，木梁为粗大杉木制作，木梁上铺木板为桥面，桥面上架设进深五间、穿斗式木构架、小青瓦屋面的桥廊和桥亭，桥头两端建马头墙入口，风雨桥设三跨
23	双溪风雨桥	朝东镇东水村	清光绪十一年（1885年）	 木梁桥	桥墩（台）使用料石砌筑，木梁为粗大杉木制作，木梁上铺木板为桥面，桥面上架设进深七间、穿斗式木构架、小青瓦屋面的桥廊和桥亭，桥头两端建马头墙入口，风雨桥设三跨
24	社尾岗风雨桥	朝东镇油沐岗湾村	清光绪十一年（1885年）	 石拱梁桥	青石板桥面，桥面上架设进深三间、穿斗式木构架、小青瓦屋面的桥廊和桥亭，硬山屋顶，桥头两端建马头墙入口

续表

序列	名称	地址	年代	桥型	艺术特征
25	毓秀风雨桥	朝东镇油沐沐笼村	清光绪十一年（1885年）	木梁桥	桥墩（台）使用料石砌筑，木梁为粗大杉木制作，木梁上铺木板为桥面，桥面上架设进深五间、穿斗式木构架、小青瓦屋面的桥廊和桥亭，桥头两端建马头墙入口
26	儒子东门风雨桥	朝东镇儒子村	清光绪十三年（1887年）	木梁桥	木板为桥面，两端桥台使用毛石砌筑，桥面上架设进深三间、穿斗式木构架、小青瓦屋面的桥廊，硬山屋顶，桥头两端建马头墙入口
27	钟灵风雨桥	朝东镇福溪村	清光绪三十年（1904年）	木梁桥	桥墩（台）使用料石砌筑，木梁为杉木制作，木梁上铺木板为桥面，桥面上架设进深三间、穿斗式木构架、小青瓦屋面的桥廊和桥亭

　　中原古汉族的房屋建筑工艺，大多是通过潇贺古道和楚粤通衢传入岭南，传入富川的。大批的北方工匠及建筑材料沿古道被引进富川乃至整个岭南地区，发展、提高了当地的民族建筑工艺，这在当地不少与北方相同的房屋结构、建筑材料、朝向造型、装饰门窗、檐脊楼阁及墙壁的花色图案中，都可以找到很多令人信服的实物例证。（图4-4-10、图4-4-11、图4-4-12）

　　②潇贺古道上的关隘城堡：潇贺古道上

图4-4-10　富川岔山村风雨桥

图4-4-11　毓秀风雨桥（作者自绘）　　　　　图4-4-12　迴龙风雨桥（作者自绘）

的先辈们在漫长的历史岁月中，创造出了水陆通衢的驿路栈道，构筑起雄伟坚固的城门关隘。潇贺古道上也有不少关隘，在古道军事中发挥了重要作用，如谢沐关、麦岭府、富阳明城等。

谢沐关又叫世睦关，莫邪关，位天富川县城以北三十多公里的朝东镇小水村附近，由冯乘县之青山口（葛坡）改道经谢沐县直达道州，与潇贺古道由青山口、麦岭府、沅江之主干道相汇合，并在冯乘县（今富川瑶族自治县）西北大鹏岭下的西隘口小水峡处修建雄关镇守，称谢沐关。谢沐关是潇贺古道上的一个重要关卡，它西连龙虎关，东接宝剑寨（富川的石砚、龙窝一带，具体地点待考）。现存连接小水峡和牛塘峡的土夯关墙城垣遗址约5公里长，并有块刻于清同治十三年（1874年）的修路碑及两块刻于民国十九年（1930年）的修路碑述修古道建雄关、沟通"楚粤通衢"之事。富川作为潇贺古道的水陆两路交通枢纽，历来是兵家必争之地，谢沐关作为古道雄镇、古代边关，曾在历朝历代的军事防御、治安守卫等方面起到过巨大作用，也在富川乃至岭南地区的战争史上留下了十分重要的一页。

清代，朝廷在古道军营麦岭街于雍正八年（1730年）在麦岭街大兴土木，将麦岭街升格为麦岭府。古麦岭府内都司衙署门头高大雄伟，气势恢宏；仪门端庄凌然，表仪万方；大堂庄严肃穆，霸气逼人。千总衙署、把总衙署和外委把总衙等建筑风格各异，各具特色。白芒营（白芒岭）是湖南边境通往两广的门户，娘子岭就是扼守交通要道的咽喉。娘子岭顶居高临下，可将五庵岭及周边十几里远的村镇情况尽收眼底。《江华县志》记载："秦始皇三十年（公元前217年），尉屠睢率兵50万分五路进攻南岭，其中一路戍于白芒岭（今白芒营）一带"。而位于白芒营近郊的五庵岭村自然成了秦汉时期白芒营驻军的首选位置。

③庙宇与戏台建筑：福溪村中的灵溪庙相传是古时村民为感谢五代十国时期楚国国王马殷率兵平当地之匪叛并驻军于此保境安民而修建来祭祀的。该庙始建于明永乐十一年（1413年），全庙占地一亩多，进深17.5米，宽20.8米，采用我国北方常见的抬梁式构架和南方常见的穿斗式构架相组合，全庙由76根高2~5.6米，直径20~38厘米的古楠、古水杉圆木柱和44根吊柱支撑而成，通过月梁、托峰、托脚、榫卯固定，未用一颗钉子。76根主柱全部用莲花石墩托离地面，主柱和托柱刚好是120根，所以又称百柱庙。在福溪，随处都可以见到立于村寨中央的蘑菇状、竹笋状或其他形状的各种大小不一的岩石，村民们称这些石头叫生根

图4-4-14　百柱庙内保留的柱阵

图4-4-13　百柱庙内保留的天然石

图4-4-15　百柱庙外的天然石

石。这些生根石原先就生长在村寨里，先人在建村立寨时，尽量不破坏这些天然的石头，让建筑与大自然和谐相处。（图4-4-13、图4-4-14、图4-4-15）

　　富川至今仍然保留着大量的古戏台，遍布全县农村各地。作为古道乡愁情感记忆的符号象征，富川古戏台形式多样，异彩纷呈。按形制分，主要有三面观和一面观两种；按属性分，有祠堂台、庙宇台、会馆台、宅院台和万年台；按功能分，有晴台和晴雨台；按结构分，有木质结构台、石质结构台和石木混合结构台。戏台作为一种特殊类型的建筑遗存，具有很高的历史、艺术、科学和观赏价值。古戏台长期依附于祠、庙等宗教建筑或礼制建筑，祭祠或庙会时演戏要打开享堂的隔门，与祖宗同乐。"前戏台、后祠堂"或者"前戏台、后庙宇"是常见格局，戏台台口与祠堂（庙宇）相对，中间为观众大坪，祠堂、大坪、戏台浑然一体，是它的一大特色。富川古代戏台的主流为祠庙戏台，带有鲜明的地域特色。（图4-4-16）

图4-4-16　秀水村古戏台（作者自绘）

　　富川现存的古戏台具代表性的有：古明城三界庙戏园、关帝庙戏台、迎恩门（北门楼）戏台，朝东镇秀水村八房进士堂戏台、状元楼戏台、仙娘井戏台，福溪百柱庙戏台、马殷庙戏台、东水古戏台、岔山古戏台、龙归古戏台、沐笼古戏台、城北镇凤溪古戏台、周家古戏台、巍峰古戏台、葛坡镇的深坡古戏台、麦岭桥古戏台、福利镇的红岩古戏台、洞池古戏台、刘家湾古戏台、麦岭镇老街古戏台、绚马岭古戏台、新华乡宋塘庙古戏台、盘古庙古戏台、虎马岭古戏台、石家乡石枧村林氏宗祠戏台、古城镇大岭古戏台、茶园古戏台等。朝东的东水古戏台是富川建筑年代最早、建筑工艺最精美的古戏台，是广西重点文物保护单位。东水古戏台背靠田野面对青山（庙宇已毁），一泓清潭映衬高台。古戏台整个楼台高约10米，长26米，连后台宽约8米。青砖黛瓦，龙脊凤檐，富丽堂皇。戏台三围墙壁和檐梁上绘有祥和福寿的古画和山光水色的古词古诗，二层楼梁上的横匾雕刻着"声闻于天"四个大字。古道古戏台的遗存，既是富川先民为后人留下的一批物质文化遗产，更是富川民间传统艺术形态活态传承的文化空间。（表4-4-2）

潇贺古道富川县古戏台　　　　　　　　　　　　　　表4-4-2

秀水村古戏台

秀水村古戏台

凤溪村古戏台（阁）

福溪村古戏台

凤溪村古戏台

岔山村古戏台

富川古明城内的街口戏台

福溪村古戏台

大田村古戏台

宋朝时期，秀水村有四所书院：江东书院、鳌山书院、山上书院、对寨山书院。江东书院为宋朝进士、在会稽做太守的秀峰人毛基所创。江东书院建于宋代嘉定十四年（1221年），据考证，这个书院比梧州成化年间所建的绿绮书院早建了250年。秀水村的古牌楼多达16个，几乎每个牌楼上都有“进士”或“文魁”的牌匾。在八房的正门楼上立的是一块“富江首闢”巨匾，书法遒劲雄浑，其意为富水之源，开辟于秀江。（图4-4-17）

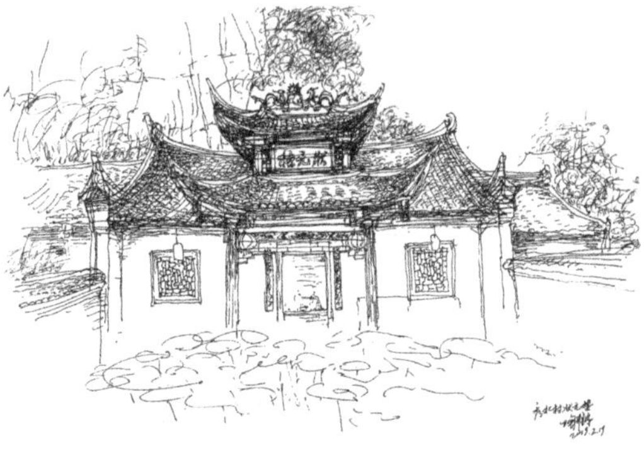

图4-4-17　秀水村状元楼（作者自绘）

瑞光塔位于富川瑶族自治县县城南郊富江西畔。因塔内曾供有阴刻雕观音像，俗称观音塔、观音阁。塔为7层楼阁式六角形砖塔，高28米，塔基埋深4.8米，塔尖有重达400公斤的铜刹盖顶。各层皆有一门，依次顺时针变化门向。顶层六面有窗。塔内有螺旋式砖梯78级，可直达顶层。（图4-4-18）

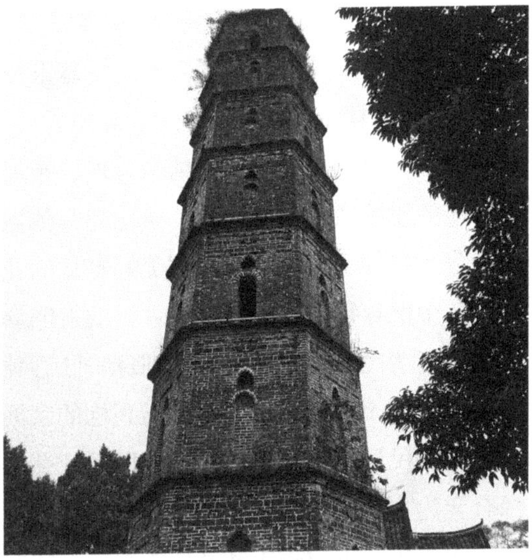

图4-4-18　富川瑞光塔

4.4.3　潇贺古道民居建筑文脉模式

民居建筑吸取古道唐宋时代中原汉族的村寨布局及建筑工艺，结合本民族的生活特点而形成。大多数民居都有天井，其建筑形式大体上可分为三间堂平列式和天井门楼结构式两种。代表性的有三间堂平列式、五间堂天井式等建筑平面模式。（图4-4-19）

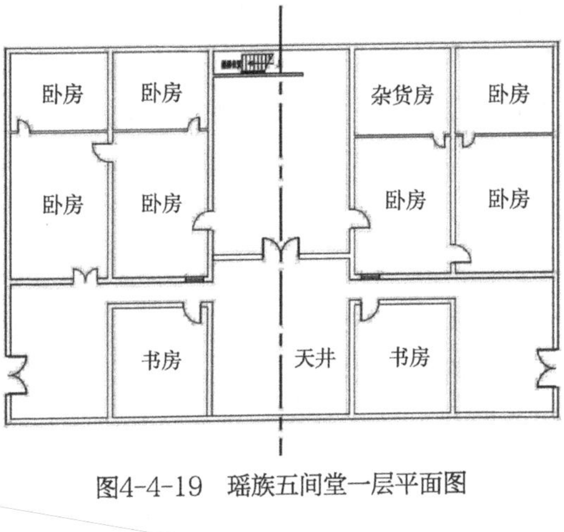

图4-4-19　瑶族五间堂一层平面图

岔山村位于富川县瑶族自治县西北部，是秦汉时期从中原通过潇贺古道进入岭南的第一个入口，因此也称“入桂第一村”，是一个历史悠久的瑶族古老村落。（图4-4-20）

秀水村建筑历史最早可追溯至唐代，集合了唐、宋、明、清、民国等多个时代的建筑，风格各异，但又互相协调、浑然一体，秀水古村民居建筑的风格，既像一座城池，又是一座古寨，专家学者曾概括为“既非官

图4-4-20　岔山村民居

图4-4-21　秀水村民居

非民，又亦官亦民;既非城非乡，又亦城亦乡"。其功能与总体布局，既不同于以官阶等级为象征的宫廷官府建筑，也不同于商贾富豪炫耀自己的宏大群体建筑，代表了桂北湘南区域传统民居的典型类型和风格。（图4-4-21）

　　福溪古民宅规模宏大、结构合理、布局协调、特色彰显，完好地保留了宋代风格的明代古村落的原始风貌。福溪古民居比起其他古村落最明显的特色就是，每座古宅的大门上都有着十分丰富的示意吉祥富贵等美好寓意的花纹图案，而且这些充满诗情画意的图案也是附近古村落中保存得最好的。福溪古村的古宅众多，能这么完好地保存下来真是奇迹。宗祠、举人屋、明清民居等古建皆精雕细琢，匠心独运，做工精美，古色古香。这些古宅是村民祖辈舍不去的家园。福溪古村有雕梁画栋的宗族门楼十三座，有古香古色的古代民宅众多。在门楼祠宇、民居庙堂之中，陈设有以莲、菊、梅、兰等为主题的字画装饰，丹青描就;有以福禄金元为主题的木雕图案的花窗门楣;有以云鹊、竹松、龙凤为彩绘图案的梁檐斗栱。福溪村历史上出了五位进士和35位头上戴有官帽的人士，他们的门楼上都挂上了一块官宦恩赐的牌匾。（图4-4-22、图4-4-23）

　　深坡村三镶石板街两旁民居为明清时期的青砖碧瓦马头墙老式建筑，有大型门楼2座、中型门楼2座、小型门楼7座，各大小门楼挂有进士、文魁、经魁、举人、贡生、大夫第等烫金牌画数十块。（图4-4-24、图4-4-25）

　　雷翔所著《广西民居》对广西民居进行了多角度的观察和多层次的分析，重点从建筑和聚落两个层次对广西民居进行了深入探讨与研究，详细分析了广西民居的聚落形态、空间意象以及建筑特征。[10]

图4-4-22　福溪村古民居

图4-4-23　福溪村古民居门廊　　　　　图4-4-24　作者在潇贺古道深坡村实考

图4-4-25　深坡村府第式民居

4.4.4 潇贺古道沿线建筑的文脉特征

潇贺古道沿线居住有大量的瑶族与汉族，瑶族分布的特点是大分散、小聚居，居住地区多为山区丘陵地带，主要从事山地农业。瑶族聚居地的村寨，民居多以干栏式建筑为主，风雨桥是瑶族地区有特色的公共建筑。不同民族文化之间相互碰撞、交融赋予了潇贺古道沿线建筑鲜明的文化特征。（表4-4-3）

文化廊道影响下潇贺古道沿线的建筑文脉特征图像分析图 表4-4-3

	潇贺古道沿线传统村落大多具有依山、背靠山、面溪水的聚集形式以及密集型布局特征		
村落布局	 秀水村依山面溪水组团布局	 凤溪村背靠山条状布局	 深坡村依山聚集式布局
	古道有频繁的文化与经济互动，在相隔一定里程的大路（石砌路）边上，要建上一座供人歇脚的风雨亭，可遮阳避雨，供人休憩，交流，聚会，看风景等。桥亭（风雨桥）数量众多，结构类型多种多样		
桥亭式建筑	 典型的桥亭组合特征	 桥亭组合避雨功能特征	 桥亭组合休憩交通功能特征
	建筑装饰艺术上大量运用了汉族传统文化中的彩绘、书法、牌匾、照壁、雕刻等技艺		
装饰艺术	 牌匾装饰	 书法壁画装饰	 照壁装饰
	 建筑彩绘装饰	 建筑木雕装饰	 门墩（抱鼓石）装饰

门式	门样式形式多样，有门楼式、门廊式等，体现出多元文化融合的文脉特征		
	入户门楼	廊桥混合式门楼	入户大门
	进士宅第门廊	带门槛石的入户大门	村寨门楼
柱础样式	门样式形式多样，有门楼式、门廊式等，体现出多元文化融合的文脉特征		
	柱墩	柱墩	柱墩
	门槛石与门墩	柱墩	门墩组合
窗式	窗的样式形式多样，隔扇有应门式、屏风式等，窗花内容体现出多元文化融合的文脉特征		
	木雕窗花	木隔扇	木隔扇

窗式	木隔扇	木雕窗花	木雕窗花
屋顶样式	受到中原、湘、赣、桂建筑文化的影响，同时融入了当地的瑶族建筑文化，整体上呈现出湘赣式的建筑屋脊屋檐文脉特征		
	民居屋顶样式	湘赣式建筑群屋顶风格统一	民居马头墙

经过大量的综合研究与实考，归纳潇贺古道区域具有如下几点主要的建筑文脉特征。

①"汉瑶文化融合"的村寨布局文脉特征。古村落既带有古道唐宋时代中原汉族的村寨布局及建筑工艺特点，同时结合当地少数民族的生活特点。随着北方道教、汉传佛教等一起进入潇贺古道沿线区域，在接受和融合了中原的布局观念后，村寨和居所的选址、布局、环境营造、房屋建筑等方面严格遵守传统布局理论。潇贺古道沿线的古村落，一般村前有河流或溪水，村庄后面有后龙山或树林。排最前的是祠堂、书舍和牌坊，后面是民居，村落都有庙宇和石桥。其布局和环境营造，可以概括成六句话："择村倚一道、建村取一水、兴村靠一山、营村造一林、娱神定一节、兴文造一台。"

②"多个朝代风格集合"的民居建筑文脉特征。集合了唐、宋、明、清、民国等多个朝代的建筑，风格各异，但又互相协调，浑然一体。瑶族的民居是吸取古道唐宋时代中原汉族的村寨布局及建筑工艺，结合本民族的生活特点而形成的。其建筑形式，大体上可分为三间堂平列式和天井门楼结构式两种。传统建筑突出了梁、柱、檩的直接结合，减少了斗拱这个中间层次的作用，还大量使用砖石。各种砖石与木构架结合的建筑艺术、彩画、装饰技术广泛运用，官式建筑形象较为严谨稳重，民居集多个朝代风格，形式多样。

③"中原文化与岭南文化融合"的建筑装饰艺术文脉特征。民居建筑形制受中原文化影响较深，代表性的有宋代理学鼻祖周敦颐的讲学堂及其后裔居住的民居，以及诸多的建筑、石雕、石艺，都反映出的宋代文化与传统工艺的特征。民居建筑在墙面、门窗、柱式、屋脊屋檐上，大多装饰有丰富的美好寓意的花纹图案。

4.5　苗疆古道的建筑文脉

苗疆古道是元代1291年新开辟的一条连接湖广（今湖南、湖北等地）经过贵州至云南的一条"官道"及其支线，现学界一般把其起点定为湖南常德，终点为云南昆明。其是一个囊括多民族的古道，是历史上中国内地进入西南民族地区的传统通道。其沿线多为高原山区，民族建筑文化历史悠久，类型丰富。主要少数民族有苗族、瑶族等。

4.5.1　苗疆古道沿线村寨选址与聚落形态模式语言

南岭文化廊道苗疆古道沿线是中国苗族的主要聚居区，区域内山峦纵横，交通不便，该地区苗族较多保留有对先祖传统的记忆，较好地保留着丰富的民间习俗。其传统聚落注重围绕公共空间进行布局，适应坡地进行空间的合理配置。苗族在历史上不断受到压迫和驱逐，多居于山地，是典型的山地民族，苗寨多位于向阳的山脊处或山坡凹入的谷地内，部分苗寨选址在临近水源的地方。根据聚落在山体垂直面上所处的位置，苗族传统聚落可分为三种主要类型：山顶型、山腰型、山脚河岸型[11]。

苗寨形制中的"立中"思想明显。在该聚落形成之初，先民有"立中"的活动，而后在不开山、不扩地的前提下，立中既是区域的中心，也是精神的中心，围绕它来布局建筑，依山就势，进行小规模工事及群落的整体配置。（表4-5-1）

苗疆古道沿线的苗寨布局文脉　　　　表4-5-1

名称	类型	代表村落	布局文脉特点
聚落空间形态	山顶型	高岩苗寨	是这类苗寨的典型代表。寨子建立在一处形似半岛的高山顶上，三面临悬崖绝壁，一面靠山，只有一条小路通往外界
		芭沙苗寨	位于山顶，四周被侗寨环绕，共有五个寨连成一片。整个寨子围着中间的议事广场为分布。寨内的道路，曲折自如地穿插在各个建筑物之间，是依功能要求自然生成
		架里苗寨	位于山顶，寨子顺山势而建，吊脚楼错落有致
	山腰型	格头村	乌密河从村寨中蜿蜒穿行而过，河两岸是苗家吊脚楼，村寨镶嵌在被誉为"活化石"的国家级保护树种秃杉群落之中
		久吉苗寨	坐落于两山的半山腰上，中间一条小溪，四周群山环绕，房屋建筑依山而建，建筑与山形浑然一体，其锥体与螺旋状布局或收或弧，独具特色
		乌东苗寨	座落在雷公山西北山腰墼谷中的一个苗寨，海拔1300米左右，倚山傍溪建起了幢幢吊脚楼房，形成了自然古朴的世外村落
	山脚河岸型	西江千户苗寨	是中国乃至全世界最大的苗寨聚居村寨，建于雷公山麓，沿江与山脊、山腰、山脚形成围合状态，由十余个自然村寨相连成片
		南花苗寨	位于贵州凯里市三棵树镇巴拉河畔。村寨依山沿河而建，吊脚楼层层叠叠，山寨东边依山，掩映在山林之中
		郎德上寨	依山傍水，背南面北，四面群山环抱，山路掩映在绿林中

　　苗寨在空间组织上根据地形特点，因地制宜。多山地丘陵，使得苗寨建设需要依山傍水，顺山就势，进行合理布局，在山区利用坡地，依坡筑屋，创造出更多的使用空间，建筑群体高低错落。（图4-5-1）

　　苗疆古道沿线的苗族聚落选址形式多样，除了上述三大类选址细分方式，还包括中央聚集与带形的空间布局。（图4-5-2、图4-5-3）

　　西江千户苗寨是一个保存苗族"原始生态"文化完整的地方，由十余个依山而建的自然村寨连片组成，是中国最大的苗族聚居村寨。西江苗寨择址于雷公山麓的山谷河道处，与山脊、山腰、山脚形成围合状态。西江苗寨民居由山脚延伸至山脊，顺势而上，建筑高度较低，应和山体形态的原生态，以达到建筑与自然走势的有机融合。民居建筑大多将"退堂"开窗朝向立中的方向。而设置于聚落外围的散置建筑，因在早年兼有瞭望监视的功能，故其"退堂"开窗朝向多为背对聚落内部的状态。聚落中路网不具明显规律，形似散落在地面的树枝，这种依据建筑而自然配置的道路网将各住户紧密关联，同时因其主要利用建筑周边的零星空地，故而具有占地面积较少、施工劳作较少的特征[12]。（图4-5-4）

　　岜沙苗寨位于贵州省黔东南苗族侗族自治州从江县丙妹镇，全村共有五个自然寨。由于

图4-5-1　苗寨高低错落的建筑群（作者自绘）

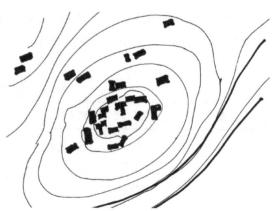

图4-5-2　苗族聚落的中央聚集（作者自绘）

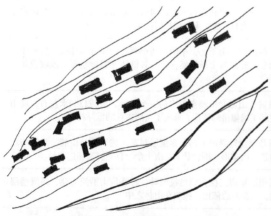

图4-5-3　苗族聚落的带形布局（作者自绘）

图4-5-4　贵州西江千户苗寨

一直生活在一个相对封闭的环境中，它传承和发展了自成一体的族群文化，孕育了岜沙独特的聚落形态、建筑模式。它们保有远古苗族的文化特质。岜沙部落亦和其他苗族同胞一样为了保护自己，将山寨建在月亮山麓聚族而居。岜沙苗寨一般都有寨门，岜沙聚落的房屋完全顺应地形地貌，成不规则的布局，完全与大自然融为一体。岜沙苗寨内的道路，完全是曲折自如地穿插在各个建筑物之间的，是依功能要求自然生成。寨子后山设有一较大规模的芦笙坪。岜沙居住建筑是全木结构的建筑，结构以穿斗式为主，一般体量都较小。屋顶大多采用歇山顶，也有部分采用悬山顶的，屋顶用杉树皮覆盖，房屋的出檐都较大，房屋一般留的窗户都很小，大多是木质推拉窗[13]。（图4-5-5）

　　柳州融水县培秀村是苗族的聚居地之一，位于融水安太乡的元宝山脚下，自然环境优美迷人，是现代的世外桃源。该村依山傍水，苗族特有的吊脚木楼鳞次栉比，颇为壮观。村内石径交错，质朴自然。村寨周围是苗胞世代耕作的壮观的梯田。培秀苗寨是元宝山国家森林公园的一个重要组成部分，是广西最具有特色和最有代表性的原生态苗寨，山水神奇秀美。

　　融水苗族自治县安太乡小桑村青山屯共有320户，共1320人，整个寨子房屋依山而建。这里地质结构奇特，山石众多，为节约土地人们依石而建，把木楼建造在山腰和溪水旁坚固的大石之上。人们不仅在大石上建造房屋，还在大石上晒谷、晾衣。村里苗族居民的吊脚楼就建在各式各样的硕大花岗岩上，形成一道独特的风景线，成为世界上独一无二的"石上人家"。当地有一句俗话说"七分石头三分土"，原中国美术家协会副主席黄格胜教授曾题字

图4-5-5　岜沙苗寨（图片来源：https://dp.pconline.com.cn/dphoto/list_3735484.html）

"石上人家"[14]。

4.5.2 苗疆古道苗寨公共建筑模式语言

苗族传统聚落的主体性公共建筑主要有寨门、芦笙场、铜鼓坪、保爷桥、船廊、鼓楼等。（表4-5-2）

黔桂古道沿线的苗寨公共建筑文脉模式　　　　　表4-5-2

名称	图片	位置与功能	建筑形制	艺术特征
寨门		为苗寨的入口，是寨民休憩纳凉以及迎来送往的公共场所，还具有护寨的功能	寨门形状各异，有亭阁式，堡垒式，宅门式	木结构建筑，重檐对称，门框上方飞檐翘角，框边雕龙画凤
芦笙场		多位于苗寨中心区域，每逢节日，大家围绕立柱载歌载舞	芦笙场为圆形场地，中间立一雕刻苗族信仰图腾柱（芦笙柱）	图腾柱顶部雕刻苗族喜爱的鸟兽，离顶部两米许，装一对木制牛角，下半部是一对横杆
铜鼓坪		是多种民俗活动的重要场所，村民围成圆圈，踏着鼓声的节拍跳古老的集体舞蹈，即"踩铜鼓"	踩铜鼓的场地称铜鼓坪	多为圆形、方形室外场地，地面用石条镶嵌铜鼓图案
鼓楼		鼓房由专人保管，存放木鼓，建筑顶部存放铜鼓，长梯由内墙壁爬上	楼阁形式，一般都建于寨子的中央，为多柱多边形立体尖顶宝塔形，为三节楼阁结构	既具有宝塔式的建筑艺术，又有苗族吊脚楼的建筑艺术特征

续表

名称	图片	位置与功能	建筑形制	艺术特征
桥梁		祭桥节是西南多民族地区一项重要民俗，其中苗族最为兴盛。代表性的有保爷桥、生命桥、接龙桥等	大的桥梁通常都由桥、楼、塔、亭、门组成，架式，都是以杉木为主要的建筑材料	桥亭合一的建筑形式
船廊		专门用来存放独木龙舟	船廊是苗寨特有的一种公共建筑物	长廊的建筑形式

4.5.3　苗疆古道沿线民居建筑模式语言

苗族民居是情感意志的物态化。其中凝聚了苗族长期积累下来的社会生活美学情感和文化意识，如堂屋中祭祖牛角的堆放、门窗花格的制作、走廊扶手的装饰等。苗族祖先"三苗九黎"早在春秋战国时期就作为楚国民众主体的一支，深受楚文化影响。较中原汉族而言，苗族的传统聚落及其至今沿用的半干栏式建筑具有较为原始的自然形态，其民居被形象的称为吊脚楼。

吊脚楼："南岭走廊"上"地无三尺平"。层峦叠嶂的高山地带，有丰富的水资源和林木资源，但耕地少。为解决这一矛盾，"南岭走廊"上的人们就地取材，创造了吊脚楼这种独特的建筑样式，或把房屋建在山坡上，或建在水边。建筑地基用青石砌就，间以木柱支撑作柱，前部悬空顶立，后部根据地形情况灵活地选址砌基。从材料运用来看，木材与石材相得益彰，和谐统一。房屋挑出前檐部分用木柱吊脚支撑，形成悬虚构屋、架空而立、上实下虚的独特结构，吊脚楼也因此而得名。吊脚楼是"南岭走廊"上生活在贵州、广西、广东、湖南等地的布依族、苗族、瑶族、侗族等少数民族共有的民居样式。人们为了适应南方多雨的气候，创造了这种底层架空，既防潮通风，防兽防虫，又较好地保护了有限的土地资源的干栏式民居。

吊脚楼民居除固定椽子用少许铁钉外，其他部位都用卯榫构筑而成，结构合理，装饰精巧，按层分区，占地少，利用率高，功能齐全，集中国古代南方少数民族建筑工艺之大成。它适合在各种地形上修建，同时又具有家庭生活的全部功能，是一种良好的传统民居建筑形式。吊脚楼一般为两层，也有三层的。底层多用于圈养牲畜和家禽，堆放柴草、农具和贮存肥料等。第二层是生活区，三楼则用来堆放各种粮食和杂物。吊脚楼屋顶一般为悬山式或歇山式，用青瓦或杉树皮覆盖。

　　西江苗寨的住居多为半杆栏式建筑，由于该聚落体量庞大，故其在建筑、农业用地方面的配比是要点。聚落外部分布着主要的农田与林地；聚落内部，建筑除设置在对于农业利用价值小的坡地上外，也较充分地利用临水区域进行配置。建造时，多采用当地的间伐木材作为主要用料，沿袭苗族传统的木造技艺与构建方式。苗民在进行住居建造前由经验丰富的匠人依据委托者的需求，并结合环境、用途等条件进行构思，但无需制图，并且在建造时会召集乡邻共同出力，大大节省了营建步骤与工期；半干栏式建筑容易应对丰富的地形变化，使对于基地的自由配置成为可能，客观上减少了对自然环境的改变；半干栏式建筑的内部空间分割便利，易于满足多目的性的使用，同时半开敞的空间形态既有助于住民间的交流，也有利于建筑空间与自然环境的交融[15]。（图4-5-6）

　　资源县苗族乡李洞屯民居的平面形式以矩形为主，为了最大限度地利用空间，在此基础上还发展了"L"形、"凹"形等形式，以开间大进深小为主要特点。当地居民选择了进深较短但左右跨度大的建筑形式。建筑背山面田，沿等高线布置，均为二至三层独立式建筑。建筑材料基本为就地取材，屋顶为歇山屋顶。民居楼上为客堂与卧室，两侧厢房围绕堂屋一字排开，通常为四开间六架或者四开间七架。（图4-5-7、图4-5-8、图4-5-9）

图4-5-6　苗族吊脚楼（作者自绘）

图4-5-7　资源县苗族乡社水寨民居

图4-5-8　资源苗族乡李洞屯民居群

图4-5-9　苗族民居样式的老山界长征纪念馆

白裤瑶是瑶族的一个分支，因其男子穿白裤而得名。白裤瑶总人口约三万人，主要分布在广西南丹县里湖瑶族乡、八圩瑶族乡及贵州荔波县等地。白裤瑶大多居住在大山深处以及大石山区，土地贫瘠，当地中华人民共和国成立前过的是原始部落生活，刀耕火种，长期与世隔绝。（图4-5-10）

白裤瑶茅草盖顶底下架空的谷仓建筑，仍依然保留。粮仓分三部分组成，底部立四根柱子，立柱高约2米；中部用木板铺平，用竹篾围成圆形的粮仓，上部是圆形尖顶草面。也有用木板拼成长方形柜式粮仓。巧妙之处在于每座粮仓都设有防鼠设施：在立柱上部用一只打通底部的陶罐套住柱子，陶罐表面施釉光滑，老鼠很难爬上粮仓偷吃粮食。（图4-5-11）

南丹县里湖瑶族乡怀里村的蛮降、化图、化桥三个自然屯均依山而建。一条百年古道将相邻的三个村寨相连。白裤瑶被联合国教科文组织认定为民族文化保留最完整的民族之一。（图4-5-12、图4-5-13）

4.5.4 苗疆古道沿线建筑的文脉特征

苗疆古道是历史上中国内地进入西南民族地区的传统通道，也是少数民族苗族、瑶族等主要的聚居地。山地环境客观上造成了该区域较为封闭。古道沿线成为了楚越文化和民族文

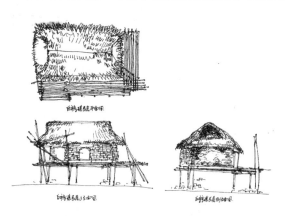

图4-5-10 白裤瑶早期民居建筑（作者自绘）

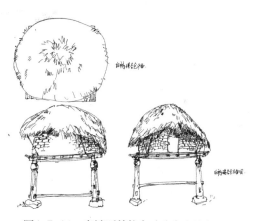

图4-5-11 白裤瑶的粮仓（作者自绘）

图4-5-12 白裤瑶村落（作者自绘）

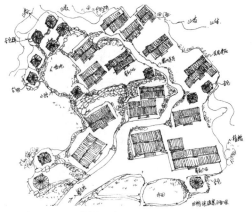

图4-5-13 白裤瑶村落平面图（作者自绘）

化的融合地。在苗疆古道的影响下，不同民族文化之间相互碰撞、交融赋予了苗疆古道沿线
建筑鲜明的民族文化特征。（表4-5-3）

文化廊道影响下苗疆古道沿线的建筑文脉特征图像分析图表　　　表4-5-3

村落布局	由于受到人口迁徙原因及古驿道等几方面因素影响，其传统聚落注重围绕公共空间进行布局，多遵循山顶型、山腰型、山脚河岸型等布局，充分与地形结合		

	山顶型的架里苗寨	山腰型的乌东苗寨	山脚河岸型的西江苗寨
民居建筑	受到地理气候与文化廊道交流的双重影响，当地人们就地取材，创造了吊脚楼这种独特的建筑样式		

	平地吊脚楼	依山而建吊脚楼	沿江而建吊脚楼
建筑肌理	苗疆古道沿线的建筑肌理充分体现了地域材料的特色，如常用的灰瓦、石块、木材材质组合形成的肌理，具体明显的山地特质肌理		

	木材	灰瓦	石块墙
窗式	大部分民居窗户以几何图案进行分隔，其外形多为正方形、长方形、菱形或者多边形，形成的门窗图案具有强烈的秩序及韵律感，窗棂花心也有多种纹样，常见的有"卍"字、"亚"字、冰裂纹、菱花形等		

	几何纹样木花格窗花	几何纹样木花格窗花	几何纹样木花格窗花

续表

	苗族建筑装饰重点部位集中在入口、门窗、栏板、吊柱、檐口及屋脊等处，内容多为苗族的历史、神话传说以及图腾纹样，有一种古拙感		
装饰艺术	 柱头扶手装饰	 吊柱下雕垂瓜	 木构梁托装饰
	 屋脊正中腰花，常用瓦拼叠成花形、金钱形等图案	 檐口木构装饰	 屋顶以青瓦或白石灰压顶，正脊两端装饰鸱吻

经过大量的综合研究与实考，归纳苗疆古道沿线区域具有如下几点主要的建筑文脉特征。

①"不同民族的信仰与传统观念"对村寨的选址和布局，起着重要的影响。在古代，部分少数民族以树为图腾，因此在他们的寨子里通常会有"保寨树"。寨子周围的"保寨树"是严禁砍伐的。如苗族历史上视枫树为神树。每逢初一、十五和重大节日，寨子里的人们都会敬拜神树，吊脚楼村落逐渐形成了一种独特的南方少数民族村寨文化。民族村寨建筑布局与自然环境有机结合，体现了尊重自然的"天人合一"思想。村寨内传统建筑的架空、出挑等建筑工艺手段，是利用空间的一种巧妙办法。其中苗族的选址方式蕴含多方面的智慧，一是适应地理条件的智慧，二是适应农耕需要的智慧，三是适应安全要求的智慧。苗疆古道沿线建筑文脉上体现出明显的不同民族的信仰与传统观念。

②苗寨建寨中的"立中"建筑文脉思想。苗侗瑶建寨在空间格局上都保持开寨始祖崇拜的原则，建寨围绕开寨显灵地，建芦笙坪、建屋，开寨始祖居于村寨中心，后来者则依次向外排列，这一"先来后到"的阶序在居住空间格局上得到保存。苗族传统聚落有山顶型、山腰型、山脚河岸型三种主要类型，兼有一定的桂北黔东南共同的民族文化特质。其中凝聚了各民族长期积累下来的社会生活美学情感和文化意识。少数民族与汉族数千年共存，长期交往，相互融合，取长补短。其中，苗族建筑选址实践中吸纳了汉族建筑的"藏风闭气"、"明堂"等风水理念，在"立中"建筑文脉思想下，村寨布局上还讲究山脉走向，溪河流向。

③"吊脚楼"建筑文脉模式语言。南岭文化廊道苗疆古道上"地无三尺平"，是层峦叠嶂的高山地带，有丰富的水资源和林木资源，但耕地少。为解决这一矛盾，当地人们就地取

材，创造了吊脚楼这种独特的建筑样式，或把房屋建在山坡上，或建在水边。建筑地基用青石砌就，间以木柱支撑作柱，前部悬空顶立，后部根据地形情况灵活地选址砌基。苗族的传统聚落及其至今沿用的半干栏式建筑具有较为原始的自然形态，苗族建筑装饰重点部位集中在入口、退堂、门窗、栏板、吊柱、檐口及屋脊等处，内容多为苗族的历史、神话传说以及图腾纹样。

参考文献：

[1] 王元林. 费孝通与南岭民族走廊研究 [J]. 广西民族研究，2006（4）：109-116.

[2] 陈乃良. 湘桂古道新考 [J]. 岭南文史，1998.

[3] 曹端波. 国家、族群与民族走廊——"古苗疆走廊"的形成及其影响 [J]. 贵州大学学报（社会科学版），2012，30（5）：76-85.

[4] 彭鹏程. 灵渠：现存世界上最完整的古代水利工程 [J]. 中国文化遗产，2008.

[5] 李珍，彭长林，彭鹏程. 广西兴安县秦城遗址七里圩王城城址的勘探与发掘 [J]. 考古，1998（11）：34-47.

[6] 广西壮族自治区住房和城乡建设厅. 广西特色民居风格研究 [M]. 南宁：广西人民出版社，2015.

[7] 熊光嵩. 灌阳月岭村古建筑 [J]. 广西地方志，2006（1）：57-59.

[8] 黎睿，龙良初. 桂林大圩古镇传统空间探析 [J]. 广西城镇建设，2015（7）：117-121.

[9] 徐新辉. 潇贺古道在富川 [M]. 南宁：广西人民出版社，2016.

[10] 雷翔. 广西民居 [M]. 北京：中国建筑工业出版社出版，2009.

[11] 谢荣幸，包蓉，谭力. 黔东南苗族传统聚落景观空间构成模式研究 [J]. 贵州民族研究，2017（1）：94-98.

[12] 任亚鹏，齐木崇人. 中国西南地方の苗族、土家族の集落空間における自然観に関する研究 [J]. 芸術工学誌，2011.

[13] 周坚. 岜沙苗寨的保护 [J]. 华中建筑，2010，28（8）：148-149.

[14] 李桐. 融水苗族的"石上人家" [J]. 广西民族研究，2017（5）：2，183.

[15] 任亚鹏. 关于西南地区苗族传统聚落中自然要素的考察 [J]. 风景园林，2018，25（11）：119-124.

第五章

壮泰文化廊道的建筑文脉

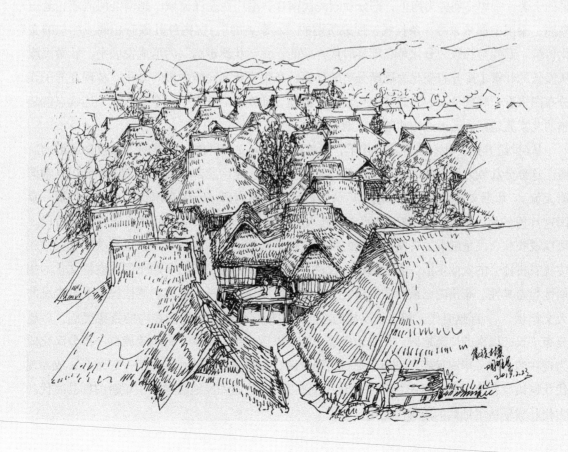

笔者认为：

　　壮族建筑在发展过程中，受到壮泰文化廊道文化交流的长期影响，吸收汉族和其他民族的建筑艺术和建筑技术，形成了"那"文化的村寨选址和布局文脉特征，同时产生了壮族"太阳崇拜"和"长老崇拜"的思想以及"干栏"文化的民居建筑文脉模式语言。傣族建筑在发展过程中，受到壮泰文化廊道文化交流的长期影响，吸收百越民族的建筑艺术和建筑技术，形成了"农耕文化、族群文化、佛教文化"相结合的村寨选址和布局文脉特征、傣族"宗教信仰"的思想以及"竹楼"文化的民居建筑文脉模式语言。现采用文化廊道的线性研究方法，考析论述如下。

5.1　壮泰文化廊道的概念

5.1.1　壮泰文化廊道的文化内涵

　　《壮泰族群分化时间考》：壮泰族群是包括壮族、侗族、水族、布依族、傣族、黎族、仫佬族、毛南族、仡佬族、岱族、侬族等民族在内的、具有共同文化特征的民族共同体。他们是春秋时期散布在中国南方的"越人"后裔。[1]壮族的先民是广西乃至整个岭南地区最早的土著。中原王朝势力南下，部分壮族先民南迁，沿广西左江流域、越南红河流域、老挝高原、泰国中部平原等一条长线，形成所谓的"壮泰走廊"。国内外壮族有相同或相似的文化传统。泰族与壮族的分化是在郡县时代开始的。在"壮泰走廊"的形成发展中，壮泰民族从漫长的壮泰走廊分布变化为逐渐分离的局面，产生了壮泰民族的最终分化。从现在的民族分布图来看，壮族分布与泰族（包括老族、傣族、掸族等）分布呈一个葫芦状，连续点就是越西北泰族地区和云南文山州的壮族地区。

　　从6世纪开始，壮泰族群就分化了，西部的壮族分支"讲侬"就是南宋侬智高所部的后裔。这部分壮族人所讲的"侬"从大新到德保、靖西、越南北部，甚至与泰语都能用日常词语交流。"壮泰文化廊道"大致包括广西西南部—贵州南部—云南东南部—越北—老挝—泰国这片连贯的区域。[2]骆越国是岭南壮族祖先著名的方国，但是还处在氏族社会的阶段。可以说壮族人民是继承了古骆越文化的精髓流传下来的。壮、泰语农业谚语反映了壮泰民族传统农耕社会的农业生活、农业结构、农耕技术和农耕习俗，折射了两个民族农耕文化的相似性与差异性。布洛陀已被壮学界认定为珠江流域原住民族——壮侗语族诸民族及其先民的人文始祖。[3]百越时代，相当于汉族的商、周时期，包括壮族先民在内的百粤民族，广泛分布于长江以南的广袤地区。在秦始皇统一江南以后，吴、虞越、闽越等族群一部分汉化成为现在的江南、华南汉族，一部分则南迁到岭南，与同属百越的壮族先民一起融合，成为现代壮侗语族各个民族的祖先。秦始皇统一六国以后，壮族先民地区进入了短暂的郡县时代。古代壮族创造了灿烂的南越国文化。[4]

《骆越方国研究》一书论证了骆越文化发源于中国，骆越人是南海和古海上丝绸之路的开拓者，骆越方国在岭南创造了灿烂的文明。我国壮侗语族民族（包括壮、侗、布依、黎、傣、水、仫佬、毛南等民族）的共同祖先骆越人，建立起岭南地方政权"骆越方国"，早在西周周宣王时期，骆越方国即已受周朝之命，负责开发和管理岭南和南海。骆越方国创造了繁荣的稻作文化，留下了辉煌的花山岩画，开发了南海和海上丝绸之路，培育了闻名世界的合浦南珠等。[5] 骆越文化的标志性遗产——左江花山岩画文化景观绘制于先秦战国至两汉时期，那正是百越族群分支之骆越（即壮族先民）等南方少数民族开始兴起的时代。傣族，主要分布在泰国、老挝、缅甸、越南、柬埔寨、印度、中国等多个国家，中国境内的傣族主要生活在云南的西双版纳傣族自治州。梁庭望等学者进行了壮泰民族民间稻作农耕祭祀礼俗比较研究，覃圣敏学者对壮泰族群的渊源进行了研究，提出壮泰族群的传统文化有许多共同点。这些共同点的形成，因缘于壮泰同源。两个民族的先民原来共同生活在今广西等地，一直到东汉时期。赵明龙学者对中国与东南亚、南亚壮泰族群的基本文化特征进行了研究。提出基本文化特征是：共同聚居区——连片带状分布，共同历史渊源——族群同源异流，共同体质特征——个子中等的黄种人，共同语言——基本用语相同，共同经济生活——"那"文化，共同的精神文化——宗教、节庆文化相似。[6]

5.1.2 壮泰文化廊道的古道

壮泰文化廊道区域广大，在几千年的发展过程中产生了多条古道，代表性的有百越古道、黔桂古道、滇越古道等。

①百越古道：古代的濮和越、百濮和百越是一个民族。从楚国诸书记载对濮越不加区别，前后混称或言及江南、江汉之地称濮而不称越，言越而不再言濮等情况看，在楚国的南方，只有一个人数众多、部落分散的大族群，对他们有时称濮或百濮，有时又称越或百越。"百越"在文献上也称之为百粤、诸越，并非民族概念。据《汉书·地理志》记载，百越的分布"自交趾至会稽七八千里，百越杂处，各有种姓"。广西在地理和人文上都是百越的中枢[7]。百越古道沟通桂滇黔，增进了宋代桂滇黔壮、汉等民族的友好往来，缩小了民族差距，加速了中原汉文化向西南民族地区的传播，促进了各民族的融合。

②黔桂古道：黔桂古道也称"环江汉代古道"，是沟通贵州、广西的重要通道，也是川陕、云贵南下出海的重要通道，古道共设有八道关隘。现在竖于黎明关上的巨大石碑详细地记述了此事，1933年出版的《思恩县志》中亦有记载。从贵州算起，依次是黎明关、洞巧关、木花关、洞滚关、上峒平关、甘哥关、伟火关、峒平关。广西境内过环江、叠石、洛阳、打铁村、古宾、都腊、社村、尧蒙、下峒坪达黔桂交界的黎明关，总程135公里。自汉代修建以后，古道成为云、贵、川与桂、粤的交通要道，曾经是商队与马帮驮运的必经之路。如今，贵州通往广西的第一道关口黎明关还留有城墙。古道沿线丰富的民族文化也颇具独具特色。这里是毛南族、壮族的聚居地，形成了别具一格的风俗习惯。

③滇越古道：滇越古道从云南昆明，经红河，由河口进入越南，是一条连接中国西南地

区、西藏及南亚、东南亚，以马帮为主要交通工具，以普洱茶和马匹牲畜为主要贸易对象的民间国际古贸易通道。（表5-1-1）

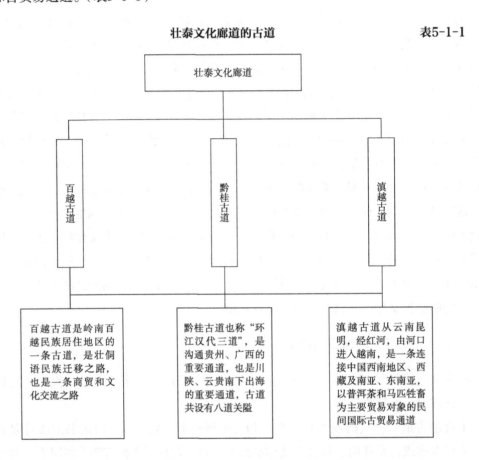

壮泰文化廊道的古道　　　　　　　　表5-1-1

壮泰文化廊道

百越古道

黔桂古道

滇越古道

百越古道是岭南百越民族居住地区的一条古道，是壮侗语民族迁移之路，也是一条商贸和文化交流之路

黔桂古道也称"环江汉代三道"，是沟通贵州、广西的重要通道，也是川陕、云贵南下出海的重要通道，古道共设有八道关隘

滇越古道从云南昆明，经红河，由河口进入越南，是一条连接中国西南地区、西藏及南亚、东南亚，以普洱茶和马匹牲畜为主要贸易对象的民间国际古贸易通道

　　壮泰文化廊道沿线民族众多，为了便于解析其建筑文脉，特制表进行比对分析（表5-1-2、表5-1-3、表5-1-4）。

黔桂古道建筑　　　　　　　　表5-1-2

民族	布依族	侗族	仫佬族	毛南族
分布地区	95%在贵州省的黔南、黔西南两个自治州，镇宁、关岭和紫云等自治县，以及毕节、遵义、黔东南3个地区（州）。在云南、四川、广西等省（区）也有少量布依族	主要分布在贵州、湖南、广西三省（区）毗邻的黔东、玉屏、新晃、通道、芷江以及三江等县	90%聚居于罗城仫佬族自治县。少数分布在广西隆林各族自治县和云南省文山壮族苗族自治州的广南、文山、富宁等县，散居在贵州省西部的织金、黔西等20多个县	主要分布在广西壮族自治区西北部的环江县，其余散居在南丹、河池、都安等地
代表性村落	贵州省黔西南南龙布衣古寨	广西三江县林溪乡高友村	河池市罗城仫佬族自治县四把镇大石围村	河池市环江县上南乡高岭屯
民居建筑类型	干栏式建筑、竹木结构	干栏式楼房，穿斗结构，混合运用抬梁结构	土木房屋、砖墙、瓦顶、矮楼建筑	干栏式石楼

续表

建筑材料	木料	石材做柱础，杉木做框架，墙壁及门窗以树皮、茅草、小青瓦盖顶	火砖砌基，泥砖砌墙，栋梁、桁椽等都用木料制作，屋顶盖瓦片	干栏内外山墙全是以木、石为构架，用木料做屋架、楼板与楼房内壁
布局特征	三层三间	两层或者三层，两间或者三间	一列三间，中间为堂屋，供有神台，不住人，两边是卧室、厨房	二到三层，三、五、七开间，均为单数，中间是厅房堂屋，两边是厢房

百越古道建筑　　　　　　　　　　　　　　　　表5-1-3

民族	壮族	傣族	水族	京族
分布地区	广西壮族自治区、云南省文山壮族苗族自治州，红河哈尼族彝族自治州和曲靖地区，贵州从江、湖南江华等地也有分布	主要分布在云南西双版纳、德宏、红河、瑞丽、陇川、耿马等地	主要聚居在贵州省黔南布依族苗族自治州的三都水族自治县和荔波、都匀、独山以及黔东南苗族侗族自治州的凯里、黎平、榕江、从江等县	主要聚居在素有"京族三岛"之称的广西壮防城县江平乡的万尾、巫头、山心三个小岛上，其余分布在谭吉、红坎、恒望等
代表性村落	广西龙胜县平安村	西双版纳曼掌村、江县曼滩村	都匀市归兰乡椰木水寨	万尾村、巫头村、山心村
民居建筑类型	全干栏建筑、半干栏建筑、平地式建筑	竹楼、干栏木楼	干栏建筑	石条屋、京族法越式民居
建筑材料特征	全干栏建筑，木头、捣土或竹篱泥做墙。半干栏建筑，建筑外部和部分内墙用捣土或者砖墙代替木料。平地式建筑以砖、木材、生土为材料	竹楼，干栏式建筑结构整个建筑结构都由竹子捆绑而成，墙壁也是竹篾，屋顶用稻草覆盖	全木结构的干栏式建筑	竹子或石头做柱墩，再在柱墩上交叉处架以木条和粗竹片。石条瓦房，外墙用石条砌成，顶部盖灰褐色瓦片
民居布局	三开间、五开间为多，分上下两层	大多数为三层楼房	三间或五间的建筑。房屋排扇多为五柱四爪或八爪	三开间、五开间等

滇越古道建筑　　　　　　　　　　　　　　　　表5-1-4

民族	哈尼族
分布地区	绝大部分分布于云南省南部红河与澜沧江的中间地带，其余分布在无量山区、红河以东各县
代表性村落	元阳阿者科
民居建筑类型	土木结构楼房、蘑菇房
建筑材料特征	土墙、木材、稻草
民居布局	大多数为三层楼房，三开间

5.2 百越古道沿线的壮族建筑文脉

百越古道是岭南百越民族居住地区几条古道的统称，是壮侗语民族迁移之路，也是一条商贸和文化交流之路。探索·发现频道播出的《百越古道》专题片中描述了古道的大致走向：其一是南宁—田东—百色—田林—凌云—贵州册亨—安龙—兴义—云南师宗—昆明。其二是田东—百色—田林—凌云—贵州望谟—兴义与前面一条汇合。其三是田东—德保—靖西—那坡—云南富宁—广南—开远—昆明[8]。百越古道应该还有一条支线为田东—德保—越南。

唐朝在广西田东县（现名）设置了横山县，这是在桂西少数民族地区设置的第一个实体县。田东县发掘出了横山寨古城遗址，并且考证其为宋代的一个商贸集市。宋代周去非所著《岭外代答》中记载，中国桂西地区共有四条主要的官道，连通云南、贵州、广西、广东和东南亚地区。横山寨为宋朝西南边疆政治、经济、军事要地，成为西南少数民族同中原进行经济、文化交流的集散地，是百越古道上的重要节点。

5.2.1 百越古道沿线的壮族村寨选址与聚落形态

壮族源于先秦及秦汉时期汉族史籍所记载的居住在岭南地区的"西瓯"、"骆越"等，主要聚居在南方，范围东起广东省连山壮族瑶族自治县，西至云南省文山壮族苗族自治州，北达贵州省黔东南苗族侗族自治州从江县，南抵北部湾。壮族和布依族、侗族、傣族、黎族、水族、毛南族同属于古代百越（布越）民族的后裔，都是汉藏语系壮侗语族。南盘江、红水河南岸的壮族与北岸的布依族语言相通，习俗相同，从古到今，南北两岸的两族人民有着密切的血亲和姻亲关系。在壮侗语族诸民族的传说中，人们把部落的文明开启、文化创造集于身，尊奉其为始祖，其崇拜和信仰经世代传承形成布洛陀文化。在红水河流域、左江流域及与广西西部毗邻的云南文山地区壮族民间，保存有大量的布洛陀麽经手抄本。由于壮侗语族族群迁徙、古商道驿道的文化交流以及历朝历代的国家统治等影响，百越古道沿线区域的壮族村寨与聚落经历了形态的演变。

壮侗语民族中称水田（稻田）为"那"。壮族以稻作农业为主的方式和以"那"文化为核心的传统文化体系，决定了与之相适应的居住方式和居住文化模式。聚落布局形态上体现出"那"文化特征，据"那"而作，依"那"而居。壮族聚居区有众多的"那"地名遗存，如"那坡"、"那岩屯"、"那马"等。

壮族及其先民，素来注重村落环境的选择。他们建造村落，或选在河流大转弯，地面较宽广的平地；或选在大河与小河交汇处，河面宽阔，水流缓慢的地方；或选依山傍水、背山面水、山腰坡边的地方。许多村寨有"村前一曲水，村后万重山"之美，体现了壮族选择优秀环境建立村落的文化观念。壮族村落的选址大多数都选在地势较高，背靠青山，面临溪河的地方。人们认为在这样的地方建立村寨，便可"聚气"，从而人丁"大发"。从壮族地区现在村寨的分布情况看，一般是一弄一寨，或一峒一村，在壮族聚居区，村前寨后都保留或种有一片古老的树林或一株古榕树，俗称"神林"或"神树"。如同汉族地区的村庄一样，壮族也逐渐形成了独具特色的"干栏"居住群落。按家族、宗族相对集中居住的需要来布局，通常根据地势的特点顺势伸展，形成不同的组合方式。

壮族村落现存传统的地居式民居，是在漫长历史过程中，由原单幢类本土干栏建筑，经过地面化演变后逐渐发展而来的一种组合类地居式民居建筑，对气温高、雨水足、湿度大的气候具有较强适应性。

云南文山壮族村落的选址大多是背山面河，趋向于人与自然和谐发展的观念。广西田林一带的壮族讲究"择地建房"。在住宅的选址上，宅地土壤的性质和湿度是很重要的因素，但古代壮族先民没有先进的科学仪器，只好根据长期生活积累的经验，用稻谷、大米、鸡蛋这些东西来检验土质的干、湿度，反映了人们对人与自然环境相互关系的朦胧意识。[9]西林县马蚌乡浪吉村那岩屯位于滇、黔、桂三省（区）交界处一个山坳上，居住着120多户，500多口人。山寨以壮族干栏式建筑为主，房屋全部都是用木头构建而成，而且户户相连，家家相通，是广西目前为止壮族干栏式木楼建筑保存得最完好、规模最大的村落之一，吸引了许多考古专家和民俗学者前来考察研究。（图5-2-1）

广西隆林各族自治县金钟山乡平流屯壮寨，是一个青衣壮的世居村寨，现有人口100户，443人，属壮族群众聚居屯。干栏一般都为三层，下层为木楼柱脚，多用竹片、木板镶拼为墙，可作畜厩，或堆放农具；二层一般都为五开间居所；正门有护栏、廊道和平台，为日常生活起居场所；三楼为储物间。平流屯是红水河流域目前保存较为完整的壮族民族文化遗产之一，2012年12月被列入第一批中国传统村落名录。

图5-2-1　西林县马蚌乡浪吉村那岩屯（图片来源：http://blog.sina.com.cn/s/blog_5708eaf90100n0j9.html）

广西那坡县黑衣壮是壮族的一个支系，主要聚居在广西那坡县境内，共有9975户人家，5万多人。吞力屯是黑衣壮聚居的一个古村，干栏民居用木材、石头建成，分三层，屋顶为双斜面。（图5-2-2）

广西龙胜县龙脊古壮寨是传统风水选址的典型。村寨旁边有一条山脊像一条巨龙盘旋而下直到金江，古壮寨就座落在这一山脊上，"龙脊"因此得名。当地人世世代代辛苦劳作并与大自然和谐相处，形成了从山顶的高山林地-村寨-梯田的和谐生态环境，表现出人土构建的均衡布局，森林、溪流、村寨、梯田四者在不同海拔层次上的有序分布和协调布局。金竹壮寨是龙脊十三寨的"第一寨"，誉为"北壮第一寨"。金竹壮寨1992年曾被联合国教科文组织称为"壮寨的楷模"。（图5-2-3）

云南省文山州丘北县石别村，村子背靠大山，村前是清水江，石别村的"干栏式"建筑非常适合当地的壮族居住。石别村的房子利用延续了壮族几千年的历史。（图5-2-4）

图5-2-2 那坡县黑衣壮吞力屯（图片来源：http://www.sohu.com/a/156400900_695918）

图5-2-3 龙脊古壮寨

图5-2-4 云南丘北壮族石别村

5.2.2 百越古道沿线的壮族公共建筑文脉模式语言

百越古道沿线的壮族，在民族文化交流与商业文化互动中，形成了地拱（寨门）、戏台及土司府等公共建筑类型。

地拱：壮族一般以同一姓氏建村立寨，随着人口的发展，村寨出现了"地拱"。村子里头有许多的"地拱"，汉语叫门楼。壮族人建立"地拱"的主要目的是体现同姓中的分支，是公共出入场所。若本姓分支中有名人则将其功名的金字匾额置于门楼前面。"地拱"的门头上，必定有对"眼睛"（用八瓦做成），楼棚放置老人的寿木，楼下两侧置长凳或大树，供闲人坐歇息及儿童玩耍，如贝家村寨的大门楼就是如此。寨门是壮族地区界线的主要象征。（图5-2-5、图5-2-6）

图5-2-5 金竹壮寨寨门　　　　　　　　图5-2-6 广西民族博物馆寨门

土司衙署：壮族聚集区位于中国西南山区，长时间处在土司的控制下。明清时期为土司制度成熟期，土司作为一方霸主在统治期间倾其财力营造了城池并在城内建造了不少的建筑。土司建筑作为壮族地区官方建筑的代表，代表性的建筑有忻城土司府、广南侬氏土司衙署等。

忻城土司府位于广西忻城县城，是中国境内保存得最完整的壮族土司建筑，被列为中国重点文物保护单位。忻城莫氏土司衙门由土司衙门、祠堂、官邸、大夫第等建筑群组成，总面积38.9万平方米，其中建筑占地面积4万平方米，是全国现存规模最大、保存最好的土司建筑，被誉为"壮乡故宫"。衙署建筑皆砖木结构，具有中原古典宫廷建筑的特点，气势宏大、格调典雅，精制的屋脊翘角、镂空花窗、浮雕图案，具有浓郁的民族特色，是研究土司制度不可多得的珍贵实物材料。（图5-2-7）

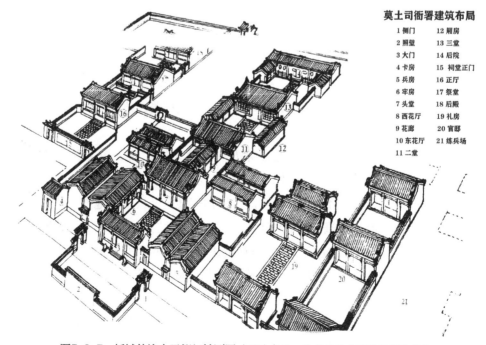

莫土司衙署建筑布局

1 侧门　12 厢房
2 照壁　13 三堂
3 大门　14 后院
4 卡房　15 祠堂正门
5 兵房　16 正厅
6 牢房　17 祭堂
7 头堂　18 后殿
8 西花厅　19 礼房
9 花廊　20 官邸
10 东花厅　21 练兵场
11 二堂

图5-2-7 忻城壮族土司衙门轴测图（图片来源：作者摄于广西民族博物馆）

　　《壮乡广南》一书中介绍：土司是元明清封建王朝在少数民族地区设置的统治当地人民的机构，世袭继承。《云南通志土司考述》："滇之土官，肇于元而盛于明，清代固之。"《明史》亦有"广南土司"录。从有关历史考证，广南土司始于元初，侬氏家族世袭继承，在清中期前是广南地区的最高统治者。广南侬氏土司衙署，占地面积11000平方米，坐东向西，曾有100余间房。分层设大门、中门、三门，署前砌一道青砖照壁，左侧有击鼓申诉的鼓棚。衙署整体建筑为砖木结构，山墙为青砖，梁柱均为珍材制作，屋架穿斗安榫接合。主体建筑硬脊飞檐，正脊中部一律浮雕"福、禄、寿"图案，翘角饰龙头鳌身和"吉祥如意"卷草，美观大方。柱基雕刻鹿、梅等动植物，朱漆梁柱，气宇轩昂。后院有气势恢宏的五凤楼，是中国壮族土司世袭时间最长、规模最大、保存最完好的古建筑群。院内曾设有大衙门、小衙门、花果衙门，在土司制度中较为罕见。在清朝时期，地方土司衙署的议事厅只能建五开间，广南土司衙署却建为七开间，非常少见。（图5-2-8、图5-2-9）

图5-2-8　广南侬氏土司衙署　　　　　图5-2-9　广南侬氏土司衙署（图片来源：http://blog.sina.com.cn/s/blog_51ec9abf0102wscm.html）

　　阿用土司衙署，位于广南县杨柳井乡阿用街西侧。衙署原设大、中、小三个衙门。现仅存小衙门，为二进两院建筑群体，其正堂楼房三间，硬山顶，板瓦屋面，通面阔13.17米，进深9.7米，高6米。楼上为土官议事室，楼下低矮，相互贯通，作堆物用。檐下为走廊，檐下额枋、桁、板均雕刻龙、凤、西番莲、卷草图案，工艺精美，仿汉族风格，整幢房屋形式属壮族干栏式建筑风格。约建于明代[10]。

　　泗城岑氏土司乃是明清两代百色地方势力规模最大的壮族土司（也有说是壮族"汉裔"），其势力最强大时管辖凌云、乐业、田林、西林、隆林等县及右江、巴马、凤山、天峨等县区的一部分以及贵州安隆、贞丰、望漠、罗甸等县全部或部分地方。清雍正时，泗城属地的壮族土司全被"改土归流"。清代泗城岑氏土司祠堂遗址位于凌云县城解放社区正东小区。据凌云县历史记载：泗城岑氏土司祠堂始建于清康熙年间，祠堂古建筑分布面积约6000平方米，祠堂内原有"岑氏家庙"、"襄勤公祠"、"昭忠祠"等建筑群。

　　西林岑氏建筑群不仅是桂西、桂西北壮族地区规模最大、延续时间最长、影响最大、保存最完整的一处古建筑群，而且村落、组群布局、建筑形式等方面在保留本民族特色的基础上，广泛吸收先进的汉族建筑文化，是壮、汉民族文化交流、融合的结晶，从建筑文化侧面反映了中华民族大融合的历史。以宫保府为标志的"明清岑氏家族建筑群"占地面积4万多平方米，落成于清光绪五年（1879年），为清代云贵总督岑毓英所建。其建筑群包括岑氏土司衙门、岑氏祠堂、南阳书院、将军庙、思子楼、围墙、炮楼等建筑物。岑毓英是被清王朝委以重任的第一位壮族人，历任贵州巡抚、福建巡抚、云贵总督等要职。1884年兴建了宫保府。建筑坐西向

图5-2-10　西林宫保府

东，依山傍水，为四合院式，主轴线有门楼、中堂、后堂三座主体建筑，占地面积1300多平方米，砖木结构，瓦面。（图5-2-10）

　　百越古道沿线壮族地区拥有不少府第式建筑群，代表性的如土司府建筑，列表如下。（表5-2-1）

百越古道代表性土司府建筑文脉模式　　　　　　　　　　表5-2-1

名称	图片	营建年代与位置	建筑形制	艺术特征
忻城土司衙门		位于广西忻城县，衙署于明代万历十年（1582年）始建	由土司衙门、祠堂、官邸、大夫第等建筑群组成，总面积38.9万平方米，衙署建筑皆砖木结构，具有中原古典宫廷建筑的特点	是保存得最完整的壮族土司建筑物，被誉为"壮乡故宫"，具有浓郁的民族特色
广南侬氏土司衙署		广南土司始于元初，位于广南县城北街	占地面积11000平方米，坐东向西，曾有古建筑群100余间。院内曾设有大衙门、小衙门、花果衙门，五凤楼。整体建筑为砖木结构，屋架穿斗安榫接合	是中国壮族土司规模最大的古建筑群。在清朝，地方土司衙署的议事厅只能建五开间，该衙署却建为七开间
阿用土司衙署		位于广南县杨柳井乡阿用街西侧。约建于明代	原设大、中、小三个衙门。现仅存小衙门，为二进两院建筑群体，其正堂楼房三间，硬山顶	仿汉族风格，整幢房屋形式属壮族干栏式建筑风格。雕刻龙、凤、西番莲、卷草图案，工艺精美
泗城岑氏土司府		位于凌云县城解放社区，始建于清康熙年间	祠堂古建筑分布面积约6000平方米	原有"岑氏家庙"、"襄勤公祠"、"昭忠祠"等建筑群

续表

名称	图片	营建年代与位置	建筑形制	艺术特征
西林岑氏土司府		位于今广西西林县那劳乡那劳村，建于1876年，落成于1879年	明代建筑，建筑坐西向东，依山傍水，主轴线有门楼、中堂、后堂三座主体建筑，门楼与中堂之间为天井，砖木结构，叠梁式梁架，硬山顶	建筑群包括岑氏土司衙门、岑氏祠堂、南阳书院、将军庙、思子楼、炮楼。占地面积4万多平方米，为三进院落

壮族戏台：戏台是壮族的公共建筑，是表演民间歌舞和戏剧的场所。每逢喜庆节日，各村寨自己组织的剧团便走串寨，表演人们所喜闻乐见的土戏、师公戏和木偶戏等剧目。广西武鸣县葛阳村的古戏台建在土岗斜坡处，坐南向北，正方台形，三面台口，舞台高出地面1米多，观众在台前、台左、台右都可以观看演出。台前至文昌阁有一长方形空地，可容纳观众2000多人。整个戏台小巧玲珑，古朴幽雅。戏台顶脊略成弧形，中低端高。顶脊正中塑有一只宝葫芦，脊两端各塑一只奔龙，屋脊两端与戏台四个瓦角，挑檐上翘，戏台中后以一幅间墙隔开，墙前台面系演出舞台，墙后是房，供化妆、憩息之用，间墙两边各开一门，便于演出人员上场退场。代表性的戏台还有广西靖西旧州戏台。（图5-2-11）

图5-2-11　广西靖西县旧州村戏台

其他类型：壮族供奉的竹王庙，因供奉"竹王"而得名。多见于广西北部红水河流域地区。广西右江流域壮族岑王庙会以其承载的丰富的文化表达方式，已被列入广西壮族自治区非物质文化遗产名录。云南省富宁县壮族地区坡芽至今仍流传着德高望重的老人在"老人厅"议事决策的风俗习惯。"老人厅"壮语音"滇东"，"滇"为带有祭祀性质的干栏式建筑。壮族村寨中凡是重大的活动都在"滇"内举行。（图5-2-12）

图5-2-12　壮族公共建筑（图片来源：作者摄于广西民族博物馆）

5.2.3　百越古道沿线的壮族民居建筑文脉模式语言

干栏式房屋：《博物志》云："南越巢居，北溯穴居，避寒暑也。"百越一带的"干栏式房屋"可追溯至7000年以前。南方古越部落则住类似巢居式的"干栏式"房子，即竹木结构的二层楼房，下层饲养牛、猪等家畜，上层住人，这样可以防止南方气候的潮湿和避开各种凶恶的野兽虫蛇。（图5-2-13）

"上古之世，人民少而禽兽众，人民不胜鸟兽虫蛇，有圣人作，构木为巢，以避群害，而民悦之"。"南越巢居，北朔穴居，避寒暑也"。上层住人、下层圈畜的房屋，史书上称为"干栏"，有的叫"高脚屋"。百越族群地处亚热带地区，早期居民根据自然地理环境和气候特点，创造发明了最具有民族风格和特点的干栏式房屋建筑形式。干栏式民居按照下层透空柱梁空间的高度划分，有高楼式和低楼式两种。有的"干栏"还依居住层伸延，建成望楼、排楼、晒楼等，以增加使用面积。

干栏式建筑在南方古代"百越"部落分布地区的新石器时代遗址中，或在汉代墓葬中均有所发现。（图5-2-14、图5-2-15）

图5-2-13　干栏式建筑样式演变图（作者自绘）

图5-2-14　广西合浦县发现的汉代干栏式建筑

图5-2-15　广西合浦县发现的汉代干栏式建筑

图5-2-16 十二桥商代遗址发现的小型干栏式木结构建筑

图5-2-17 壮语：家、屋、宅释义（图片来源：作者摄于广西民族博物馆）

四川成都十二桥商代遗址发现的大型木构建筑群，说明夏商周时期干栏式建筑和住居习俗尚在中国的南方地区流行和发展。（图5-2-16）

壮族多沿水而居依山傍水。房屋多保持古老的"干栏"形式，由于居住地区不同而形式各异。古老的壮语中有专门的传述。（图5-2-17）

在贵州从江、黎平等地，壮族多与侗族杂处，房屋结构外观基本上与当地侗族相同。其楼房全系木质结构，一般先起底层，上立屋架（壮族叫两节柱），两头搭以偏厦，顶上盖瓦或杉皮，有三间五间不等。楼上住人，底层关养牲畜、家禽，置农具，设舂碓、磨坊等。楼梯设于屋内一侧，楼上前边为走廊，围以栏干或半节板壁，在这里会客、乘凉和纺织。进大门是堂屋，一头设火塘，后屋和侧屋为卧室。其楼房有三间、五间至八九间不等，一般不搭偏厦，楼梯设于屋前正中，有砌石梯或木梯。楼上住人，分前中后三隔，后边为卧室，中间为过厅，正中设香火堂，前边为年青子女卧室、书房、客房和纺织间，一头设火塘、火灶，其地基填实土石。（图5-2-18）

百越古道沿线的德保县壮族民居建筑：当地山区木料丰富，村民用于建造住宅。木材用于制作横梁、立柱、桁条等房屋构件，基本保留干栏遗风。当地民居立面构架以穿斗式为主。穿斗式构架的特点在于用料简单，整体性和结构性强，木构技术被广泛使用。（图5-2-19）

左江上游民居在建筑布局上，正门居于房屋正中，左右两边檐下设吊楼，厨房大多建于主屋后方，并用于存放小型生产工具和生活杂物。"明三暗五"格局的主屋，一般可以隔出4间卧室，附屋主要用作厨房、餐厅、杂物间、牲畜栏或厕所。当地有很多"7"字形房屋，此类民居于门前一侧多出一间附屋作为厨房。火塘承载着家庭生活和公共社交功能的重要中心。壮族对外来文化兼容并蓄，布局有序，显示了壮族尊卑有别、长幼有序、权责清晰的道德伦理观念[11]。龙胜县龙脊乡壮族干栏，以神龛为中心，居住在坝区和城镇附近的壮族，

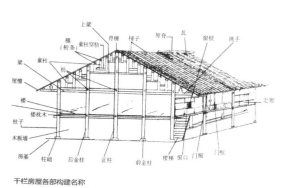

图5-2-18 干栏式建筑常用构造图（图片来源：作者摄于广西民族博物馆）

图5-2-19 广西德保县壮族干栏式古民居

图5-2-20 广西那坡县黑衣壮民居

图5-2-21 广西民族博物馆内壮族民居

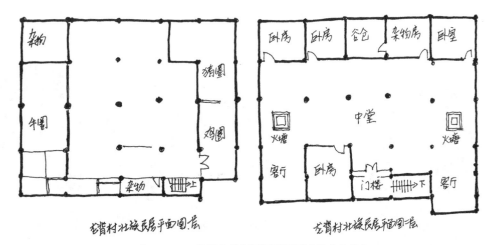

图5-2-22 龙脊古壮寨民居平面图（作者自绘）

其房屋多为砖木结构，外墙粉刷白灰，屋檐绘有装饰图案。居住在边远山区的壮族，其村落房舍则多数是土木结构的瓦房或草房，建筑式样一般有半干栏式和全地居式两种。（图5-2-20、图5-2-21、图5-2-22）

西林县马蚌乡浪吉村那岩屯干栏式民居，特点是楼上的厅堂十分宽敞。木架构的厅堂一般四开间，也有可容纳一百多人开会和就餐。那岩寨干栏的另一个特点是回廊悬空深长，最长的回廊有四五十米，户连户家连家，木楼与木楼，屋檐与屋檐重叠，木廊与木廊相连，可以在二楼上到处串门而不用下一楼去，俨然一户大"家庭"。从山脚到山腰依次排列若干个"干栏"，前后用桥连接起来，分别居住的院落，称为"串联式"，只有两排"干栏"，中间留出通道，两端有围墙及院门，形成相对封闭的长方形院落，透露出氏族社会的遗风，称为"并联式"。而"辐射式"则多见于较宽阔的山脚，常与"串联式"相结合，"干栏"自上而下展开辐射，中间留有石道，沿山坡直通家门。（图5-2-23、图5-2-24）

笔者2018年应广西罗城县委县政府的邀请，赴罗城县寨洲屯进行新农村项目设计，对该壮族村屯进行了考察与民居改造设计，依此项目撰写的一篇论文（与澳大利亚新南威尔士大学徐放教授合作）入选了第六届世界文化遗产可持续发展大会论文集，并应邀赴在西班牙举行的大会上进行了论文宣读。（图5-2-25、图5-2-26）

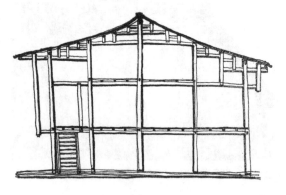

图5-2-23　西林县浪吉村那岩屯干栏式民居回廊（图片来源：http://blog.sina.com.cn/s/blog_5708eaf90100mz9a.html）

图5-2-24　壮族干栏建筑常用木构模式（作者自绘）

图5-2-25　寨洲屯壮族干栏民居一层养马

图5-2-26　寨洲屯壮族干栏民居前院

5.2.4　百越古道沿线的壮族建筑文脉特征

百越古道沿线壮族以稻作农业为主要生活方式，保留了最原生态的农业祖神祭祀等稻作文化习俗，形成了与之相适应的建筑模式语言。（表5-2-2）

文化廊道影响下百越古道沿线的壮族建筑文脉特征图像分析图　　　表5-2-2

	壮族以稻作农业为主的方式和以"那"文化为核心的传统文化体系，决定了与之相适应的居住方式和居住文化模式。聚落布局形态上体现出"那"文化特征：据"那"而作，依"那"而居		
聚落布局	 广西龙脊平安壮寨	 四周为农田的云南壮族里夺小寨	 靠山面河的云南壮族马碧村
	干栏的营造过程中，壮族工匠遵循美的规律，在保持其实用功能的基础上，对干栏的脊棱、檐口、挑手、门窗、柱头、柱础等部件进行刻意的装饰，有绣球状、祥云状、梅花状、灯笼状等，古拙简洁而有韵致		
装饰	 扶手栏杆装饰	 吊瓜、垂柱装饰	 挑手木雕装饰
	壮族一般以同一姓氏建村立寨，随着人口的发展，村寨出现了"地拱"，汉语叫门楼。壮族人建立"地拱"的主要目的是体现同姓中的分支，是公共出入场所。若本姓分支中有名人则将其功名的金字匾额置于门楼前面		
寨门	 平安壮寨大门	 刘三姐故里寨门	 金竹壮寨寨门

火塘	壮族仍然保留着火塘文化，火塘是煮吃、进餐、取暖、会客、议事、祭祀的地方，人们对火塘是十分看重，屋内厅堂与大门相对，两侧各设有一火塘，通常在右侧火塘炊煮，左侧火塘一般在婚丧和其他喜庆之日宴请宾客时才使用。常用的火塘一侧的壁面上，设有壁龛

窗	壮族建筑的窗式，基本上为方形，有漏窗和不漏窗大类，窗花纹样多采用中式传统几何纹样与壮锦纹样的组合方式，纯木制榫卯结构

壮锦纹饰窗花　　　　漏窗　　　　中式木方格与壮锦纹饰组合的窗花

望楼	望楼是干栏式壮族民居的特色之一，多置于楼梯一侧，与客厅相连，位于厅堂前，是一个半开放式空间，便于观景、通风、纳凉

披厦	壮族传统干栏建筑的两侧山墙下，往往设有披厦（偏厦、偏沙），各向外伸长以增加房屋使用面积，与客厅相连，一般作次卧或辅助用房

续表

干栏空间	壮族干栏式古民居结构："人"字屋顶，二层是人生活和居住的地方，三层为谷仓存储粮食，一层圈畜禽，设置卫生间或堆放杂物。民居体现出非常明显的农耕文化特点

一层圈畜禽	二层是人生活的地方	三层为谷仓存储粮食

干栏式民居，每座房子面前都搭有一个凉台（晒排），用来晒东西。面积约15~20平方米，晒排用活动木板或者竹竿编成

凉台

建筑正面的木板凉台	建筑正面的木板凉台	建筑侧面的木板凉台

　　壮族建筑发展过程中，既注意吸收汉族和其他民族的建筑艺术和建筑技术，同时又受百越古道文化交流的影响，形成了如下几点主要的建筑文脉特征。

　　①"那"文化的村寨选址和布局文脉特征。壮族以稻作农业为主的方式和以"那"文化为核心的传统文化体系，决定了与之相适应的居住方式和居住文化模式。形态上体现出"那"文化特征。那文化，即土地文化，以及与此相关联的文化。壮族据"那"而作，依"那"而居。

　　②壮族"太阳崇拜"和"长老崇拜"思想在建筑文脉上的体现。壮族擅长种植水稻，有太阳崇拜和长老崇拜的风俗，设村寨长老议事的"老人亭"。壮家人择水而居，历代以耕种为主，喜养六畜，畜物放养。许多村寨有"村前一曲水，村后万重山"之美，体现了生态环境的文化观念。壮族村子里头有许多的"地拱"，汉语叫门楼。壮族人建立"地拱"的主要目的是体现同姓中的分支，是公共出入场所。广西各地壮族村寨都建有大大小小的"岑王庙"，每年农历三月上旬当地壮族群众都会举行祭典活动。

　　③"干栏"文化的民居建筑文脉模式语言。壮族民居称为"干栏"民居，这种住房形式，宜于潮湿多雨，夏日酷热，地势不平的南方山坡地。房屋的前面或后面建有晒台。壮族民居多保持古老的"干栏"形式，由于居住地区不同而形式各异。多数是土木结构的瓦房或草房，建筑式样一般有全干栏、半干栏式和全地居式三种。

5.3 百越古道沿线的傣族建筑文脉

5.3.1 百越古道沿线的傣族村寨选址与聚落形态

傣族属汉藏语系壮侗语族壮傣语支。中国傣族人作为百越后裔，主要聚居在云南省的西双版纳傣族自治州、德宏傣族景颇族自治州、耿马傣族佤族自治县、孟连傣族拉祜族佤族自治县和临沧地区。居住在国外的傣族主要分布于泰国、缅甸、柬埔寨、老挝、越南等东南亚国家，历来以农耕为本，有着悠久的种植稻谷传统。傣族村寨是傣族文化中最主要的载体之一，是傣族民俗文化空间和实体的体现，也是傣家人智慧和历史的产物。在长期的生产实践中，傣族人通过与其所处的自然环境的相互调适，创造了一套独具特色的农耕文化。这一文化体系渗透着傣族人依靠自然，尊重自然，遵循自然法则的农耕理念。

傣族传统聚落是多元文化的体现，在传统聚落布局选址中，凝聚着古代百越文化、傣族文化、佛教文化等内涵。傣族认为人与自然的排列顺序是林、水、田、山、人。典型的傣族村寨，房屋建筑为"干栏"式竹楼，户与户之间竹篱为栏，自成院落。傣族居住的村寨里都有一座别具风格的水井塔。丰富水源，是傣族选址建寨定居的重要条件之一。傣家的竹楼、水井、森林、河流、佛寺、村寨等组成了一个人与自然和谐共处的诗意的人居环境。（图5-3-1）

图5-3-1 傣族村寨（作者自绘）

百越古道区域的代表性村落，有西双版纳的曼春满村、曼掌村、勐景来村和曼旦村等。曼春满村是一个历史悠久的传统傣族村寨，南临澜沧江，北依龙得湖。"曼掌"傣语意为大象寨，是个已有500多年历史的傣族村寨，村寨的门口有棵千年菩提树。漫滩寨几百年来一直保存着纯朴的民风、民俗、语言、饮食和建筑风格，寨子依山傍水而建，一百多户傣族传统民居全为清一色的干栏式建筑，从竹林中分散到稻田。

村寨主要由寨心、四道寨门和干栏式竹楼以及民俗植物构成，民居以"寨心"为"核"、"四道寨门"为边界，同心环式聚居，成单核团聚式空间布局，体现了傣族村寨人民的集体精神以及傣族"万物有灵"的思想。当地人用简单类比的方式将自然与社会存在物和人比拟，认为村寨也是也是有灵魂的，如人的躯体，是由各个部分组合而成的：人要有四肢，村社要竖四个寨门，此外，最重要的是心脏.要建寨心，外形似男性，栽于民居组团，作为全寨最高神灵的住所，故又称"寨心神"，或"社神"。凡村社一切隆重的祭典，都以它为中心来进行，体现原始宗教中的祖先崇拜思想[12]。

5.3.2　百越古道沿线的傣族公共建筑文脉模式语言

傣族的公共建筑主要有寨门、寨心、佛寺、水井塔等。

寨心与寨门：寨心傣语称为"宰曼"或"刚宰曼"，是云南傣族原始崇拜中所信仰的村社保护神。过去傣族人认为村落犹如一个人的身体，有心脏和灵魂。寨心就是村子的心脏，通常以村子中央的一株大树、一根木桩或土坯、石头作标志。建寨必先立寨门、寨心。寨子往往有四五个出入口。各个寨门的建筑形式与装饰艺术都不同，从中折射出傣族民间艺术的多元性和生活的变迁。

水井塔：傣族水井的建筑颇具匠心，井身造型和装饰都采用傣族崇敬的大象、孔雀、塔等作造型。井身镶了许多小圆镜，庄重华贵，这是因为傣族喜水、敬水、用水表示爱情、表达祝福，凡是傣族村寨都有各种形状的水井塔。曼金堡水井塔，就是典型的宝塔形水井。（图5-3-2）

佛教建筑：傣族建筑以佛寺和佛塔闻名，其中佛塔的成就最高。上座部佛教的寺庙称为缅寺，几乎每座傣寨至少都有一座佛塔。缅寺里不但进行宗教活动，还举行庆典、选举领袖、调解纠纷，寺庙已超出了纯粹宗教的意义。傣族佛寺建筑在屋顶、墙面、梁、柱等地方都有大量装饰，装饰材料极其多样，装饰方法有构件装饰和彩画装饰。寺门一般为三间两层重檐建筑，面朝东方，造型和佛殿屋顶造型很统一，屋脊上装饰有火焰状、卷叶状和动物的陶饰。檐下的木版上绘制壁画，正中为大门，左右两侧为守护寺院的神兽。大殿一般为长方形平面，坐西朝东，东面为大门，西面为佛像，大殿一般为重檐歇山式建筑，竹木或土木结构，开间为三间或五间不等。屋顶坡面由多层相叠而成，中堂较高，东西两侧递减，佛寺大殿屋顶的层次代表着佛寺的规格，层次越多，规格越高。

曼春满佛寺坐落在西双版纳傣族自治州景洪市勐罕镇傣族园内，始建于公元583年，传说是佛教传入西双版纳后修建的第一座佛寺。上城佛寺，又名景儿（傣语，意为龙城佛

图5-3-2 曼金堡水井塔

图5-3-3 云南省孟连县上城佛寺（图片来源：http://www.ynethnic.gov.cn/zjzc/zjhdcs/fj/puers/201705/t20170526_48000.html）

图5-3-4 中城佛寺（图片来源：http://blog.sina.com.cn/s/blog_5d6bc9950102xq0p.html）

图5-3-5 南甸宣抚司署大门（作者自绘）

寺），位于云南省孟连县孟连镇。上城佛寺建于1868年，占地5000多平方米，由佛殿、僧房、大门、引廊、经亭、金塔、银塔组成。主体建筑佛殿为歇山顶三重檐外廊式土木结构，主建筑佛殿29.4米，宽20米，通高12米，挂瓦屋面，外廊有24根圆柱，鼓形柱墩，整体结构雄伟，为现存孟连佛寺建筑之最。（图5-3-3）

中城佛寺位于普洱市孟连县城西侧的娜允古镇内，傣语称"佤岗"，是孟连县城内历史悠久、规模较大的佛寺之一，寺内墙上有精美的傣族民间金水壁画和金饰彩绘图案。（图5-3-4）

南甸宣抚司署位于梁河县城遮岛镇，建于清咸丰元年（1851年），是目前云南保存最完好的土司衙门，人们称它为傣族的"小故宫"。建筑群按汉式衙署式布置，由五进四院，47幢149间房屋组成，按土司衙门等级分为公堂、会客厅、议事厅、正堂、后花园，五进四院，逐级升高。（图5-3-5）

孟连宣抚司署坐落于云南省孟连傣族拉祜族佤族自治县的娜允古镇内。它所代表的傣族世袭土司自明清延续到民国时期，历经500余年，占地6738.19平方米。建筑群坐北朝南，由门堂、议事厅、正厅、东西厢房、厨房、粮仓等建筑组成。整个建筑群系木结构，主体建筑

图5-3-6　孟连宣抚司署（图片来源：http://www.puerml.cn/Item/85.aspx）

议事厅为傣族干栏式建筑，装饰部分采用汉族的斗栱、飞檐、雕刻、方格窗等建筑风格，是云南省唯一的一座傣汉合璧建筑群，也是云南省边疆民族地区土司衙署中保存较完整、规模最大的一组土司衙署建筑群。（图5-3-6）

5.3.3　百越古道沿线的傣族民居建筑文脉模式语言

傣族人居住竹楼的历史已经有一千多年了，这种建筑非常适合南亚热带雨林的气候。傣家竹楼为干栏式建筑，造型美观，竹楼用各种竹料（或木料）穿斗在一起，互相牵扯较为牢固。竹楼分为两层，底层设有围墙，是储藏杂物和饲养家畜的地方。楼上是家人居住、生活的地方。每座竹楼都有一个阳台，屋内是一间大起居室，铺着竹席，家人用餐、休息和接待客人，都坐在竹席上。屋子中央有个火塘，起居室连着卧室，一般有三到五间。竹楼有百姓与官家之分，官家竹楼宽敞高大，呈正方形，屋顶带三角锥状，用木片复顶。整个竹楼用二十至二十四根粗大的木柱支撑，木柱建在石墩上，有的横梁上雕刻花纹受佛教文化影响，特别是缅寺和亭阁都有凹状花纹。竹楼的顶梁大柱被称为"坠落之柱"，这是竹楼里最神圣的柱子。百姓竹楼与官家竹楼相同，只是较为狭小，屋顶用茅草覆盖，木柱不准用石墩柱脚，也不准用横梁穿柱，不准雕刻花纹。屋里的家具竹制者最多，桌、椅、床、箱等多用竹制成。（图5-3-7）

图5-3-7　傣族传统竹楼（作者自绘）

图5-3-8 1979年外国摄影师拍摄的云南西双版纳民居（图片来源http://mini.eastday.com/a/180520153008126.html）

图5-3-9 1979年外国摄影师拍摄的云南西双版纳民居（图片来源http://mini.eastday.com/a/180520153008126.html）

傣族的建筑受气候、海拔、地形、建筑材料等自然环境和人口、经济、宗教、政治、科技、思想意识等社会环境的影响，主要有以西双版纳傣族民居为代表的优美灵巧的干栏式建筑，以元江、红河一线傣族民居为代表的厚重结实的平顶土掌房，以及典雅富丽的佛寺建筑等几种类型。傣族建筑大体分为民用建筑和佛寺建筑。傣族建筑师法自然，融于自然，顺应自然，表现自然。[13]

西双版纳傣族的传统住房形式，多系竹木结构的两层楼房。柱为木质，椽檩及楼板、楼壁为竹料，以编织的"草排"盖顶，俗称竹楼、草楼，史称"干栏"。其楼呈方形，上下两层，上层住人，距地约2.5米，下层无墙，用以饲养牲畜。[14]。（图5-3-8、图5-3-9）

傣家竹楼的造型属干栏式建筑，房顶呈"人"字型，易于排水、不会造成积水的情况。结构上用粗竹子做房子的骨架，竹编篾子做墙体，楼板或用竹篾，或用木板，屋顶用茅草铺盖，梁柱门窗楼板全部用竹制成。竹楼用料简单，施工方便而且迅速。生活用途上，竹楼的平面呈方形，底层架空多不用墙壁，供饲养牲畜和堆放杂物，楼上有堂屋和卧室，堂屋设火塘，是烧茶做饭和家人团聚的地方，外有开敞的前廊和晒台，前廊是白天主人工作和接待客人的地方，既明亮又通风；晒台是晾晒农作物和存放水罐的地方。（图5-3-10）

5.3.4 百越古道沿线的傣族建筑文脉特征

百越古道沿线傣族以稻作农业为主的生活方式，保留了最原生态的稻作文化习俗与民间信仰，形成了与之相适应的建筑模式语言。（表5-3-1）

图5-3-10 傣族干栏式民居功能示意图（图片来源：http://www.naic.org.cn/html/2017/gjjy_1023/29800.html）

文化廊道影响下百越古道沿线的傣族建筑文脉特征图像分析图　　　表5-3-1

村寨布局	傣族村寨的空间布局凝聚着古代百越文化、傣族文化、佛教文化等内涵。体现出依靠自然，尊重自然，遵循自然法则的农耕理念		

	古代百越文化	佛教文化	农耕文化

竹楼	傣族的传统住房形式，多系竹木结构的两层楼房。椽檩及楼板楼壁为竹料，以编织的"草排"盖顶，俗称竹楼、草楼，史称"干栏"		

建筑材料肌理	傣族建筑的材料肌理主要由金黄色的竹子、褐色的稻草、木材、灰色的瓦片、石材构成		
			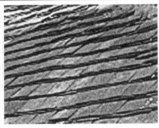
	竹编肌理	稻草肌理	灰瓦片

寨门	各个寨门的建筑形式与装饰艺术都不同，从中折射出傣族民间艺术的多元性和生活的变迁		

寨心	云南傣族原始崇拜中所信仰的村社保护神。过去傣族人认为村落犹如一个人的身体，有心脏和灵魂。寨心就是村子的心脏，通常以村子中央的一株大树、一根木桩或土坯、石头作标志。建寨必先立寨门、寨心		

续表

水井塔	傣族水井的建筑颇具匠心，井身造型和装饰都采用傣族崇敬的大象、孔雀、塔等作造型。傣族喜水、敬水、用水表示爱情、表达祝福，凡是傣族村寨都有各种形状的水井塔		

佛寺	傣族建筑以佛寺和佛塔闻名，其中佛塔的成就最高。几乎每座傣寨至少都有一座佛塔。寺门一般为三间两层重檐建筑，面朝东方，造型和佛殿屋顶造型很统一，屋脊上装饰有火焰状、卷叶状和动物的陶饰。正中为大门，左右两侧为守护寺院的神兽		

装饰艺术	在屋顶、墙面、梁、柱等地方都有大量装饰，装饰材料极其多样，装饰方法有构件装饰和彩画装饰		

傣族建筑在发展过程中，形成了如下几点主要的建筑文脉特征。

①傣族的建筑文脉主要体现在三方面，即宗教信仰、稻作文化及地理环境。三者之间紧密联系，产生了傣族村寨的空间布局模式与建筑文化模式语言，形成了一个完整的建筑文脉体系，是凝聚着古代百越文化、傣族文化、佛教文化等内涵，依靠自然，尊重自然，遵循自然法则的农耕理念的建筑文脉。

②傣族的民族性格、道德伦理、审美意识及行为活动，影响了建筑特色的形成和演变。村寨公共建筑充分体现了宗教信仰的功能需求与审美特征。傣族心目中的水，是孕育万物的

乳汁，是生命的血源。丰富水源，是傣族选址建寨定居的重要条件之一。傣族聚落格局的形成最初受原始宗教影响，形成聚落的基本空间形态和布局思想。主要体现为"寨心与垄林"。

③傣族人居住的竹楼，非常适合南亚热带雨林的气候，充分体现了乡土民居建筑的地理环境特征。其为干栏式的建筑模式，其建筑历史已经有一千多年了，保留着祖先"多起竹楼，傍水而居"的习惯。傣族村落大都在平坝区近水之地，竹楼成了傣族的一个符号。

5.4 百越古道沿线的侬族、热侬族、普泰族等建筑文脉

5.4.1 侬族与热侬族建筑

越南的岱侬族和侬族与中国的壮族有着密切的亲缘关系，20世纪60年代以前越南政府称其为壮族，而后改为侬族，他们在语言、风俗习惯、文化传统等方面仍保持着共同的特征。自古以来一直居住在越南北部的僚人就是岱侬族，而从中国广西、云南边境地区迁入的僚人就是侬族。侬族在中国是南部壮族的主体部分，越南的岱侬族、侬族与我国的壮族实际上是跨境民族，语言都属于壮侗语族。泰族的高脚屋有一定的科学性，适合山区的气候条件，受越族建筑的影响，许多高脚屋已改成半民族半现代的样式。壮族的住宅改进则是朝邻近的汉族住宅样式方面靠拢。[15]据考证，热侬族为布依族的一个分支，18世纪中叶以后由中国云贵高原迁入越南。热侬族居民在衣着、饮食、住房、语言、习俗等许多方面与岱侬族、侬族、壮族、布依族有密切关系，在许多地区正在出现民族融合的趋势。

5.4.2 普泰族与掸族、水族建筑

公元1世纪末，"普泰"先民由"勐达光"（汉译"哀牢国"）境内沿红河水系南迁至今越南西北部。近代，部分"普泰"又从越南西北部迁入老挝、泰国境内，定居在老挝甘蒙省塔克县、泰国那昆府肋奴那昆县及其附近地区。"普泰"的房子多为干栏式，用竹席为墙，用茅草盖顶。楼下圈养家畜，楼上住人。水族的房子是地地道道的干栏建筑。水族民居居住层从平面组合来看，不外乎有五个基本单元素，即楼梯、堂屋、卧室、走廊、客厅。

5.4.3 京族建筑

京族是我国主要从事沿海捕捞渔业的民族。京族的祖先源于越南海防。明朝时，打渔的京族人发现了京岛，便来到京岛，开发京岛。其最先用茅草做房，后面发展成木头做的穿枋房，榫卯结构，房子用竹片包起来。茅草房的基本大小为5米×6米或5米×3米，茅草房的大小看经济能力决定，居住形式是一家人住在一起，睡的是通铺，有钱人就用布隔开。茅草屋的顶部也是用茅草搭建，没有使用一颗铁钉，底面是架空离地的。"架"是利用结构柱或者自然元素界定领域和空间的手法。茅草屋的结构是像"田"字形一样分四块。京族人最先用茅草做房块，设有一个正门和一个后门，正门边有一个窗户。茅屋都是用竹片编织的，经济条件好的人家则用木头。据旧地方志记载，京族在20世纪40年代以前，其居住房舍普遍是原

图5-4-1　东兴市江平镇京族三岛民居建筑历史图一　　　图5-4-2　东兴市江平镇京族三岛民居建筑历史图二
（图片来源：作者摄于京族三岛京族博物馆）　　　　　　（图片来源：作者摄于京族三岛京族博物馆）

始而古老的干栏式竹木结构。房屋的四角竖起四根木柱，一边高一边低，形成坡度，也有用六根木柱成"金"字形的，每根木柱垫以石头防腐。墙壁用木条或竹片编织，有的还糊上泥巴，屋顶盖以茅草。屋内分隔成两层，上层密排着粗竹片或木条作为地板，再铺上一层粗制的竹席或草垫，人们称之为"栏栅屋"。这种居住形式，较多地保留了古代越族的干栏特征。北齐时的《魏书·僚传》有载："依树积木，以居其上，名曰'干栏'。"为的是避瘴气和毒蛇猛兽的侵害。（图5-4-1、图5-4-2）

石条瓦房是现在能看到的京族传统住房，即外墙砌石条，房顶盖琉璃泥瓦，屋脊与瓦行间都压着小石条以抵御海风，是由"栏栅屋"发展而来的。岭南地区的古村民宅有着鲜明的地方特色和个性特征，蕴涵着丰富的文化内涵。除注重其实用功能外，更注重其自身的空间形式、艺术风格、民族传统以及与周围环境的协调。在京族人聚居的地方，无论你走到哪里，都可以见到一座一座独立的、以长方形淡褐色石条砌成的住宅。每块石条约75厘米长，25厘米宽，20厘米高。从地面到檐首之间砌石条23块；从檐首向上到封山顶之间砌石条10块。由于海边风沙频繁，京族人还在屋脊及瓦行之间压置一块连接一块的石块或砖头。这种别具一格的石条作砖墙、独立成座、屋顶以砖石相压的居家建筑，构成了京族地区建筑的民俗特色。石条瓦房外墙砌石条，每块石条长75厘米，宽25厘米，厚20厘米。石条砌墙，房高约7米，屋顶盖瓦，稳固凉爽，可抗台风。石条房坚固耐用而又抗风耐湿，非常适合沿海地区的气候和生活，是京族人民的杰出发明与创造。（图5-4-3）

图5-4-3　贝丘湾渔村石条屋实考

5.5　黔桂古道沿线的侗族建筑文脉

5.5.1　侗族戏楼与鼓楼组合而成的聚落心脏空间模式语言

　　侗族主要分布在贵州省的黎平、榕江、从江、锦屏、天柱、镇远、剑河等县，其次是湖南省的新晃、通道、绥宁、城步、会同、藏江等县和广西壮族自治区的三江、龙胜等县。侗族属汉藏语系壮侗语族侗水语支。由于侗族与其他兄弟民族，特别是汉族，长期在经济和文化上密切交往，因此侗语吸收了不少汉语成分。侗族的族源可能是由"骆越"的一支发展而成。秦汉时期，在今广东、广西一带聚居着许多部落，统称之为"骆越"（百越的一支）。魏晋以后，这在部落又被泛称为"僚"。侗族也属于僚的一部分。目前侗族的分布和属于"百越"系统的壮、水、毛南等民族的住地相邻，风俗习惯也有许多共同之处。侗族将山脉、河流视为"龙脉"，认为"龙嘴"是安寨的最佳地点，而风雨桥是用来贯龙脉、导龙气、领水口、存财气的。这中间就包含着侗家人祈愿自己的民族家族生存兴旺发达的潜意识。侗家人建在寨边河上的大大小小风雨桥，从远处看像一条条大大小小的"龙"，侗寨戏楼多建于寨子中央，与鼓楼、歌坪紧密结合，构成侗寨的"心脏"。侗寨鼓楼酷似一棵大杉树，村民称为"遮荫树"。人们的社区交往利用这个心脏空间来进行。如侗族著名的"百家宴"活动就在此广场空间举行。（图5-5-1、图5-5-2）

　　典型寨落：侗寨公共空间"五要素"是寨落建筑整体结构的一个重要理念，即：在单座序列中的寨门楼、风雨桥、吊脚楼、鼓楼、戏台。鼓楼自身具有极强的空间内向性，耸立在寨子的中央；吊脚楼簇拥在它的四周。贵州省黎平县肇兴侗寨是全国最大的侗族村寨。肇兴侗寨全为陆姓侗族，分为五大房族，分居五个自然片区，当地称之为"团"，共分为仁团、

图5-5-1　侗寨百家宴表演（图片来源：http://www.lztour.gov.cn/lydtl/dfdt/201902/t20190221_1259313.html）

图5-5-2　侗族程阳八寨百家宴　　　　　　　　　　图5-5-3　侗族程阳八寨

义团、礼团、智团、信团五团,居民共1100余户。肇兴侗寨四面环山,寨子建于山中盆地,两条小溪汇成一条小河穿寨而过。寨中房屋为干栏式吊脚楼,错落有致,全部用杉木建造,硬山顶覆小青瓦,古朴实用。寨中共建有鼓楼五座、花桥五座、戏台五座。三江独峒侗寨中,各具风姿的吊脚楼、寨门楼组成了千姿百态,空间形态参差错落,天际轮廓线起伏多变的妙趣天成的寨落景观,其美感特征非常突出。盘贵寨位于两河交汇处的河谷地带,溪水与群山环抱。吊脚楼、寨门楼,包括鼓楼、风雨桥作为一种建筑形态和景观语言,在布局上借自然之势,是侗寨建筑序列的另一个突出特征。

以鼓楼为中心向四周扩散,民居布局自由,形成了典型的侗族村寨选址特征。侗族建筑的美主要表现在两个方面:一是单座建筑自身的空间形态美,二是由单座建筑组合构成组群序列的"部分归于全体"的和谐美。而组群序列的和谐美,首先表现在它的单座建筑自身的从形式到内容、从局部到整体的多样统一。[16]

程阳八寨位于广西柳州市三江侗族自治县,村寨内的吊脚木楼、鼓楼、风雨桥与周边大山、小河、田野构成了别致而独特的美景。自清朝以来,逐渐形成马安、岩寨、平寨、大寨、董寨、吉昌、平坦、平甫八个自然村落,所以俗称"程阳八寨"。八个连成一片的侗族山寨,不仅完好地保存着侗族的木楼建筑、服装饰品、歌舞文化、生活习俗等古老传统,还居住着近10000侗族人。(图5-5-3)

侗寨大多就其地形,依山傍水,整体布局大致分为平坝型、山麓型、山脊型和山谷型四种。

5.5.2　以鼓楼为中心的侗寨"五要素"建筑文脉模式语言

正如前所说侗寨鼓楼、风雨桥、戏楼、寨门、吊脚楼"五要素"是寨落建筑整体结构的一个重要理念。侗寨以鼓楼为中心向四周扩散,民居布局自由,形成典型的侗族村寨选址、格局及风貌特征,注重与自然环境的有机融合。人们的日常生活与社区交往需求,紧紧围绕这五个要素来进行。侗寨建房有一规矩,即围绕鼓楼修建,犹如蜘蛛网,形成放射状。鼓楼是侗寨特有的一种民俗建筑物，它是团结的象征，是侗寨的标志，在侗民心目中拥有至高无上的地位。在其附近还配套侗戏楼、风雨楼、鼓楼坪，构成社会、文化活动的中心，俨然侗寨的心脏。侗族擅长木石建筑，鼓楼、桥梁是这个民族建筑艺术的结晶。鼓楼与风雨桥，是侗族乡寨特有的标志，有侗寨就有鼓楼。其一般是一个族姓建一座鼓楼，如果侗寨族姓多，往往一寨之中同时有几个鼓楼并立。鼓楼具有历史悠久、造型美观、结构独特、用途多样等特点，具有十分重要的历史、科学、艺术价值和民族民俗文物价值。鼓楼的来源，众说纷纭。民间传说三国时，诸葛亮南征，曾扎营侗乡，为方便指挥，在营寨中修筑高亭，内置铜鼓，以鼓声传令，遂流传成为鼓楼。（表5-5-1）

黔桂古道侗寨五要素建筑文脉模式　　　　　　　　　　　　　表5-5-1

名称	图片	位置与功能	建筑形制	艺术特征
鼓楼		位于侗寨中央，为侗寨古时放鼓之楼。在侗族历史上，凡有重大事宜商议、抵御外来骚扰等，均击鼓以号召	建筑构造为多柱支架八角密檐塔式结构。鼓楼以杉木凿榫衔接，顶梁柱拔地凌空，排枋纵横交错，上下吻合，采用杠杆原理，层层支撑而上。鼓楼为全木构建筑	杉木结构的塔形建筑物，底为四方形，上面为多角形，有四檐四角、六檐六角、八檐八角等不同类型。外形立面均为奇数重檐
风雨桥		位于侗寨寨外或寨内，起桥梁交通与遮风避雨及休闲功能之作用	风雨桥博采侗族民间建筑之精华，集廊、亭、台、楼、阁于一身，造型壮观、优美	风雨桥一般坐落在山寨前的溪河上。桥面铺板，两旁设置栏、长凳，形成长廊式走道
戏楼		位于侗寨寨中央，鼓楼对面，与鼓楼一起形成一个公共广场，起戏剧表演活动的作用	戏台、鼓楼、歌坪三位一体，一般为三柱排扇单间二层，一层高约6尺，二层高约1丈多，面宽约2丈，前后台间壁板隔开，两边各留一门	戏楼造型与侗族民房类似，是一种吊脚楼式的木结构建筑，用杉木榫接穿斗拱而成
寨门		位于寨门口，起范围界定作用	在古代时，侗寨一扇门到四扇门的寨门都有。一般来说，寨门高4至5米，一扇门的寨门一般宽1.5至1.8米，二门的宽4米。四扇门的寨门一般是一个大门加两个小门	公共木式建筑，立于寨子出入口处。寨门形状各异，门框上方飞檐翘角，框边雕龙画凤

续表

名称	图片	位置与功能	建筑形制	艺术特征
吊脚楼		位于寨内外，成组团，起居住的作用	侗族吊脚楼多是杉木结构的干栏式建筑，为悬山式屋顶，屋顶盖青瓦或杉皮，两边搭有偏厦。楼高10米左右，一般为三层，也有四层	楼板以下为"底层"，顶棚为"楼层"，中间层为"住层"。底层一般为关养家禽牲畜，储藏粮食之用

鼓楼：据考证，侗族鼓楼，其历史可追溯至侗族社会的原始氏族早期。鼓楼最初的模样，是由一棵荫护侗族村民的大杉树演化而来，现今一些偏僻的侗寨仍然保存摹仿一棵大杉树建造的"独脚"（独柱）鼓楼，这些鼓楼为后人研究侗族早期建筑艺术提供了实物标本。在侗寨里，鼓楼既是吉祥的象征，又是民族形象的标志与化身，它的地位是神圣、崇高的。据清代雍正年间有关资料记载：侗人"以巨木埋地作楼高数丈，歌者夜则缘宿其上……"。鼓楼侗族人称其为"堂瓦"，"瓦"的意思是公共的，就是公共的屋子。各地侗族根据鼓楼所处的位置和用途，对它还有不同的称谓。如将它叫作凉亭、公棚或长楼等。

建造鼓楼的主要大梁柱、照面坊，是经过族中长辈年高具有威望的老人选定的。鼓楼下端呈方形，四周置有长凳，中间有一大火塘；楼门前为全寨逢年过节的娱乐场地。鼓楼属木质多层塔式高亭形结构，由原先的"独脚"向四柱、六柱演变，底为四方形，上面为多角形，有四檐四角、六檐六角、八檐八角等不同类型。外形立面均为奇数重檐，有三层、五层、七层，多的十几层。平面与立面的一组数字，一为偶数，一为奇数，其奥秘与宗教有关。鼓楼有尖顶、歇山顶、悬山顶等式样，顶上有象征吉祥的宝葫芦、千年鹤等雕饰物，梁柱瓦檐均饰以彩绘。整座建筑全部以榫槽衔接。鼓楼是侗家集会议事的政治中心，又是人们祭拜、休息和进行活动的场所。鼓楼形态最显著的特点是在杉树原型的基础上揉合汉族密檐多层佛塔的造型，形成下大上小的楼塔形，高密度重檐叠加的楼体塔身，重檐数上皆为单数，视之为吉祥之数。工匠们修建鼓楼时，没有统一的图示或图纸，仅凭一根"香杆"（竹片）和"墨斗"做标尺建造出鼓楼。（图5-5-4、图5-5-5、图5-5-6）

图5-5-4 作者调研一

图5-5-5　作者调研二

图5-5-6　三江侗族大鼓楼内部结构

图5-5-7　三江侗族自治县马胖鼓楼模型

图5-5-8　侗族公共建筑模型

　　榕江三宝鼓楼，位于贵州省榕江县车江三宝千户侗寨中部，始建于清道光年间，咸同年间被毁，光绪十七年（1891年）重建。主楼坐北朝南，为三重檐四角攒尖木质结构。建筑面积225平方米，21层，总高35.18米。三江侗族自治县马胖鼓楼始建于清代末年，重建于1943年。楼高九层，主体由腰围5尺许的4根大杉木柱直竖顶部组成中心构架，四周配以12根副柱，构成正方形状厅堂。垫有大青石雕成的圆台形础石，使楼体增添了坚实感和凝重感。独峒乡八协鼓楼为七重檐四边形鼓楼，木构上为穿斗式非中心柱结构，以落地柱和瓜柱支撑，柱与柱之间以穿枋连接，屋架由顶部的檩条和横纵若干道穿枋、斗枋连接为整体。（图5-5-7、图5-5-8）

　　纪堂鼓楼位于贵州省黎平县肇兴乡纪堂寨上，共3座。塘明鼓楼由12根大杉木立于柱础之上，高约22米，突出于寨中。该楼以逐层内收的梁枋和全爪柱支撑，层层挑出层檐，形如宝塔，内无层板，空至宝顶。鼓楼基面约160平方米，中央用青石板镶成一个火塘，周围有简易木凳。楼前有一歌坪，坪边建有一个小巧玲珑的侗戏台，与鼓楼相对。该楼底层呈方形，上为八角形，共有9重檐，为四角攒尖顶。

　　贵州增冲鼓楼始建于清康熙十一年（1672年），楼基占地100多平方米，为木结构塔状建筑，五层，十三檐，八角攒尖顶，通高20余米，其中木构架高达17.65米。楼的底层分立四根金柱，八根檐柱，檐柱外绕以木栏杆。楼的平面呈八角形，中心设有直径达1.4米的圆形火塘，金柱间放置着四条大板凳。底层的南、北、西三面各辟一门，东面置一石板桌。楼的底层悬挂着一块道光十年（1830年）的匾，匾上书"万里和风"四个大字。

　　智寨鼓楼，九重檐八角歇山顶，高14.9米，占地77.3平方米。其由16根柱子构成骨架，中间4根柱子直贯顶层，四面为12根副柱，略小于中柱。其用逐层内收的梁方金瓜柱支撑，层层挑出屋檐，类似宝塔。楼中央设有火塘，四周有长条木凳，供人休息。檐角高翘，屋脊之上泥塑小葫芦宝瓶，其翼角塑小鸟，玲珑雅致，鼓楼的檐层辅小青瓦，屋脊白色，塑有狮，虎，凤等。楼内雕梁画栋，书有六幅盈联，正面一至三檐之间塑有"双龙抢宝"。仁寨鼓楼，七重檐八角攒尖顶，高21.7米，占地面积60平方米。义寨鼓楼，十一重檐八角攒尖顶，高25.8米，占地81.6平方米。礼寨鼓楼，十三重檐八角攒尖顶，高23.1米，占地70.3平方米。信寨鼓楼，十一重檐八角攒尖顶，高25.9米，占地78.3平方米。（表5-5-2）

黔桂古道代表性侗族鼓楼建筑文脉模式　　　　　　表5-5-2

名称	图片	营建年代与位置	建筑形制	艺术特征
马胖鼓楼		位于三江侗族自治县八江乡马胖寨，始建于清代末年，重建于1943年	高九层，主体由4根大杉木柱组成中心构架，象征四季平安，四周配以12根副柱，构成正方形厅堂。大青石雕成的圆台形础石使楼体增添了坚实感和凝重感	鼓楼为纯木结构，底部呈方形或六面形，上部为飞阁重檐，屋顶有庑殿式和攒尖顶两种。马胖鼓楼是广西唯一被列为全国重点文物保护单位的鼓楼
增冲鼓楼		增冲鼓楼位于贵州省从江县增冲乡增冲村	为八角攒尖顶塔式木构建筑，平面呈八角形，五层十三重檐。木构架净高17.65米，楼刹通高20余米。四周四根大木柱冲天而起，旁边配以小立柱、飞檐和斗拱，形如宝塔	增冲鼓楼是侗乡最有名的鼓楼之一，也是贵州省历史最悠久、形体结构最大的鼓楼
信地鼓楼		位于贵州省从江县信地乡寨友村，该楼始建于清乾隆二十六年（1761年）	该楼共13层，高20米，顶端斗拱楼阁高3米，地基占地约150平方米。楼内以高16米的四根大柱为主要框架，外围8根短柱重叠，层层而上，呈八面流水，飞檐翘角。飞檐部分共12层	斗拱楼阁一层，呈八角伞状。顶尖为陶瓷宝葫芦冲顶，高1米。该楼四面临水，北为鼓楼坪空地，东南两面5米处是民房

名称	图片	营建年代与位置	建筑形制	艺术特征
纪堂鼓楼		位于贵州省黎平县肇兴乡纪堂寨上，共3座。纪堂鼓楼建筑年代久远，曾多次修葺	塘明鼓楼由12根大杉木立于柱础之上，高约22米，以逐层内收的梁枋和全爪柱支撑，层层挑出层檐，形如宝塔，鼓楼基面约160平方米，中央用青石板镶成一个火塘	该楼底层呈方形，上为八角形，共有9重檐，为四角攒尖顶
银潭鼓楼		位于从江县谷坪乡银潭侗寨，银潭有三座鼓楼，始建时间为清代	其中上寨鼓楼建于道光丙戌年（公元1826年），占地74平方米，通高约21米，建筑样式为塔型	从江县鼓楼的典型代表

风雨桥：在贵州、广西的侗乡有许多久负盛名的鼓楼和风雨桥。这些兴盛于汉末至唐代的古建筑，结构严谨，造型独特，极富民族气质。风雨桥又名花桥、回龙桥，建筑史上称为桥廊，亦称花桥、福桥，壮语叫"厅哒"，为侗族建筑"三宝"之一。风雨桥体现出壮、侗、瑶民族的交通风俗，其是干栏式建筑的发展及延伸。多用木料筑成，靠凿榫衔接。桥面铺板，两旁设置栏、长凳，形成长廊式走道。石桥墩上建塔、亭，有多层，每层檐角翘起，绘凤雕龙。顶有宝葫芦、千年鹤等吉祥物。和鼓楼一样，风雨桥博采侗族民间建筑之精华，集廊、亭、台、楼、阁于一身，造型壮观、优美。风雨桥一般坐落在山寨前的溪河上。据统计，三江侗族自治县境内有100多座风雨桥，在侗族地区，逢溪遇河必架桥，风雨桥不计其数。其中，三江侗族自治县的林溪程阳永济桥和独峒芭团培龙风雨桥最为典型。《三江县志》对程阳永济桥的原貌做过记载。

程阳风雨桥，又叫永济桥、盘龙桥。其建于1912年，是典型的侗族建筑，横跨林溪河。它建筑的惊人之处在于整座桥梁不用一钉一铆，全为大小条木凿木相吻，以榫衔接。其全长77.76米，桥道宽3.75米，桥面高11.52米，是一座四孔五墩伸臂木梁桥，5个墩台上建有5座桥亭和19间桥廊，宛若水上的一座长廊式高大楼阁。桥墩呈六面柱体，墩上设两层托架梁，托架梁上辅两层大梁。亭、塔、楼、阁坐落在大梁上。中央为六角攒尖重檐亭，整座桥显得雄浑、壮观。

独峒芭团培龙桥，距三江侗族自治县城45公里，规模仅次于程阳永济桥，专家们称，回龙桥（风雨桥）中芭团培龙桥气韵最为浓烈、传神，艺术性最高，堪称桥梁建筑艺术之

图5-5-9　侗族风雨桥

奇葩。芭团培龙桥建于清宣统二年（1910年），为两孔二台一墩三亭。桥面分人行道和畜行道，畜行道挂于桥侧，上下异层。人行道部分与程阳永济桥基本相同，以9根胸径为40厘米左右的圆木排成两层托架梁，两层托架之间的横木按一定距离隔开，大梁则支在上层托架的两端。大梁叠成两层，其用料及联接方式与托架梁相同。而畜行道部分则巧妙地挂在人行道的南侧（河的上游），托架梁为一层，托架之上铺一层大梁，其构造与人行道相同。芭团培龙桥由于它的功能处理匠心独具，因而被专家们称为"古今中外，独一无二"的民间桥梁建筑之典范。芭团培龙桥的另一个特点是由两位师傅修建，各从一头建去，各有风格，却浑然天成地统一在整体中。[17]（图5-5-9）

地坪风雨桥，位于贵州黎平县地坪乡的风雨桥，横跨在美丽的南江河上，桥身长约70米，宽约4米，距水面高8米。桥上建有三座桥楼，中楼高约5米，是一座五重檐四角攒尖顶的鼓楼，顶上安装有葫芦宝顶，桥两端是三重檐歇山顶高约3米的鼓楼。桥翼角巧装套兽，横廊顶脊装饰泥塑鸳鸯、凤凰。廊内两侧绘有侗族风俗画和花鸟山水画，形象生动。桥北端配建一座高约9米的六角攒尖顶风雨亭。

贵州从江县现存分布在各村寨大大小小的风雨桥六十多座，其中有文字记载较早的现存风雨桥是住洞寨脚风雨桥，始建于清乾隆四十二年（1777年）。流架风雨桥、金勾风雨桥、增盈风雨桥、里阁风雨桥、高黄风雨桥、小黄德风雨桥等较有代表性。（表5-5-3）

黔桂古道（代表性）侗族风雨桥建筑文脉模式　　　　表5-5-3

名称	图片	营建年代与位置	建筑形制	艺术特征
程阳永济桥		又叫永济桥、盘龙桥。位于广西三江县林溪镇，建于1912年	石墩木结构楼阁式建筑，整座桥梁不用一钉一铆，以榫衔接，是一座四孔五墩伸臂木梁桥，有五座塔阁式桥亭和十九间桥廊，为六角攒尖重檐亭	是唯一被列为全国重点文物保护单位的侗族风雨桥
琶团培龙桥		位于广西三江县独峒乡，建于清宣统二年（1910年）	两孔二台一墩三亭。桥面分人行道和畜行道，畜行道挂于桥侧，上下异层，与现代的双层立交桥有异曲同工之妙。桥的入口与桥身呈80度角	人行道部分以9根胸径为40厘米左右的圆木排成两层托架梁。由两位师傅修建，各从一头建去，各有风格，却浑然天成地统一在整体中
地坪风雨桥		位于贵州黎平县地坪乡，始建于清光绪八年（公元1882年），历史上曾多次修葺	桥长57.61米，宽5.2米。桥上建有三座桥楼，中楼是一座五重檐四角攒尖顶的鼓楼，桥两端是三重檐歇山顶高约3米的鼓楼。桥北端配建一座高约9米的六角攒尖顶风雨亭	桥翼角巧装套兽，横廊顶脊装饰泥塑鸳鸯、凤凰。顶上安装有葫芦宝顶，廊内两侧绘有侗族风俗画和花鸟山水画，形象生动
流架风雨桥		位于从江县谷坪乡，该桥始建年代不详，于清道光丙戌（1826年）动工重建	桥下部为单拱结构石拱桥，跨度8.4米，桥长19.3米，宽3.8米，石拱桥平面为"凹"形，桥底层为石拱桥，二层为木桥重檐结构，中部设六角翘首双楼冠宝顶，两端为三层重檐	构造精美，是亭阁式风雨桥的代表。桥身彩绘风情图案，具有鲜明的民族风格
木界风雨桥		位于贵州省三穗县八弓镇木界村（又名将军桥），该桥建于民国十六年（1927年）	呈东南-西北走向，五墩四孔，全长29.5米，宽2.8米。有桥楼三座，各三层四角攒尖顶，覆盖小青瓦	是一座具有浓厚民族特色的珍贵木石结构建筑
金勾风雨桥		位于从江县往洞乡增盈村金勾寨脚，始建于清代光绪十年（1884年）	桥间长33.6米，宽4.75米，桥屋中部抬升为五层密檐鼓楼楼冠，两端桥墩用片石和鹅卵石垒砌	为歇山式五层密檐屋顶，其余部分屋顶为单檐

　　寨门：侗乡山寨，逢寨有门。寨门是侗族地区特有的一种民族建筑物，其是公共木式建筑，立于寨子出入口处。寨门形状各异，有的如亭阁，有的像堡垒，有的似宅门，门框上方飞檐翘角，框边雕龙画凤。据三江县侗族研究学会会长杨永和介绍，在古时候侗寨寨门作用有三：一是与村寨的围墙连在一起抵御外来侵略；二是在春耕时期防止各家各户的禽畜离村损害作物；三是作为正门象征一个村寨的脸面，在此迎接宾朋好友。有些寨门，还有亭廊供人休息。古时的侗寨，一扇门到四扇门的寨门都有。一般来说，寨门高4至5米，一扇门的寨门一般宽1.5至1.8米，二门的共宽4米。四扇门的寨门一般是一个大门加两个小门。据《三江文物》记载，三江古寨门有岩寨小河西门、平寨寨门、亮寨寨门、寨卯东寨门、八协寨门、守昌南寨门、唐朝东寨门等。其中年份较久的是寨卯东寨门，建于1918年。该寨门坐西朝东，穿斗木结构，攒尖顶，三层檐瓴，飞檐翘角，正面呈八字开，六角形，边长3米，高6.3米，集寨门与凉亭为一体，美观大方。

　　侗乡戏台都是建在侗寨的鼓楼边，戏台前是空旷的歌坪。戏台、鼓楼、歌坪三位一体。在侗族村寨，几乎村村都有戏台，一般为三柱排扇单间二层，台顶盖瓦，一层高约6尺，二层高约1丈2尺，铺装楼板为台面。面宽约2丈，深约1丈5尺，台前和左右两侧装高约8寸的围台。后台深约6尺，前后台间壁板隔开，两边各留一门。黎平县茅贡乡高近村发现了始建于康熙四十四年的侗族古戏台。该戏台为木结构，除顶部木板略显风化外，承重的柱子及木方仍完好无损。戏台可同时容纳一二十人登台演出，包括两侧观戏走廊在内，建筑面积共有四百九十多平方米。在戏台前方，还有一片鹅卵石铺就、面积逾五百平方米的观戏坪，体现了侗族建筑艺术的风格。

　　侗族还有一种公共建筑"萨堂"，侗族称为"堂萨"、"然萨"，亦叫祖母祠，是供奉和祭祀萨岁的地方。萨堂有两种形式：一种是用一些石块垒成的祭坛，祭坛由无顶的围墙围着；另一种是完整的堂舍，形同一座山庙，有围墙封闭。萨堂多建在鼓楼坪边，与鼓楼连成一体。

5.5.3　以侗族木构建筑"吊脚楼"为居住空间体系的模式语言

　　侗族建筑多为木质结构。贵州侗族分为"北侗"、"南侗"两个部分。北侗地区的民居与当地汉族的民居极为相似，一般都是一楼一底、四榀三间的木结构楼房。屋面覆盖小青瓦，四周安装木板壁，或者垒砌土坯墙。有些侗族民居在正房前二楼下横腰加建一披檐以增加檐下使用空间，形成宽敞的前廊，便于小憩纳凉。南部侗族的民居多建在河溪两岸的绿树丛中，至今仍保留着古代越人的"干栏"式木楼。吊脚楼的构架形式则是从横梁下挑出悬臂，置檩桷盖瓦形成挡雨檐，以遮护梁柱节点、楼板端头及其他构件不遭日晒雨淋，并起到遮阳降温作用。为使效果显著，往往一栋吊脚楼盖上数重挡雨檐，形成侗族民间建筑重檐迭次的构架特点。重檐在民间叫披檐或飘檐，是建筑构件也是建筑手法。这种手法的运用，使近于立方体的构架得到横线条的水平划分，显得富于韵律感和节奏感。吊脚楼的建筑群体在与自然环境的相融中，既注重意境的营造，又追求意象的升华，即在类型共同化的基础上追求个性的艺术化。侗寨吊脚楼乍看似雷同，却因地形地貌的不尽相同而千变万化。（图5-5-10、图5-5-11）

图5-5-10　作者与三江侗族木构建筑杨师傅在　　　图5-5-11　杨师傅在使用墨斗
　　　　　 安装现场

5.6　黔桂古道沿线的布依、毛南、仫佬族建筑文脉

5.6.1　布依族建筑

作为古代百越的一支，如今一些古代越人的生活习惯还血脉般在布依族人的体内流淌，如流转千年的干栏式房屋、稻作文化、敲击铜鼓、棉纺织文化。聚居在罗平县八大河一带的布依族，他们固守的家园多是竹木结构的三层三间瓦屋面建筑（最早的屋顶用茅草或树皮铺盖）。因这种建筑底层立柱与上层立桩互不连通，属两个建筑实体，被称为"干栏"式建筑。因其形状颇似傣族居住的竹楼，称之为"吊脚楼"。这种吊脚楼底层不砌墙，以木料作栅栏，供关养牲畜之用；二楼为人居住的正间，是布依人待客、煮饭和用餐之地。除此之外，屋内左右两旁还放置布依人家必不可少的织布机。而水稻种植则传承着关于生存的文化符号[18]。布依族民居有楼房、半楼房和平房数种。楼房和半楼房建筑是布依族传统的建筑形式。楼房上层高，住人；下层低，圈牲畜，古称"干栏"，或称"麻栏"。在房间布局中，堂屋后壁设神龛供奉祖先，左右两侧分隔成灶房、寝室、客房。室内设有火堂，供一家人取暖炊薪。黔中一带，由于地产石头，从基础到墙体都用石头垒砌，屋顶也盖石板，称为石板房，加上石砌的寨墙和山顶的石砌古堡，形成典型的石头建筑群。村寨布局与寨前的田坝、小河及通向各处的石板平桥和石拱桥梁相互映衬。石头寨（布衣村寨）位于贵州西南镇宁县的扁担山，是其中48个布依山寨中之一。所有房屋沿等高线排列，房屋建筑均为木石结构，不用一砖一瓦，石屋经久牢固，由寨民自行设计，自行修建。房屋的外墙体用大小不等的石头来砌合，用石灰混凝，墙面上勾缝做成虎皮墙；砌石半缝紧密，线条层次匀称。墙成楼毕，再用大小类似的不规则石板盖顶。屋顶吸收了歇山顶的基本建筑样式，规整中又有

变化。这种木石结构的房屋造价低，经久牢固，实用而独具特色。全寨石屋久经风雨变得洁白如银，产生自然肌理。石头房的整体造型虽然受传统的影响，但依然能根据自然环境、生产力及经济水平创造出独特简洁的几何图形美。（图5-6-1）

图5-6-1　布依族石头寨（图片来源：http://m.sohu.com/a/239470634_99972243）

5.6.2　毛南族建筑

毛南族人的居室为干栏式样。干栏内外山墙全是以木、石为构架，面阔三开间，中间是厅房，两边是厢房。干栏一般为上下两层，上层住人，下层圈养牲畜和堆放农具、柴草以及其他杂物，门外有晒台。这样的建筑结构采光充足又可以防潮且结实稳当。毛南族居住大石山区，到处有石头，因此房基或山墙多用精制的料石砌成，用长条石制成登门的石阶，毛南话叫"突结"（意即石梯）。干栏的楼柱也是石柱，连门槛、晒台、牛栏、桌子、凳子、水缸、水盆等也都是石料垒砌或雕凿的，不少家庭在这些石制用品上都雕刻有花鸟鱼虫图案，既经久耐

图5-6-2　毛南族民居

用，又美观悦目。毛南人的民居有三个特点：一、村落组织、设施与起居习俗带有古百越民族的文化因素；二、干栏型住房不拘一格，保留时间长久；三、房屋建筑和家用器具使用石材量大。其住宅建筑经历了四个阶段：最初住的是草木结构，上层住人，下层圈养牲口；稍后是土木结构，分三开间或五开间、七开间，皆取单数；第三阶段是石木或砖木结构，俗谓石楼，其内外装修皆比较讲究，宽敞明亮；第四阶段为钢筋水泥结构，现在尚不普遍。[19]（图5-6-2）

5.6.3　仫佬族建筑

仫佬民居多为砖墙、瓦顶、矮楼建筑。无论是在平地或是斜坡上，房基都要修成高出地面30至60厘米的地台。墙基以火砖砌成，泥砖砌墙，栋梁、桁椽等都用木料制作，屋顶盖瓦片。屋内有楼一层，但不住人，作为谷仓或杂物房，人大多居于地面。房屋的建筑形式多为一排三间，正屋的正面大都留有天井；房屋地基如果宽敞的，还有一座一排一至三间的下座（即下屋）。在罗城县四把镇，还保留着部分仫佬族的民居，独家独院，有门楼，有围墙，中隔天井，很明显是借鉴汉族民宅的建筑特点。但细致观察，就会发现里面有很多仫佬族本

图5-6-3 作者在罗城仫佬族大石围古村调研

图5-6-4 大石围古村仫佬族民居

身的特色，最大的特色就是"不正南正北"。各家各户的门楼与正屋，朝向不一致。这是由于仫佬先人迷信"风水"，认为"某年建屋某向吉利"，门楼就朝这个方向建。再一个特点就是"户户相连"。虽是独家独院，但户与户之间都有侧门相通，出正屋后门，就是后邻家的天井；除有巷道相隔或独立建房者外，全屯数十户，几乎可以串通无阻。佬族的民居，多是火砖墙、青瓦面，很少用泥坯、干打垒，茅草房更鲜见，这与仫佬山乡盛产煤炭有关。这些火砖，用煤矸石粉掺和白泥烧制，煤矸石烧出的砖硬度大、十分坚固。其多以石灰抹墙，内壁下方，以煤灰批荡一米多高，刻上砖纹。内壁上方和大门上壁，顺势均衡地绘上花鸟鱼虫麒麟龙凤，写上唐诗宋诗。（图5-6-3、图5-6-4、表5-6-1）

文化廊道影响下黔桂古道沿线的建筑文脉特征图像分析图 表5-6-1

	大多就其地形，依山傍水，整体布局分为平坝型、山麓型和山谷型三种，侗寨以鼓楼为核心		
村寨布局	 山麓型	 平坝型	 山谷型
	吊脚楼多依山靠河就势而建，呈虎坐形，以"左青龙，右白虎，前朱雀，后玄武"为最佳屋场，后来讲究朝向，或坐西向东，或坐东向西。吊脚楼属于干栏式建筑		
吊脚楼			

续表

	当地建筑材料肌理主要由木材、灰瓦片、石块构成		
建筑材料肌理			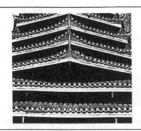
公共建筑	当地公共建筑主要由鼓楼、风雨桥、戏台、寨门等组成，村寨一般都有这几类公共建筑，公共建筑较好地反映了当地的传统建筑文化模式语言		
	 鼓楼	风雨桥	戏台
屋顶形式	建筑的屋顶形式有人字形、多角形，有四檐四角、六檐六角、八檐八角等不同形式，层数均为单数，如三、五、七、九等，公共建筑有尖顶、歇山顶、悬山顶等式样		

窗花	当地建筑窗花纹样，多采用中式传统几何纹样与少数民族纹样的组合方式，纯木制榫卯结构，工艺上大体承袭了汉族木雕技术工艺及审美特征		
	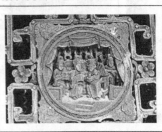		
木构艺术	木构建筑营造技艺最早可追溯至原始氏族社会早期甚至是更早的巢居时期，大致上始于魏唐的干栏式建筑文化脉络，当地逐步发展出以"木石结构""卯榫结构"为主的建筑文化特征		

百越古道沿线区域，以干栏式民居、鼓楼、风雨桥等建筑为代表的物质性文化，以营造技术、装饰工艺、居住方式为载体的行为性文化和以建筑仪式、居住信仰、习俗及审美情趣等观念性文化构成的建筑文化体系，是壮侗民族在长期的社会生活实践中因地制宜、富于创造、不断积累而形成的，是壮侗民族传统文化的重要组成部分。[20]

5.7　滇越古道沿线的哈尼族建筑文脉

5.7.1　滇越古道沿线的哈尼族村寨选址与聚落形态

滇越古道从云南昆明经红河，由河口进入越南，是一条连接中国西南地区及南亚、东南亚，以普洱茶和马匹牲畜为主要贸易对象的民间国际古贸易通道。滇越古道也可以说是茶马古道通往东南亚的一部分。滇越古道经过哈尼族聚居区，哈尼族全面参与开拓了连接东南亚的茶马古道。滇越古道对哈尼族村寨选址与聚落形态产生了一定的影响。

云南红河州弥渡县密祉古镇文盛街上的石板路、旧时马店尚存。古代的开南古道穿街而过，马帮云集，一度繁华兴盛。云南境内的南方丝绸之路，除了两条主干线外，还有无数条支线。

红河中游的元江城在古代有"滇南门户"之称，这里曾经诞生过一个与大理国同样重要的古国——罗槃国。元朝平定罗槃国后，设置元江府。元江城是几条重要支线的交汇点。1913年改元江直隶州置，后属云南普洱道。治所即今云南元江哈尼族彝族傣族自治县。

在云南南溪河与红河交汇之地，汉代曾在此设立水上关卡。南方丝绸之路沿红河水道而下，可以同海上丝绸之路相连接。

哈尼族与彝族等其他西南民族同源于古代羌族，很早就进入农耕定居生活。《尚书·禹贡》载，哈尼族早期居住地"厥土青黎，厥田下上，厥赋上中错"，哈尼族的村寨格局按祖先定下的规矩，多是以此来进行布置修建的。哈尼族村寨的建立是依靠森林，立足于梯田，以泉水为核心进行发展并不断壮大的。村寨一般都是由有血缘关系的家庭聚居而成，大小村寨相互交错。《哈尼阿培聪坡坡》第七章道："找着的第一块好地，名字叫做'策打'，那是清水旺旺的山坡，厚密的森林围着凹塘。"高山森林常年下流的泉水，为哈尼族村寨人畜饮水提供了可靠保障。围绕水源而进行的一系列祭祀活动，无论是祭水井、祭河水，还是祭潭水，都表达了人们对水的无限珍惜与尊重。哈尼族村寨围绕水源形成了一个以生产生活、文化交流为空间中心的布局。（图5-7-1、图5-7-2）

哈尼族村寨的一侧为磨秋场，立有磨秋桩作为标志，是每年阴历六月举行"苦扎扎节"庆典活动的场所。村前梯田层层，田间崎岖小路纵横交错。与《哈尼阿培聪坡坡》中所记述的一样，哈尼族选择寨址十分谨慎。村民在新选寨址的中心点燃一火堆，象征着将来寨子的兴旺与繁荣。建立新寨要举行隆重的祭寨址仪式，由"追玛"向四方撒铁渣，并投一枚鸡蛋，以鸡蛋破裂的地方为寨心，立一根木桩为寨心所在地。寨心就是村寨祭司"追玛"居住的地方，群众先帮"追玛"盖好房子。然后围绕"追玛"的房子依次修建自家的房屋。但也

图5-7-1　元阳阿者科（作者自绘）

图5-7-2　笔者在阿者科村考察

图5-7-3　哈尼族元阳阿者科村航拍

有将仪式主持人"追玛"的房屋建在村口的位置，然后由"追玛"在寨子里找一个合适的地方立一块"地神碑"[21]。（图5-7-3）

5.7.2　滇越古道沿线的哈尼族民居建筑模式语言

在文化廊道及古道的长期影响下，哈尼族民居呈现出类型多样性，有土掌房、封火楼、蘑菇房、杆栏式房、合院式瓦房等形式，并逐渐演变出哈尼族四大建筑模式语言：土掌房、蘑菇房、杆栏式房、合院式瓦房。部分地区具有带有交叉文化痕迹的其他建筑形式，各地差异较大。哈尼族民居较多地反映出农耕生活的特点。

土掌房建筑模式语言：哈尼族源于古羌人，土掌房为平顶建筑式样，可能直接脱胎于古羌人的邛笼碉房建筑，至今已有2000多年历史。土掌房一般有正房、廊厦、厢房和牲厩组成，建筑用料以土木结构为主，强调均衡、对称和规整，有中轴线或几何构图中心。

干栏房（拥戈）建筑模式语言：类似"干栏"建筑，竹木结构，以茅草或木板盖顶，上下两层。楼下用于饲养牲畜，存放薪柴，楼上住人。一般一屋隔为两间，男女分住，有分别出入的门道和楼梯。每间各设一火塘，男室火塘供取暖和接待客人，女室火塘做饭。男室门口搭有晒台，儿子成年，在屋旁另建一小屋居住。

蘑菇房建筑模式语言：哈尼族代表性民居外形酷似蘑菇，故名蘑菇房，以红河州元阳县哈尼族村寨最为典型。（图5-7-4）

哈尼族的蘑菇房状如蘑菇，由土基墙、竹木架和茅草顶组成。屋顶为四个斜坡面，蘑菇房的屋面之间以木梯相连，房子与房子之间则紧密相靠，一户挨着一户。因楼层高度的限制，屋内开窗很少，仅有几方小小的墙洞，居室采光差，空气流动性也较差。房子大多分为三层：底层关牛马，堆放农具

图5-7-4　哈尼族阿者科蘑菇房

图5-7-5　作者在哈尼族阿者科村
考察蘑菇房

图5-7-6　哈尼族阿者科村蘑菇房（何艳韵绘）

图5-7-7　阿者科村蘑菇房模型

等，中层用木板铺设，隔成左、中、右三间，中间设有一个常年烟火不断的方形火塘。哈尼族崇敬火塘，这里的火一年四季从不会熄灭。顶层则用泥土覆盖，既能防火，又可堆放物品。[22]（图5-7-5、图5-7-6、图5-7-7）

元江县哈尼族尼果上寨是传统村寨之一。至今村寨的传统民居依然保持着显著的哈尼风格。民居大多是土木结构的青瓦房屋，外墙墙体用土坯或仿土坯样式堆砌，房子结构统一建成"正堂+塞子"模式，屋顶用青瓦铺盖。哈尼族建有双耳房的建筑，形成四合院。耳房建筑为平顶。房顶铺以粗木，再交叉铺以细木和稻草，上加泥土夯实作为晒台。晒台场所是梯田农业和居家生活重要的组成部分。

西双版纳哈尼族住的则是竹木结构的楼房，旁设凉台。房舍也多是"干栏"式竹楼，一种叫"拥熬"，另一种叫"拥戈"。"拥熬"是一种古老的地棚式的建筑，大多建在斜坡上。通常由正房、前廊和耳房组成，堂屋东面一间为家长的卧室，卧室内设有祭祖处。

哈尼人迁徙到哪里，蘑菇房就盖到哪里，蘑菇房以土石为主要墙体材料。屋顶有平顶的

"土掌房"和双斜面四斜面的茅草房。土掌房深得古羌系族群的碉房建筑法的精髓，"屋顶皆设有晒房，以为曝晒粮食之用"。哀牢山、无量山区哈尼族的寨房因各地地理、经济及环境的不同而有茅草房、土掌房、石灰房、瓦房几种式样。（表5-7-1）

文化廊道影响下滇越古道沿线的哈尼族建筑文脉特征图像分析图　　　表5-7-1

村寨布局	选址处必须有茂密的森林、充足的水源、平缓肥沃的山梁等垦殖梯田的条件。村寨或依傍山势而居，根据山势依山梁走向而建，或坐北向南，或坐东向西而居

土掌房	土掌房一般由正房、廊厦、厢房和牲厩组成，建筑用料以土木结构为主，强调均衡、对称和规整，有中轴线或几何构图中心

蘑菇房（封火楼）	古老的土木结构建筑，状如蘑菇，墙基用石料或砖块砌成，地上地下各有半米，在其上用夹板将土舂实一段段上移垒成墙，最后屋顶用多重茅草遮盖成四斜面，蘑菇房二（三）层至屋顶的空间称"封火楼"

干栏房（拥戈）	被称为"拥戈"，是云南西双版纳和澜沧等地哈尼族居屋称谓。类似"干栏"，但较之简陋。竹木结构，以茅草或木板盖顶，上下两层。楼下用于饲养牲畜，存放薪柴，安置脚碓，楼上住人

续表

	哈尼族的建筑没有过多的装饰，装饰上以民族符号和局部建筑构造上的装饰为主	
装饰艺术	  	
	当地建筑材料肌理主要由泥土、木材、稻草、石块构成	
建筑材料肌理	  	

参考文献：

[1] 黄兴球. 壮泰族群分化时间考 [M]. 南宁：民族出版社，2008.

[2] 覃圣敏. 壮泰民族传统文化比较研究 [M]. 南宁：广西人民出版社，2003.

[3] 壮族在线. http://www.rauz.net.cn/.

[4] 黄现璠，黄增庆，张一民. 壮族通史 [M]. 南宁：广西民族出版社，1988.

[5] 梁庭望，厉声. 骆越方国研究 [M]. 南宁：民族出版社，2017.

[6] 赵明龙. 中国与东南亚、南亚壮泰族群的基本文化特征 [J]. 广西：东南亚纵横，2010（12）：27–31.

[7] 黄现璠. 试论百越和百濮的异同 [J]. 思想战线，1982.

[8] 蓝韶昱. 茶马古道与百越古道 [J]. 百色学院学报，2012，25（1）：64–67.

[9] 梁小燕. 左江上游沿岸壮族民居建筑特征——以白雪、濑江、花山三屯为例 [J]. 广西博物馆文集，2014.

[10] 陆贵庭. 壮乡广南 [M]. 云南：云南民族出版社，2001.

[11] 梁小燕. 左江上游沿岸壮族民居建筑特征——以白雪、濑江、花山三屯为例 [J]. 广西：广西博物馆文集，2014.

[12] 杨庆. 西双版纳傣族传统聚落的文化形态 [J]. 云南社会科学，2000.

[13] 石克辉，胡雪松. 云南乡土建筑文化 [M]. 南京：东南大学出版社，2003.

[14] 高立士. 西双版纳傣族竹楼文化 [J]. 云南社会科学，1998.

[15] 吕余生. 中越壮侬岱泰族群文化比较研究 [M]. 北京：社会科学文献出版社，2015.

［16］张柏如. 侗族建筑艺术［M］. 长沙：湖南美术出版社，2004.

［17］张泽忠. 侗族风雨桥［M］. 南宁：广西民族出版社，2005.

［18］罗平. 文化曲靖［M］. 昆明：云南人民出版社，2012.

［19］古建中国网络资料.

［20］黄恩厚，覃彩銮. 多维视野中的壮侗民族建筑文化［J］. 广西民族研究，2006.

［21］保罗·刘易斯，白碧波. 哈尼族语言文化主题研究［M］. 昆明：云南民族出版社，2000.

［22］黄绍文. 哈尼族村落民居建筑与梯田稻作关系［M］. 昆明：云南民族出版社，2000.

第六章

秦蜀文化廊道的建筑文脉

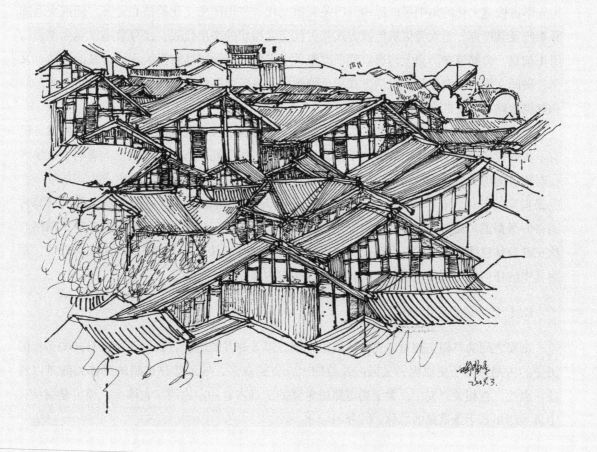

6.1 秦蜀文化廊道的概念

6.1.1 秦蜀文化廊道的文化内涵

秦蜀文化廊道概念来源的依据是"古蜀道",借鉴文化廊道的相关研究理论,笔者认为古蜀道沿线区域可称为"秦蜀文化廊道"。《四库全书》中与"蜀道"有关的词条多达2477条;李白的著名诗篇《蜀道难》使蜀道一词脍炙人口,名扬天下。蜀道的界定有广义和狭义之分,广义上,四川古称巴蜀,因此从四面八方出入四川的道路皆可称为蜀道。历史文献将连接关中平原和四川盆地,穿越秦岭,分布于川陕交界区域的一系列道路统称为"秦蜀古道",正所谓"栈道千里,通于蜀汉"。作为官方驿道,蜀道在历史上承担了多样的功能与特性,在交通、军事、宗教、经济、政治、文学、文化等方面均发挥了重要作用。从文化线路的角度审视,蜀道所蕴含的价值及意义绝不仅仅只是道路本身,更是一项典型的文化线路遗产。秦蜀古道交通系统主要由七条线路构成,是古代连接关中平原与成都平原的重要历史通道,是黄河流域文明与长江流域文明交融的文化通道,沿线分布有建筑、桥梁、道路、石窟、石刻遗存和地质、水文、生态等跨学科、跨领域、跨部门的众多文化遗产[1]。

蜀道作为有代表性的文化线路遗产,绵亘千余公里,历经3000多年,直到今天仍然在中原与西南地区的经济、政治、文化交流中发挥着举足轻重的作用。蜀道文化线路已不是简单意义上的交通要道,它展示了多元文明对话、开放融合和跨越地域与族群发展的特征,已成为先秦古栈道文化的集中展现地和剑门关蜀道文化、三国历史文化的核心走廊。蜀道交通邮驿系统及其遗存,是人类信息传播方式和古代交通组织的杰出代表,保存着秦汉至今丰富的历史信息。古蜀道在历史上沟通成都平原至关中平原,融会贯通着沿线不同地域的建筑、文学、民间文化、衣食住行、生活方式和价值观,是一条完整的文化线路遗产,是可与大运河和丝绸之路相媲美的文化线路遗产。

经过近几十年国内外学术界尤其是川陕史学、考古、文博领域诸多学者的努力探索,已有不少研究成果相继问世。同济大学国家历史文化名城研究中心主任阮仪三等著名专家学者在对蜀道的历史价值进行考证后均认为,有着3000多年历史的古蜀道,不仅是中国的唯一,也是世界的罕见。有学者认为,从四川通往陕甘地区之间也存在着一条极其重要的茶马古道,即秦蜀道。施由明学者认为古蜀道由蜀道、秦蜀古道、陇蜀古道三部分组成道路网络。这三部分是连通成一体的一个道路交通网络系统,同时,又是一个完整的历史文化系统,割裂其中的任何一个部分,其历史文化都将无法成为整体。

6.1.2 秦蜀文化廊道的古道

秦蜀之间的早期交往见诸史籍。战国中期,秦人兼并蜀地,古蜀道至今已有3000多年的历史。古蜀道因历史原因,又因涉及范围大,支路众多,导致部分道路的具体路线难以考证。因此,在相关研究中,关于蜀道路线考证的文章占有一定比例。大体上,蜀道是指从关中进入四川若干条道路的总称。(图6-1-1)

古蜀道栈道被我国著名桥梁专家茅以升称为继万里长城、京杭大运河之后，中国古代建设工程史上的第三大奇迹。汉中境内栈道的开凿时间早于长城和大运河，它在中国和世界交通史上占有着极其重要的地位。对于蜀道的称谓，中国社会科学院学部委员、社科院考古研究所所长刘庆柱曾予以详细诠释："随着历史发展，秦汉至隋唐时代，关中成为国家的都城所在地，蜀道越来越被重视。

图6-1-1　秦蜀古道线路示意图（作者自绘）

由关中经秦岭至四川的道路也先后开通多条，有陈仓道（故道）、褒斜道、傥骆道、子午道等，连接上述道路通往四川成都的蜀道主要是金牛道、米仓道、荔枝道。也是目前较为普遍认可的蜀道概念。"陕西省文物保护研究院研究员赵静进一步阐述："蜀道起点在陕西关中平原的长安，终点在四川成都，全长约4000公里，是中国古代（指先秦至1840年鸦片战争）建造时间最早、存在年代最久、沿用时间最长、线路最艰险复杂的古交通要道"。[2]（表6-1-1）

秦蜀文化廊道一览表　　　　　　　　表6-1-1

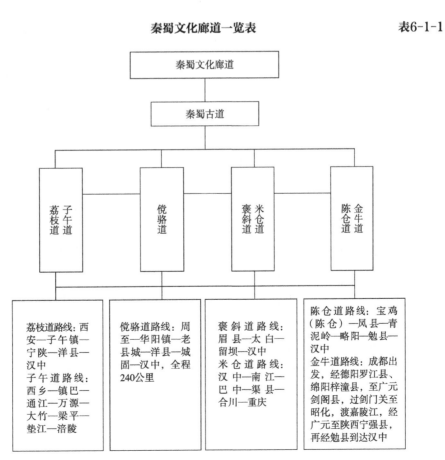

荔枝道："荔枝古道"亦称"子午古道"，是指起始于古代中国涪陵，连接四川、陕西、湖北的古代陆上商业贸易路线。该驿道线路由长安南循晋子午道，西经西乡县子午镇，南至涪州，全程1000公里。宋代文学家、地理学家乐史在其著作《太平寰宇记》一书中，把"从涪陵自万州取开州、通州宣汉县及洋州路至长安二千二百四十里连接四川陕西湖北的古代陆上商业贸易路线"命名为"荔枝道"。荔枝古道起源于唐天宝年间（公元742年—756年），唐玄宗为满足宠妃玉环食新鲜荔枝的喜好，建起一条专供荔枝运输的驿道。

子午道：子午道，也称子午栈道。是中国古代，特别是汉、唐两个朝代，自京城长安通往汉中、巴蜀及其他南方各地的一条重要通道。因穿越子午谷，且从长安南行开始，一段道路的方向为正南正北向而得名。其历代都有修缮和线路变化。东汉及唐时期曾一度成为国家驿道。作为官道，子午道开通的时间应是西汉平帝元始五年至孺子婴居摄元年，即公元5年至6年间。《汉书·王莽传》载曰："（元始五年）其秋，莽以皇后有子孙瑞，通子午道。"据《元和郡县图志》载："今洋州东二十里曰龙亭，此入子午谷之路。"龙亭位于汉中平原最东端的川道口处，子午道由此西去，经洋县、城固、达汉中。

陈仓道（故道、嘉陵道）：从陈仓（今宝鸡）到南郑（今汉中），全长535公里。从陈仓向西南出散关，沿嘉陵江上游（故道水）谷道至凤县，折西南沿故道水河谷，经两当（汉故道）、徽县（汉河池）至略阳（汉嘉陵道）接沮水道抵汉中，或经略阳境内的陈平道至宁强大安驿接金牛道入川。陈仓道上最著名的历史故事是刘邦"明修栈道，暗度陈仓"。

金牛道：金牛道是穿越巴山沟通秦蜀的一段道路，亦称"南栈"，是故道和褒斜道向南的延续路段。金牛道乃古蜀道的主干线，又名石牛道、五丁道、剑阁道、蜀栈、南栈。此道川北广元到汉中宁强一段十分险峻，诗人李白赞叹的"蜀道难，难于上青天"就是指的这一段。金牛道南起成都，过广汉、德阳、梓潼，越剑山，经昭化潮白龙江至青川沙洲附近，再溯白龙江支流金溪河，过金山寺、青木川，越山道至陕西勉县，从勉县北行经褒城沿褒河，过石门，穿秦岭，出斜谷而达关中。南北朝以后，勉县至剑门关段改从勉县越七盘岭，经朝天、广元、昭化，越牛头山而至剑门关。[3]

米仓道：北起汉中南郑县，南到四川巴中、渠县、合川至重庆，因穿越米仓山而得名，全长250公里。

褒斜道：褒斜道在夏朝时即有小路相通。战国和秦时期，对褒斜道进行了大规模的修凿，汉朝时全线贯通。有的史料亦称"褒谷道"、"斜谷道"或"褒谷阁道"、"斜谷阁道"等，指的也是这条道路。褒斜道的开创可能始于战国，《战国策·秦策》里有"栈道千里，通于蜀汉"的记载。

傥骆道：傥骆道，又称"骆谷道"，北起汉中洋县傥谷，南至陕西西安周至县骆谷，全程约240公里，是古蜀道中最为艰险但同时也是路程最短的一条栈道。傥骆道最早在三国时期开通，途经城周县、洋县、佛坪县到达西安周至县，途中三次翻越秦岭及其支脉，是同一时期中从长安通往汉中最近的一条道路。[4]唐中期以后是傥骆道使用的鼎盛时期。北宋时期，傥骆道仍为驿道。宋敏求《长安志》曾记载其间所经驿馆多处。陆游《忆南郑归游》诗有"千艘漕粟鱼关北，一点烽传骆谷东"之句。元代以后，傥骆道荒废不通。据明嘉靖《汉中府志》记："洋县之北，林深谷邃，蟠亘千里，为梁、雍第一奥阻"。（表6-1-2、表6-1-3）

秦蜀古道的七条线路一览表　　　　表6-1-2

名称	概况	线路走向	沿线代表性建筑遗迹
子午道	子午道，又叫子午谷。北口在长安县，叫子口，南口在洋县，叫午口，全长420公里。也称子午栈道	路线：西安—子午镇—宁陕—洋县—汉中	拐儿崖、七里坪、土地梁、红崖子、子午关、千佛崖、宁陕老城
荔枝道	"荔枝古道"亦称"子午古道"，是指起始于古代中国涪陵，连接四川、陕西、湖北的古代陆上商业贸易路线	路线：西乡—镇巴—通江—万源—大竹—梁平—垫江—涪陵	邓小平故居、江西会馆、陕西会馆、广东会馆、湖广会馆、杜家湾唐代摩崖造像、紫云坪盘陀寺
傥骆道	从周至骆峪口沿骆峪，经厚畛子，越兴隆岭，沿酉水河经华阳至洋县，全程240公里	路线：周至—华阳镇—老县城—洋县—城固—汉中	老君岭、华阳古镇、八里关、汉王城、柳林镇
褒斜道	南口在汉中以北的褒谷，北口在眉县的斜谷，通称褒斜谷	路线：眉县—太白—留坝—汉中	悬泉驿、武兴驿、右界驿、武关驿、悬泉驿、武兴驿、右界驿、褒城驿、恩阳古镇
米仓道	北起汉中南郑县，南到四川巴中、渠县、合川至重庆，因穿越米仓山而得名，全长250公里。是联系汉中与四川东部的主要通道	路线：汉中—南江—巴中—渠县—合川—重庆	摩崖石刻、西佛山摩崖造像、挡墙关、龙神殿遗址
陈仓道	从陈仓（今宝鸡）到南郑（今汉中），全长535公里	路线：宝鸡—凤县—青泥岭—略阳—勉县—汉中	勉县诸葛古镇、略阳白水、江古镇、略阳县白雀寺村、宝鸡市西府古镇
金牛道	金牛道又叫石牛道、剑阁道、蜀栈，是古代川陕的交通干线	路线：成都—德阳罗江县—绵阳梓潼县—广元剑阁县—剑门关—昭化—陕西宁强县—勉县—汉中	剑门关、剑门古镇、石牛镇、汉中西乡堰口镇、汉中青木川古镇

秦蜀古道沿线代表性村落古镇一览表　　　　表6-1-3

地区	村镇	图片	建筑艺术特征	建筑材料
荔枝道与子午道	邓小平故里		建筑主要由堂屋、卧室、杂物间、餐厅、厨房以及其他生活辅助空间组成。堂屋处于民居正中位置，其余空间沿堂屋两侧对称布局。川南地区民居空间布局开敞、流通，呈"一字形"或"L形"	石料、木材、夯土、青瓦
	磁器口古镇		磁器口古镇多为吊脚楼建筑形式，通过木、石、砖的建构，形成围合的院落	木、石、砖、青瓦

续表

地区	村镇	图片	建筑艺术特征	建筑材料
傥骆道	华阳古镇		为川北地区典型的青瓦、粉墙、坡屋顶、穿梁斗栱的建筑结构。布局有墙院结构、特色窗雕等。平面形式主要有"一字形"、"L形"、"凹字形"三种形式	竹子、木材、石头、青砖
褒斜道与米仓道	恩阳古镇		建筑广泛采用全楔式木结构建造，以木制梁、楔、柱、椽，以竹隔墙夹楼，以砖或土、石砌墙，以草、瓦盖顶，常为一楼一底，下层开店或日常活动，上层则作为卧室	瓦、石、木材
	阆中古城		古城山锁四周，水绕三面，契合中国传统的风水格局，至善至美，自然天成	木、石、砖、青瓦
陈仓道与金牛道	洛带古镇		镇内千年老街、客家民居保存完好，老街呈"一街七巷子"格局，空间变化丰富，街道两边商铺林立，属典型的明清建筑风格	木、石、砖、青瓦
	青木川古镇		古街上近百户的房子都是四合院，为二进二出的两层结构，建筑风格为明清时期的旱船式	木、石、砖、青瓦

古蜀道属于线状文化遗产区，涉及范围广，遗存丰富。沿线串联了西安、成都、重庆、汉中、阆中等历史文化名城。蜀道沿线有大量历史名城、名镇、名村，如利州、昭化、剑州、柏林沟、恩阳、清溪、陕西宁强青木川、陕西周至老县城、陕西洋县华阳古镇、金牛支道的天宫院村和米仓道上的老观古镇等。

6.2 荔枝道-子午道沿线的建筑文脉

荔枝道的基本路线是涪陵（妃子园）—垫江—梁平—大竹—达县—宣汉（大成乡瓦窑坝折入三桥、隘口、马渡）—平昌县（岩口乡、马鞍乡）—万源市（鹰背乡、庙垭乡名扬、秦河乡三官场、玉带乡、魏家乡）—通江县（龙凤乡、洪口乡、渐波乡）—万源市（竹峪乡、虹桥乡）—镇巴县—定远—九龙砦（陈家滩）杨家河—司上—罗镇砦—西乡县子午镇—西安。

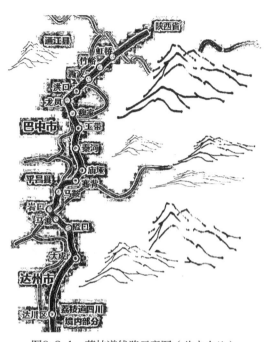

图6-2-1　荔枝道线路示意图（作者自绘）

子午道的大致经行路线为：古长安—南郊杜城村—长安县子午镇—土地梁—喂子坪—沣水河谷—关石—宁陕县沙沟街—高关场—江口镇—沙坪街—大西沟—月河坪—古桑墩附近—营盘—胭脂坝—新矿—龙王街—铁炉镇—石泉县—梧桐寺—迎风街—石佛寺—筷子铺—池河镇—马岭关—石泉县—古堰—绕峰街—西乡县子午镇—洋县—金水镇—酉水镇—龙亭—洋县—城固县—汉中。（图6-2-1）

根据文献和考古资料，荔枝道的发轫、开辟与巴文化的兴起和发展有着密不可分的关系。在长期的商业往来中，许多地方逐渐成长为大型的商品交易集散地，推动了历史上一定时期的繁荣发展。人口增加，知名度提升，文化上也呈现出鲜明特色，为荔枝道—子午道沿线留下了丰富的建筑历史文化遗产。荔枝古道沿途形成并保留的婚丧嫁娶礼仪等民俗风情、手工业及农具打造、土灶酿酒、土法火纸制作等技艺，以及四川竹琴、耍锣、唢呐、车灯、狮舞、孝歌、龙灯等民俗文化，可追溯到宋代。

6.2.1　荔枝道-子午道沿线村寨选址与聚落形态

荔枝道-子午道沿线村寨选址与聚落形态，普遍具有川东北传统村落的文化特质，代表性村落有重庆市涪陵区大顺村、通江县梨园坝村等。为了便于统计分析其建筑文脉，依据线性研究方法的原则，本节选取沿线的代表性村落，以制表的形式进行综合分析研究，以期提炼归纳出古道沿线的村寨选址与聚落形态特征。（表6-2-1）

荔枝道-子午道沿线代表性村落古镇建筑文脉模式　　　　　　　　　表6-2-1

村落	图片	营建年代与位置	建筑形制	艺术特征
大顺村		建于清代初年，位于重庆市涪陵区大顺乡	以集镇为中心，四周陡崖为自然屏障，道路呈环状式发散	传统勘舆学称之为聚宝盆，地理学称之为倒置台地

村落	图片	营建年代与位置	建筑形制	艺术特征
梨园坝村		建于明初，位于通江县胜利乡	由宗族、民间信仰、乡规民约等社会生活网络形态连结，建筑多为穿斗木结构院落，皆依山而建	姓氏家族的区位分布且具有空间的广阔性和农耕社会聚族而居的聚落特征
迪坪村		建于明代，位于巴中市通江县洪口镇	整体布局集中。村落建筑几乎全都是依坡而建，穿斗架梁，青瓦粉墙	建筑穿斗架梁，青瓦粉墙。整村空间分布形成小聚落，既联系又有分别
学堂山村		建于明初，位于四川通江县板凳乡	周边环境多是地平不足，于是砌石为坎，吊脚为楼，楼下设为猪牛圈栏	历史文化遗存丰富，古桥、古碑、古墓、古寨、古井等古建筑类型多样，大多坐南朝北
古宁寨村		建于明代，位于巴中市通江县洪口镇	村落建筑群以点状分布，基本为院落式建筑形制，房前屋后为田地，依山就势	古宁寨三面环山，仅有一条小道可进入寨内。古宁寨依旧可见明代当年遗风
白衣古镇		始建于秦汉时期，是古柳州城遗址	明崇祯17年建筑了大佛殿，供奉白衣观音像。气势非凡的六庙三宫和庞大的吴氏宫邸、家祠，雄伟豪华的孝节牌坊与魁星点斗浑然一体，形成了别具一格的古建筑群	现尚存有节孝牌坊、吴氏官邸、白衣庵大庙、灵官阁遗迹、"忠孝廉节"墙壁等古迹
童家村		始建于清代，位于大竹县童家乡	选址顺应天然，又不拘泥于形式，格局依山就势	体现出了自然与人文融合的环境观和生态观

续表

村落	图片	营建年代与位置	建筑形制	艺术特征
溪口老街		又名"西木老街",建成于清朝乾隆年间,位于溪口乡场镇南方	吊脚楼建筑形制,老街全长300余米,宽5~8米,全石梯	山脊之上,沿河而建,全石梯,精巧绝伦的楼阁、镂刻精美的梁框以及独特的川东民居建筑格局共同展现出老街风貌
肖溪古镇		又称唐宋古镇,四川十大古镇之一,位于四川省广安市广安区	古城建筑呈逐级递进多进式布局,房屋系穿斗木梁架结构。小青瓦屋面,单檐悬山式屋顶,分一楼一底和平房两种	由于建筑时代各异,故形成了纷繁错杂、别具一格的建筑特色
磁器口古镇		位于重庆市沙坪坝区嘉陵江畔,始建于宋代	拥有"一江两溪三山四街"的独特环境,建筑各具特色:寺观殿宇庄严肃穆;明清四合院落结构严谨;临街铺面依山就势;山崖吊脚楼布局自由,虚实结合	巴渝文化、宗教文化、沙磁文化、红岩文化和民间文化在这里交汇,建筑各具特色

　　荔枝道的重要节点合川,还有一座涞滩古镇,位于重庆市合川区东北28公里,建镇于宋代,是中国首批历史文化名镇,中国十大古镇之一。古寨距今已200多年,占地0.25平方公里,四座城门呈十字对称,寨墙全部是半米多长的条石砌成,墙高7米,宽2.5米。为了防范太平军入川和李蓝起义,清同治年间又进行了一次浩大的加固维修,建成了环绕着整个古寨的石头砌成的防御设施,直至今天依然坚固。古镇内400余间明清时期的小青瓦房高低错落,200余米的青石小巷古朴典雅,基本保持了明清时代的原始风貌。三步梯一段的狭窄街道,由整体石坝形成,历代足迹踏出一条路槽,是古老的见证。[12](图6-2-2)

　　此外还有体现出自然与人文融合环境观和生态观的迪坪村,以有机融合了地域特色与明末清初"湖广填四川"的移民文化。大顺村存留着明清时江浙、四川、福建、湖南等地风格的建筑。(图6-2-3)

　　综上表所述,荔枝道-子午道沿线留下了丰富的建筑历史文化遗产。体现出自然与人文融合的环境观和生态观。由于村落形成的时代各异,同时又受到古道文化交流互动与人口迁徙的影响,故形成了沿线村落、古镇纷繁错杂,别具一格的巴渝建筑文化特色。

6.2.2　荔枝道-子午道沿线公共建筑文脉模式语言

　　荔枝道-子午道沿线公共建筑文脉模式语言,普遍具有中原传统文化特质,代表性公共

图6-2-2　涞滩古镇（作者自绘）

图6-2-3　迪坪村（作者自绘）

建筑有塔、文庙、寺庙、会馆、牌坊等。为了便于统计分析其建筑文脉，依据文化廊道线性
研究方法的原则，本节选取沿线的代表性公共建筑类型，以制表的形式进行综合分析研究，
以期提炼归纳出古道沿线公共建筑的文脉特征。（表6-2-2）

荔枝道-子午道沿线代表性公共建筑文脉模式　　　　　表6-2-2

类别	图片	名称、营建年代与位置	建筑形制	艺术特征
塔		梁平县文峰塔，位于梁平县，始建于清道光七年（1827年）	此塔是八角十二层空心通体石塔。每层塔壁石料用纵横交错的方法叠砌而成	其高度为全国第二，仅次于福建泉州石塔
会馆		湖广会馆，建于清乾隆二十四年（1759年），道光二十六年（1846年）扩建，位于重庆渝中区东水门正街	整体建筑依山而建，分大辕门、大殿廊房和戏楼庭院三部分。大殿为重檐歇山式，面积270平方米	古建筑群雕梁画栋，雕刻精美，是我国现存规模最大的古会馆建筑群
寺庙		梁平县双桂堂，座落在三峡腹地——重庆市梁平金带镇境内，占地160余亩	地势由低到高，平行排列在中线上，主次分明，虚实相生，回廊曲巷，长亭短榭，廊巷紧连结构恢宏的宫殿式建筑群	享有"西南佛教禅宗祖庭"之美誉。双桂堂在东南亚地区也有一定的影响
文庙		四川省通江县通江文庙，始建于宋嘉祐七年	原为双重檐歇山式，后改为单檐悬山式。整个建筑依山就势，呈梯形布局，逐次升高。占地面积1512平方米，土木石结构，抬梁式木梁架	屋面施灰色素筒瓦，陶质云龙、花鸟、卷草正垂脊、鱼龙吻、塔状宝顶

续表

类别	图片	名称、营建年代与位置	建筑形制	艺术特征
字库塔		万源秦河乡，库楼湾字库塔。该塔建于清光绪三年	通高8米，塔身1、2级刻有诗文和塔题，塔顶有"文星字库"四字。字库塔又叫惜字塔、敬字塔、字库楼等	塔形建筑
石窟		浪洋寺石窟位于马渡场南1.2公里处的浪洋残寺，始建于唐朝阆英设县时期	现存宋朝雍熙四年（公元979年）的摩崖造像，分布在一个周长25米、宽15米、高5米的大石四壁上。距地表0.7米，共9龛	浪洋寺摩崖造像是唐代有明确年代题记的一处早期摩崖造像
牌坊		开江县甘棠牌坊位于开江县甘棠乡五幅桥村，建于清道光年间	牌坊东西朝向，四柱三门，为三重檐庑殿顶仿木结构建筑，通高15米，面阔12米，坊体由四根方形石柱和七道横梁承托，抱鼓石基座	石刻、陶雕和彩绘艺术融会贯通，每层檐脊皆由镂刻窗棂和翘角组合而成
石桥		高拱桥位于达州市达川区大风乡，建于清同治年间	高拱桥全部由青石砌成，桥长45米，宽10.3米。拱身最高处距河面有27米左右	形如弯弓，造型优美，桥的两端各有石狮一对，两岸石壁还有二郎庙。桥下原有铜钟一对
关隘驿站		石羊关是由秦入川的古道——子午道的第一道关隘。始建于西汉后的新莽政权时期	牌坊式建筑，中间上书"石羊关"	自古为汉唐子午驿城、军寨

其他典型建筑还有：

真佛山庙群位于四川达县福善乡清河村，建筑面积近15000平方米，是川东北独具特色的宗教寺庙建筑群。其始建于清道光18年，建筑系以木、石为主的建筑结构。由西而东，位于中轴线上的建筑依次是：山门、戏楼、天王殿、天子殿、德化寺、大雄宝殿，成梯形布列，采用了清代官式建筑的做法。

平昌县竹山寺塔位于响滩镇竹山村。该塔坐西朝东，石质仿木结构，七层楼阁式攒尖顶塔，分三级，逐级上收，第一级为四边形，第二级为六边形，第三级为四边形。塔的东面一至三层开窗。第四层塔身外刻人物像六尊，第二、三层墙身外有文字记载和题款。

坐落于万源庙垭乡名扬村义庄坪的嘉祐寺建筑为三开间悬山顶全木结构，占地百余平方米，每根木柱直径达38厘米，寺旁6块明朝碑刻载明"自大宋创鸿基"，说明该寺距今已近千年。建筑整体呈锥形，前看后倾，后看前斜，左看右蠢，右看左立，此种结构重心下移匠心独运，历经地震屹立不倒。

任市陶牌坊，位于开江县城南35公里的任市镇街口，始建于光绪八年（1882年），牌坊坐南进北，为四柱三门牌楼式建筑。牌坊周身用数十块烧铸陶件拼并而成，四根方形柱，十道方横梁构成坊梁，三道门为拱形顶，柱底是雕有仰莲、云雷纹的须弥座，牌坊里外各部位雕刻了多姿多彩的图案，牌坊中脊高浮雕"云海双行龙"，脊下牌楼里外两面雕有"圣旨"竖匾，中门横坊上雕有"双凤朝阳"。

合川钓鱼城古城门城墙雄伟坚固，嘉陵江、涪江、渠江三面环绕，是驰名巴蜀的远古遗迹。钓鱼城主要景观有城门、城墙、皇宫、武道衙门、步军营、水军码头等遗址，有钓鱼台、护国寺、悬佛寺、千佛石窟、皇洞、天泉洞、飞檐洞等古迹，还有元、明、清三代遗留的大量诗赋辞章、浮雕碑刻。钓鱼城跑马道遗址总长8.5公里，路面宽3.5米，可供"三马并进，五人并行"。据说，钓鱼城里倚悬崖绝壁而建的古城墙有8.5公里长，城墙上有瞭望孔、炮台口，居高临下，易守难攻。城墙上有一处炮座遗址。护国门是钓鱼城八座城门中最为宏伟的一道险关，位于城南的第二道防线上，左倚悬崖绝壁，右临万丈深渊的嘉陵江，上书"护国门"和"全蜀关键"。护国寺坐北朝南，依山布局，总占地面积达3500平方米。主体建筑由大山门、天王殿、大雄宝殿、药师佛殿、观音殿、祖师殿、藏经楼以及僧房前后院组成。大雄宝殿和药师佛殿分别为歇山式建筑和单檐悬山式建筑。护国寺在唐宋时期是驰名巴蜀的"石佛道场"，与龙游寺、净果寺、方溪寺并称为合州的四大名刹。（图6-2-4、图6-2-5）

养心亭坐落在合川区嘉陵江东岸学士山上。据明、清合州志记载，该亭建于北宋嘉祐元年（1056年），是名士张宗范的亭园。宋代著名理学家周敦颐（濂溪）先生以太子中舍整书合州判官时，亲自为他题名"养心亭"。明成化三年（1467年），合州知州唐珣循于旧址重建，又在亭旁另建房三间，并置廊垣，以接待文人墨客。以后历代均有培修。现存八角亭

图6-2-4 合川护国寺（图片来源：http://360.
mafengwo.cn/travels/info.php?id=6254231）

图6-2-5 合川钓鱼城护国门（图片来源：http://360.
mafengwo.cn/travels/info.php?id=6254231）

坐西面东，台基平面呈八边形，总占地面积约100平方米，通高18米。底层为十二边形石砌墙体，高6.5米，两面对称设门，第二至三层为木质结构，分设八只亭角，上下檐之角参差错落，不相对应，亭顶置塔制式宝瓶，重压亭身，故又名"八角亭"。亭内楼层之间设有木梯连接，右旋至亭顶，八方均开通窗观景。

合川文峰塔又名振兴塔，位于南津街，建于清嘉庆十五年（1810年），共9层，道光十六年（1836年）知州李宗沆又增建4层，共为13层，通高62.2米。塔为八角形密檐式砌砖结构，底层内空，直径4米多，塔心为实体锥柱。从底层沿石级螺旋而上，直达第11层。每层均有石刻圆雕神像供人祀祭，顶层原有木刻"魁星点斗"立像，塔外每层洞门上方有额楣，题词用青花瓷片镶嵌，分别为"欲穷千里"、"更上一层"等祝愿。（图6-2-6）

图6-2-6　合川文峰塔（图片来源：https://dp.pconline.com.cn/sphoto/list_2257002.html）

合川濮岩寺原名庆林观、定林寺、定林禅院，该寺始建于初唐，兴盛于北宋。宋元祐五年（1090年），合川知州刘象功在《濮岩铭》中记载了濮岩寺盛况："距城三里有僧舍，依大江林麓，楼观耸云如画者，伏于缣事间，其绝俗幽邃，历历可指。"《合川县志》记载，净果寺始建于北宋雍熙二年（公元985年），占地面积曾达4000多平方米，如今的净果寺，仅存大雄殿、转轮经藏殿、大悲殿与玉皇殿。大雄殿系重檐歇山式建筑，斗拱檐柱完好。（图6-2-7）

图6-2-7　合川濮岩寺（图片来源：http://blog.sina.com.cn/s/blog_6ebbfd8c0102vlhq.html）

涞滩瓮城是古代战争的特殊防御工事，于今少见。涞滩瓮城在涞滩镇鹫峰山下，建于清代同治元年（1861年）。瓮城分内外两层，外层墙垣最前边突出7.6米，有平列券拱城门三洞，外城门两翼边墙各有耳门一洞。整个瓮城呈半圆形，长约40米，半径约为30米，设有八道城门。当地人讲："瓮城八洞，四明四暗，一人把关，万夫莫及。"整个瓮城与原来的城堡连接形成整体，具有瓮中捉鳖的御敌攻效。（图6-2-8、图6-2-9）

重庆湖广会馆，位于重庆渝中区东水门正街4号，建于清乾隆二十四年（1759年），道

图6-2-8　涞滩瓮城城门

图6-2-9　涞滩瓮城内部（图片来源：http://dz.cppfoto.com/activity/showG.aspx?works=820817）

图6-2-10　重庆湖广会馆鸟瞰

图6-2-11　重庆湖广会员内部

图6-2-12　重庆湖广
会馆一景

光二十六年（1846年）扩建。会馆占地面积8561平方米，现有广东会馆、江南会馆、两湖会馆、江西会馆及四个戏楼，包括广东公所、齐安公所。会馆建筑浮雕镂雕十分精湛，栩栩如生，其题材主要为《西游记》、《西厢记》、《封神榜》和《二十四孝》等人物故事的图案，还有龙凤、动物及各种奇花异草图案。整个古建筑群雕梁画栋，雕刻精美，是我国现存规模最大的古会馆建筑群。（图6-2-10、图6-2-11、图6-2-12）

综上所述，荔枝道-子午道沿线留下了丰富的公共建筑历史文化遗产。体现出受到古道文化交流互动与人口迁徙的影响，故形成了形式多样的公共建筑文化脉络。

6.2.3　荔枝道-子午道沿线民居建筑模式语言

荔枝道-子午道沿线民居，普遍具有川东北传统民居建筑文化的特质，代表性民居建筑模式有天楼（走马转阁楼）、四合院、三合院、吊脚楼等。为了便于统计分析其建筑文脉，依据文化廊道线性研究方法的原则，本书选取沿线的代表性民居建筑类型，以制表的形式进行综合分析研究，以期提炼归纳出古道沿线民居建筑文脉特征与模式语言。（表6-2-3）

荔枝道-子午道沿线代表性民居建筑文脉模式　　　　　表6-2-3

名称	图片	营建年代与位置	建筑形制	艺术特征
天楼（走马转阁楼）		位于通江县学堂山村的蔡家大院建于清朝道光年间	"走马转阁楼"形制完整地体现了川东北民居建筑"天楼地枕"的特色。左右厢房延伸围合建成四个小院，由正堂左右两侧和左右厢房中间分别设计的通道连同	四个天井围绕中间的大天井，犹似花盘展开，被喻为"五月朝天"，四合院院廊四面对称8个木柱，其柱础均有独特造型和石刻图案
四合院		大竹县童家乡童家村江国霖老宅，始建于清代	坐北朝南，三进三出，占地面积3000多平方米，封火墙屋檐有仿斗栱砖雕装饰，中间开有一道"凹"字形朝门，是川东一带的传统大门样式	马头墙高低错落有致，小青瓦重檐朴素淡雅，砖雕与灰塑彰显异地风情
三合院		梨园坝村马家三合院，位于四川省通江县泥溪乡，建于清代	建筑结构为"人"字形，青瓦屋顶，穿斗木架构，讲究对称排列，即厢房挨转角一间称小二间，再下为小堂屋，靠下二间又是转角，下转角一间下小堂屋，中间是大门和过廊	坐北朝南，以中间堂屋为轴线，左右对称，堂屋左右为正房，挨正房为转角，小转角称"巴壁转"，大转角称"洪门转"。东西厢房各以小堂屋为中心
吊脚楼		万源溪口乡老街吊脚楼，建成于清乾隆年间	穿斗式木构建筑，吊脚楼建筑形式	临街、沿江而建，具有木结构吊脚楼艺术特色，建筑木构件上设雕刻、窗花等装饰

荔枝道-子午道沿线村落与古街、古场是民居建筑的主要承载处。荔枝古道进入四川的第一站便是大竹县石桥铺镇。荔枝古道经梁平屏锦铺、袁驿到达石桥铺。据《大竹县志》记载，石桥铺镇古称"老龙场"，清乾隆年间始称石桥铺。今可见当年青石板铺就的1.5米宽的荔枝道遗迹。镇上尚存十余间旧时板壁房和吊脚楼，其雕花梁柱仍清晰可辨精美的花饰。

迪坪村民居。据迪坪村刘氏宗祠碑志记载，刘氏祖先刘荫父子于元朝初期于今河北，彭城辗转迁于中坪里，开始修建土石结构的茅草房。随着人口的增多，建筑结构逐渐以茅草房演变为穿斗结构的瓦房，有两头转、三合院、四合院等形制。

大竹县童家村民居有一字形、三合院、四合院等多种形制。其中江家老院，青色砖层层叠加，马头墙高低错落有致，小青瓦重檐朴素淡雅，砖雕与灰塑彰显异地风情，与川东北传统的木结构四合院吊脚楼不同。建筑坐北朝南，三进三出，占地面积3000多平方米，封火墙屋檐有仿斗栱砖雕装饰，中间开有一道"凹"字形朝门，为川东一带的传统大门样式。

宣汉县马渡关镇百丈村民居地处古巴人文化的中心地带，荔枝古道横穿而过。百丈村拥有完好的传统建筑群，民居大多依山而建，构造上多为青瓦屋顶、穿斗木架构，以中间堂屋为轴线，讲究左右对称，为典型的川东农耕文化民居类型。

万源秦河乡三官场村民居。荔枝古道曾由此穿境而过，古村内房屋整体保存较完整，风格质朴典雅，构造精巧，布局合理，极具大巴山民居特色，完整地体现了传统建筑的精髓，对研究明清时期大巴山建筑、雕刻等工艺及民居建筑风格特点具有重要的参考价值。"一品当朝"、"五世同堂"、"旨抚民府"、王化成宅等古建筑工艺精美。"一品当朝"相传为明代布政使司蒲一桐所建，10余间房屋排成"一"字，3个四合院组成"品"字，其格局"一品"寓意"一品当朝"。建于清中期的蒲延芳宅，7步大石梯上去，朝门呈外八字型，门楣上有"五世同堂"金字匾额。

广安邓小平故居，是一座坐东朝西的传统农家三合院，悬山式木结构小青瓦屋面，工艺质朴，风格平实，具有典型的川东农村民居特色，充满浓厚的蜀乡风情。正房和南、北厢房之间有约50平方米的院坝。老宅子是小平祖上三代陆续建造的，共有17间房屋。正堂屋是接待客人的地方，左边居室是小平祖母戴氏的住房，右边是小平父母的居室，挨近父母居室的是弟弟邓垦、邓先治的住房。室内分别存放着红色柏木雕花床和简单的衣柜桌凳。北转角是饭厅，室内仅一张普通的方桌和几只板凳。东南转角处是作坊屋，很宽大，一分为二，一半是粉坊，一半为酒坊。粉坊内至今还存放着一盘石磨。南北厢房造型格局基本相同，南厢房一共三间，北厢房一共五间。[5]（图6-2-13）

邓小平故里的翰林院子，建于清乾隆年间，距今有200多年的历史，系邓小平先祖清代翰林邓时敏居住的旧宅。翰林院子坐西朝东，为穿斗式木结构建筑，悬山式屋顶，小青瓦屋面，四角飞檐，是两个四合院相套的大院落。整个院子共有大小房屋36间，由朝门、戏楼、厅堂和厢房组成，建筑十分精美，雕刻颇具特色，是一座典型的川北四合院。朝门外正中悬挂着著名书法家、雕塑家钱绍武书写的"翰林院子"金匾，朝门口一

图6-2-13　邓小平故居

对大狮子蹲立两侧，其规模和布局充分体现了翰林院子当年主人的身份。邓小平5岁入翰林院子发蒙读书，学名邓先圣。[6]（图6-2-14、图6-2-15）

磁器口古镇吊脚楼，典型的巴渝沿江山地建筑风格，一江两溪三山四岸的地理条件，造就了丰富的吊脚楼景观。磁器口吊脚楼建筑形式，通过木、石、砖的建构，形成围合的空间与恬静的院落。史料记载，钟家大院是慈禧太后管家钟云婷所建，具备中国北方四合院与南方四合院的特色。天井宽敞，轴线对称严谨，颇有北方院落韵味，但其建筑材料所用小青瓦，建筑结构上的穿斗房又极具南方民居特色。（图6-2-16、图6-2-17）

涪陵区蔺市古镇雷家大院，院子体现了明清时期川东四合院的建筑风格，而且非常具有生活气息。雷家院子是光绪年间本地乡绅雷振东的宅第，有20多个房间，500多平方米，由花厅、正厅、南北厢房、天井等组成，院落精巧、空间流畅，尤其是院内各处的木雕保存完好，方格窗内雕刻的文字、诗文、吉语等非常精美。涪陵区大顺乡大顺村，多形成三合院、四合院甚至两进式四合院聚居点，村内传统民居具有典型的地域及移民文化特色。如"正三

图6-2-14　邓小平故里翰林院子（图片来源：http://www.sohu.com/
a/232102200_259899）

图6-2-15　传统村落模型

图6-2-16　重庆江边吊脚楼建筑一

图6-2-17　重庆江边吊脚楼建筑二

架式、""正七架式"等建筑实体，体现着不同时期、不同地域建筑文明的融合与交汇。

6.3　傥骆道沿线的建筑文脉

　　史料记载：傥骆栈道五里一邮，十里一亭，三十里则设驿置，最早的历史事件记载为三国时魏国的曹爽曾由此出兵攻蜀，蜀将姜维率兵经此道而伐魏。唐中期以后，傥骆道作为京城的驿道被频繁使用，官员赴任、京城述职、使臣出使等公务活动大多经傥骆道。唐以后政治重心东移，此道重要性下降，元朝以后，不再被充作驿道。

　　傥骆道又称骆谷道，是长安、汉中间穿越秦岭的一条谷道。傥骆道的开辟或可追溯至先秦时期，正式开通是在三国时期。傥骆道当年的繁华和喧嚣史料里记载的较多，傥骆道一线的栈道、栈桥、摩崖碑刻等遗存共发现50余处，主要分布于西骆河、黑河水，傥水等河谷，其架木或架石的栈孔多开凿于河流一侧的悬崖绝壁上下，栈孔以方形和圆形为主，也有呈马蹄形、三角形的。栈道的修造方式有平梁立柱式、干梁无柱式、依坡搭架式以及凹槽式。傥骆道的走向大体是：由长安向西南，经鄠（户）县至周至，转西南从西骆谷口入山，越骆谷关，循黑河西支流陈家河上游，再越老君岭，沿八斗河、大蟒河河谷、溯黑河西源越秦岭至都督门，进入汉水支流湑水上源，再向西南翻越兴隆山，进入酉水上源的华阳镇，由华阳镇向东南沿酉水经茅坪过八里关，又越贯岭梁经白草驿，出傥谷口，或由华阳镇向西南，越牛岭顺酉水支流八里河至八里关，或由八里河谷的黑峡、大店子越岭过四郎出傥谷，也可由牛岭折西南至铁冶河，循傥水河谷至洋县，由洋县沿汉水北岸渡清水，经汉王城、城固县、柳林镇达于汉中。[7]

6.3.1 傥骆道沿线村寨选址与聚落形态

傥骆道沿线代表性的古城、村寨有周至老县城、洋县的华阳古镇、宁强县的诸葛古镇等。陕南汉中的华阳古镇，始于秦晋，兴于汉、唐、宋。秦汉已成集镇，唐宋设县治，至今已2000多年，是历史上有名的古道驿站（傥骆古道）、古军事要冲和古经济政治重镇。华阳镇现存的规模是在明清时期发展繁荣起来的。作为傥骆古道中古建筑群规模较大、保存较好的集镇，它的形成和发展都以傥骆古道为主要脉络，因而其城镇形态也显示出明显的结构特征：南北纵轴发展。古镇北起古塔路，南到船头广场，直至东水河与西水河交汇处。其核心建筑群包括长600多米的古商贸铺板门街以及300余个院落。其自然环境为两水交汇，南北长630米，东西长208米（窄处77米），形似古船；建造年代大都在清末民初，后修缮为前店后居式，主题形式风格为明清建筑，是陕南保存较为完好的明清时期古镇街，有南北杂烩的建筑风格。古代诗人曾有诗言："城在山头市在舟，万家烟火一船收。上有宝塔系古渡，下有魁楼锁咽喉。山环两岸排衙走，水插三道绕曲流。"古镇内明清建筑保存较为完好，古华阳县县城墙残垣轮廓尚在。[8]

周至老县城，城内有守备、把总、司狱、学署、书院、文庙等官衙建筑，还有城隍庙、关帝庙、演武场、义仓、商号等民间建筑。周至佛坪厅城建于道光五年，东城墙长235米，西城墙长232米，南城墙长390米，北城墙长340米。城墙高6米，城墙基阔6米，顶阔4米。城内有东西主街一条，南北副街一条。商号民房在主街以前，副街两侧。厅城设城门三座，东曰景阳门，西曰丰乐门，南曰延熏门。城门宽16米，门洞宽16米，高6.4米，深13.4米，原有城门阁楼及四个角楼，现均毁。

6.3.2 傥骆道沿线公共建筑文脉模式

华阳大桥古塔，该塔建于清乾隆三十年（1760年），塔高13米，共5层，方形砖塔，塔顶呈宝瓶状，各层高度和直径自下而上渐次缩小。第二层以上，每层四面均有佛龛，内有石佛雕像，共有佛龛40个。该塔惯称镇水塔，传说为华阳风脉所系，是古渡口旁意想中的吉祥拴船桩，具有佛教历史建筑传统文化的研究价值。（图6-3-1）

周至老县城（佛坪）府衙门，坐北向南，占地面积9266.4平方米，以衙门为界，以东为东街，以南为南街，以西为西街。衙门前原有高大的照碑、华丽的牌楼、坚实的门楼及左右门房。衙门依次为大堂、二堂和后堂。两边设三班、左右厢房、偏房、寝室、花园等，这些建筑已毁坏，基址尚存。文庙遗址，位于城东北隅，遗存建筑基址面积330平方米，向南有照壁、泮池、棂星门、东西两庑、大成殿基地，照壁保存完好，其顶部为砖雕，总体高5米，厚1.5米、长25米。

图6-3-1 华阳古塔（图片来源：http://www.sohu.com/a/71335262_348979）

6.3.3 傥骆道沿线民居建筑模式语言

傥骆道上代表性的沿线民居有华阳古镇民居。民居中的四合院布局，除具有北方民居的一般特点外，还兼备南方民居灵活多变的布局手法，充分利用地形地貌，与环境相融合，因地制宜。其只有一进院二进院布局，二进院布局较多，多为矩形，呈现纵深层次。沿街商铺住宅是华阳最为常见的民居建筑形式，以前店后宅形式居多，属于典型的陕南民居。商铺住宅大多为一至二层连排布局，开间大小、多少均不同，且有瓦饰陪衬，高低错落更增加了韵律感。局部有木雕，精美华丽，富有明显的装饰美，具有典型的江南风格。马头墙的应用和二层出挑用来增加空间的设计丰富了建筑造型，加之造型精美的脊瓦木雕，使居民造型里面充满了与陕西其他地区不同的地域色彩。古镇民居建筑以木梁柱构架作为主要承重手段，穿斗式和抬梁式两种结构一同使用。山墙通过使用穿斗式穿插柱梁以增加房屋的抗风性，而到了明间使用大梁连系前后柱子，以抬梁式的结构使中间更加宽敞。民居前檐地压石条，横梁相连，屋架用大柱子且柱不入土。除此之外还有卵石墙、竹笆墙和条石墙等，屋顶形式主要有歇山顶和人字两坡顶。其中歇山顶主要用于大型的公共建筑，多见于戏楼建筑，民居则为两坡顶及四坡顶形式，其中两坡顶最为常见[9]。

蜀汉式清代民居建筑，有佛坪厅故城荣聚站。其面阔三间，是一座传统的蜀汉式清代建筑，穿斗式，五举梁架，小板瓦，风火硬山，墙壁、前檐外楼阁厢板等处彩绘图案隐约可见。门槛上方悬挂牌匾，上刻"荣聚站"三个大字。（图6-3-2）

图6-3-2 荣聚站

6.4 褒斜道-米仓道沿线的建筑文脉

褒斜道北起眉县，南到汉中，在汉中接上米仓道可达巴中。为了从更长的古道区段来进行系统考析，笔者特将这两者放在一起进行建筑文脉研究。褒斜道的开创可能始于战国，《战国策·秦策》里有"栈道千里，通于蜀汉"的记载。成语"明修栈道，暗度陈仓"即指褒斜道。褒斜道路线为：太白县五里坡—白云—王家塄—留坝县—柘梨园—江口—柳川—南河—武关河—铁佛店—马道—青桥驿—褒姒铺—将军铺河东店，全程374里。褒斜栈道一直是南北兵争军行和经济、文化交流必行之道。《史记·货殖列传》载："栈道千里，无所不通，唯褒斜绾毂其口"。褒斜道是中国历史上最古老的道路之一，对政治、经济、文化的发展起过重大作用，在交通史上占有极其重要的地位。秦国商鞅变法后，这种社会变革的新趋势通过褒斜道传播到蜀汉，推动了汉中、四川等地的政治、经济和社会的发展。

米仓道路线，北起汉中南郑县，南到四川巴中、渠县、合川至重庆，因穿越米仓山而得名，全长250公里。其中米仓古道上的古遗址及保存下来的古镇众多，有断渠遗址、阳八台遗址、月亮湾遗址、擂鼓寨遗址、白土坪遗址、牟阳城遗址、小宁城遗址、巴灵寨遗址、白石寺遗址、得汉城遗址等。米仓古道上，还有无数的古镇老街，以及沿着古道老街的"三十六座老店"、"七十二家房客"。其中最有特色的是光雾山的桃园镇和大坝牟阳城。二者城居米仓古道要冲，地势险奇，位置独特，铺店林立。铺店里最有魅力的是那些罗列在道路两侧的"伙铺"。

6.4.1 褒斜道-米仓道沿线村寨选址与聚落形态

古道从北到南，沿途众多古关隘、古村寨、古场镇，这些村寨的选址与布局形态，无疑都受到了文化廊道带来的影响。为了便于统计分析其建筑文脉，依据线性研究方法的原则，本节选取沿线的代表性村落，以制表的形式进行综合分析研究，以期提炼归纳出古道沿线村寨选址与聚落形态特征。（表6-4-1）

村落	图片	营建年代与位置	建筑形制	艺术特征
城关村		建于清初，位于陕西省汉中市北	处县境中部，村落为两山夹一川之地，地形南北狭长，境内群山环绕，山势平缓，山峦起伏，曲折蜿蜒，幽深清净	古时为褒斜和连云两条栈道的交汇之地
小宁城遗址		位于今平昌县江口镇杨柳村，始建于淳祐五年乙巳（1245年）	东西长1000余米，南北宽800余米，四周绝壁，东南西北四门城楼悬空。城中建衙门、庙宇、钟楼、寨栅、校场、炮台、仓厩	三面环水。城墙和城门的构筑均因势利导，依山就势，灵活规划，凭险而建，坚固实用，威严壮丽

褒斜道-米仓道沿线代表性村落古镇建筑文脉模式　　表6-4-1

续表

村落	图片	营建年代与位置	建筑形制	艺术特征
恩阳古镇		建于三国时期，地归蜀汉政权。位于巴中市恩阳区	呈现各式文化的交融，街巷分布多呈网状分布，建筑风格与川北风格一脉相承。架梁结构是其主体。白色土墙墙内用竹篾板为心	靠水而居的古镇显得更为立体和更具层次感，这种街巷空间布局形式完美地诠释了川北地区的空间特色
青桥驿镇		青桥驿位于汉中市留坝县南部建于明神宗万历初年（1573年）	殿宇由重檐式、歇山式等各种风格组成	殿厅雕梁画栋，丹灯放彩，朱门壁窗，粉墙砖地
磨坪村		江口镇磨坪村位于留坝县最北端，属江口镇所辖行政村，位于东庵山东麓，瑙河西岸，轿顶山下	磨坪村是连接陕南和关中地区的重要枢纽，是一种陕南与关中相结合的建筑风格	以黄色夯土做墙体、青色小瓦做屋面，同时辅之木格窗、人字顶，兼具陕南和关中民居建筑特征
阆中古城		古城已有2300多年的建城历史，为古代巴国、蜀国军事重镇	山环水绕的古城中心建有中天楼，以应风水"天心十道"之喻。城内街巷以中天楼为核心，层层展开，各街巷多与远山朝对，民居院落主要为明清建筑，歇山单檐式木质穿斗结构，青瓦粉墙，雕花门窗	非常符合"地理四科"即"龙"、"砂"、"穴"、"水"的意象。融南北风格于一体的建筑群，有张飞庙、五龙庙、滕王阁、观音寺、大佛寺、川北道贡院等
留侯古镇		建于汉初，距今已有2000多年，位于留坝县	名胜古迹有张良庙（汉留侯祠），有老街市商业格局，是连云栈道重要的驿站之一	一庙一山格局，作为一个有历史文化积淀的古城遗迹，在于文化和生态的结合
西平镇		米仓道三台段的西平古镇，位于三台县	城墙有"围城三里三、穿城一里三"之说，城门六座，分别是大、小东西门和南北门。城体采用条石浆砌，门洞券拱采用横联式	移民建筑特色，有湖广、福建等多个省份的会馆建筑

据《留坝县志》载，"留坝"一词最早出现在东汉末年。汉中王张鲁修造张良庙，加之连云和褒斜两条古栈道在此交汇，商旅往来频繁，农商经济发达，留坝成为秦岭腹地的重镇，也是古代川陕文化的汇集之地。乾隆29年这里设留坝厅，并先后两次修造城池。

江口镇磨坪村位于留坝县最北端，素有汉中北大门之称。作为栈道的一处必不可少的枢纽，连接陕南和关中地区。由于其地理位置，使得古村落与栈道文化相结合，这里有著名的历史文物古迹——褒斜古栈道24孔栈道遗址等。留侯镇庙台子村，在三国时期是连云栈道重要的驿站之一。

恩阳古镇米仓古道陆路和水路的重要节点之一。恩阳古镇系米仓古道通往重庆方向的重要水码头和通往川北南充方向的交通咽喉，米仓古道的商贾客人千里陆路奔波后大多在此歇息，从古镇码头上水路，有"米仓古道上一盏不灭的灯火"和"早晚恩阳河"之称。古镇广布清代至民国时期的民居、栈房、祠堂、庙宇、会馆等巴山民居风格的建筑以及唐代的石窟造像、近现代重要史迹（如红军石刻标语）、革命旧（遗）址等。恩阳古镇不仅具有交相辉映、浑然一体的"山、水、城、镇"的格局，而且空间尺度宜人，屋面错落有致，街道依山就势，宛若迷宫。整个建筑群体现了典型的川东北民居特色的古镇风貌[10]。（图6-4-1）

恩阳古镇接受了两次外来人口大移民，这使得古镇建筑呈现各式文化的交融。棋盘式网格布局的古镇，大街小巷交错而过，条条相同，巷巷相连。由于古镇大街人流量大，以前多为商贩摆摊活动，因此宽阔的街道更加有利于谈商做生意。街巷完美地发挥了交通、交流、商业的功能。恩阳古镇独特的地形地貌使得顺着高低起伏的地势而建的民居错落有致，富有节奏感。古镇的街巷都是由青石板堆砌而成，有机连接。大量坡道和石阶的运用，使靠水而居的古镇显得更为立体和更具层次感，这种街巷空间布局形式完美地诠释了川北地区的空间特色。[11]

巴州城座落在万绿丛中，巴山连巴水、巴水绕巴城，群山碧水，风景秀丽。城中"九井十八街"乃古城繁荣的历史见证。古道沿线的城镇中更有"江西会馆"、"湖广会馆"、"南方商会"等会馆及商号。

阆中古城，在古蜀道上是连接金牛道、嘉陵道、阆汉道、米仓道的枢纽。阆中境内的古蜀道以城市为中心，四通八达，纵横分布。阆中境内的古蜀道及其遗存众多。据记载"阆中古城地处盆地，群山环绕，呈风水四象之式"，阆中古城三面环水，处于嘉陵江的"水抱"之中，四面环山，群山呈南朱雀、北玄武、东青龙、西白虎四象之式拱卫古城。其留存了15平方公里古街古院的古代城市风貌，有永安寺、大像山、张飞庙、巴巴寺、清代考棚等数十处建筑人文景观。（图6-4-2）

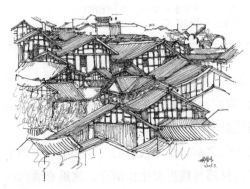

图6-4-1　恩阳古镇（作者自绘）

图6-4-2　阆中古城（作者自绘）

6.4.2　褒斜道与米仓道公共建筑文脉模式

褒斜道–米仓道沿线公共建筑文脉模式语言，普遍具有蜀汉文化融合的特质，代表性公共建筑有关隘、楼阁、寺庙、会馆、石窟、贡院、牌坊等。（表6-4-2）

褒斜道-米仓道沿线代表性公共建筑文脉模式　　　　　　　　　表6-4-2

类别	图片	名称、营建年代与位置	建筑形制	艺术特征
楼阁		中天楼，始建于唐朝，位于阆中古城中心	一座三层明清建筑风格的木质高楼，楼高25米，共三层，楼门四通。中天楼是阆中古城的风水坐标和穴位所在，古城的街道以它为轴心，呈"天心十道"向四面八方展开	在古城区中拔地而起，气势恢宏。唐代诗人金兆麟曾描绘："冷然蹑级御长风，境判仙凡到半空，十丈栏杆三折上，万家灯火四围中，登临雅与良朋共，呼吸应知帝座通"
会馆		万寿宫，建于清道光年间，位于恩阳古镇万寿街36号	万寿宫坐西向东，中轴线对称排列出戏楼、厢房、天井、前殿、正殿，形成复四合小院落。砖木结构，穿斗抬梁混合式梁架，卷拱硬山式屋顶，小青瓦屋面，封火墙	建筑风格采用我国传统建筑布局方法，结构紧凑，装饰华丽，雕刻精细，集雕梁画栋于一身，墙体部分的砖烧制有"万寿宫"字样，极其壮观
寺庙		留坝县张良庙位于秦岭南麓紫柏山下，始建于东汉末年	总面积为14200平方米。有照壁、牌楼、进履桥、三清殿院、大殿院、拜石亭、洗心池、云梯、草亭、授书楼、五云楼、避谷亭等建筑类型	整个古建筑群依山而建，随形就势，建筑与山林相映，六大院落错落有致，是北方宫殿与南方园林的交融
贡院		阆中贡院位于四川阆中学道街，建于清朝顺治九年（1652年）	三进四合庭式建筑，由大门、考棚、致公堂、名远楼等建筑组成的四合庭院建筑，纯穿斗木结构，前院是考场，后院是斋舍，四周都是号房	房舍整齐规矩，高出街坊民居一头。与大门相对的正厅是一楼一底的殿堂，庭院中间为十字形走廊，走廊两边栏杆连带靠背木椅，斋舍为一楼一底四合院，楼下庭院纵贯走向
石窟		水宁寺摩崖石窟，始凿于隋，位于四川省巴中市水宁寺镇	水宁寺摩崖造像现存造像38龛316尊。多为盛唐时期的作品	被誉为"水宁寺石窟，盛唐彩雕，全国第一。"

续表

类别	图片	名称、营建年代与位置	建筑形制	艺术特征
牌坊		棂星门牌坊，位于渠县文庙大门前。建于清乾隆五十九年（1794年）	青砂细石砌成，为5间6柱式石牌坊建筑，面宽14.57米，高11.3米，厚0.85米。牌坊上的"二龙戏珠"、"双凤朝阳"等精雕细刻	大多是整石连雕，多运用镂空透雕。比山东曲阜孔庙棂星门还高近1米，被称为"蜀中牌坊之首"
石桥		独善桥建于1867年，位于通江县草池乡嘉禾寨村	为5孔石拱桥。桥长64.47米，宽5.35米，高8米，最大孔径9.38米，最小孔径2.87米	桥面用板石铺就，桥栏用条石砌成
关隘		巴峪关关楼始建于元朝初年，现存关隘为1860年所建，更名为"官仓坪"	关门高4.2米，阔4米，门额有"官仓坪"三字，系石条砌成	关楼为拱形造型，其居高临下，气势巍峨
驿站		建林驿站，位于四川三台县西平镇，据资料记载，驿馆位于现建林场街中部	坐西北向东南，占地面积约600平方米，是典型的明清川西北四合院式建筑，为青瓦房遮盖的庭院。以驿站为中心而辐射周围，驿站成为了热闹的集市	是典型的明清川西北四合院式建筑

古关隘和古道古桥遗址，褒斜栈道的设计、建筑艺术有深远影响。秦、汉时期的褒斜道、线位大致选定在高出常年水位二至九米的地方，纵坡随自然河面进行了实用与合理的调整。一般是5里一站，10里一亭，30里一驿。太白县五里坡，古称衙岭，是褒斜古道唯一的一道山梁和关口。是三国时蜀魏两国的分界线，诸葛亮伐魏，就是沿褒斜古道出兵，经过五里坡，出斜峪关，驻扎在五丈原。太白县五里坡古关。（图6-4-3）

太白县有着修建了几千年的褒斜古道，横穿县境114公里，是历史上开凿时间最早、沿用时间最长、规模最大的一条古栈道。在这里发生过"明修栈道，暗度陈仓"、"诸葛亮北伐"等重大历史事件。由于米仓古道系陆水并进，山高河深，且线路延伸支线多，从而建造的古关隘和古道古

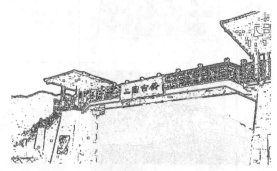

图6-4-3 太白县五里坡古关（作者自绘）

桥也很多，现保存完好的有的巴峪关（又名官仓坪）、古琉璃关及寒溪河栈道、阎王碥栈道等。巴峪关位于光雾山镇铁炉坝村，是米仓古道从汉中经小坝至大坝川陕交界的必经之地，是历代官方屯兵管理古道、对过往行人收税的重要关隘之一。

米仓道是宗教传播之路，从唐代开始，道教佛教沿路往四川传播。今天巴中、广元、大足、安岳的石窟就是佛教艺术从这条道路传下来的。以南龛、西龛、北龛、水宁寺、通江千佛岩、白乳溪等石窟造像为米仓古道线路上典型的文化代表，是隋末唐初佛教在中原大地兴起时代，从长安沿米仓古道南下的文化印记。[13]

青峰古寺是唐代的皇家寺院。据史载，青峰山于南北朝时初建青峰禅院（即上院），盛于唐代，鼎盛时期有僧尼近千，为唐皇室进香朝佛之名寺。后晋天福二年（公元937年）又建万寿禅院（即下院）。古青峰禅院殿宇气势壮观，回廊阁亭相连。

留坝县张良庙位于秦岭南麓紫柏山下，始建于东汉末年，是汉高祖刘邦的开国谋臣张良功成身退隐居之地，也是全国最大的祭祀张良的祠庙，是国家级重点文物保护单位，中国道教"十大洞天"之"第三洞天"。整个古建筑群依山而建，随形就势，建筑与山林相映，北方宫殿与南方园林交融，九大院落错落有致，有照壁、牌楼、进履桥、三清殿院、大殿院、南北花园、拜石亭、洗心池、云梯、草亭、授书楼、五云楼、石牛、石鱼、避谷亭等建筑。

留坝县风云寺，始建于明神宗万历初年（1573年），位于青桥驿蔡家坡，主祀云雨风雷神。乾隆二十年（1755年）再次扩建，由门楼、大雄宝殿、风云殿、雷雨殿等组成四合院，且有大山门、二山门和大殿院群相分相连。前后正殿都有拜殿券厅，客堂置其两侧，将大殿院分为前后左右4个四合天井。殿宇由重檐式、歇山式等各种风格组成。

南江县长赤镇禹王宫，建于清嘉庆二年（1797年）。为四合院中式砖木结构建筑。山门前壁系镂空青砖浮雕花卉、飞禽、走兽、喜字图案和张飞守当阳桥图、白鹤寿星图等，刻工精美，表情生动。

米仓古道上的摩崖造像石刻以"巴州四龛"、水宁寺佛教摩崖造像、二洞桥石刻和蒲涧太子洞石刻等为代表。"巴州四龛"指的是巴州城四周的东龛、南龛、西龛和北龛摩崖造像，巴州城也因此有"四佛佑城"之说。南龛摩崖造像石刻始凿于隋，盛镌于唐，延续宋代至民国，有唐开元、天宝、乾元年间题记，现存179龛（窟）。北龛寺摩崖造像始凿于唐代，续刻至清代，现有造像34龛（窟），共348尊。西龛摩崖造像现存造像91龛（窟），共2121尊，始凿于隋代。水宁寺摩崖造像现存造像38龛316尊，造像始凿于隋，多为盛唐时期的作品，被誉为"水宁寺石窟，盛唐彩雕，全国第一。"（图6-4-4）

图6-4-4　水宁寺石窟

　　圣水寺，位于南郑区圣水镇，背依灵泉山面对汉江，建于明代嘉靖时期（1552—1566年）。因有青、白、黄、乌、黑五泉环绕佛殿，取"五龙捧圣"之意，故名"圣水寺"。原圣水寺院分为东、中、西三院，中为大雄宝殿，旁有龙王殿、白云殿、娘娘殿、关圣殿，寺后山顶原建有望江楼，寺前山门为双层楼阁，东山原建有栖凤亭，为双连亭，西山原有景邵亭和缵侯亭各一。整个寺院建筑古朴典雅，规模宏伟壮观，具有典型的明代建筑风格。

　　渠县文庙，建于宋代嘉定以前，《渠县志》载："癸未重丸之交，'贼'由西城毁堞而入，学宫焚焉。"隔二十年后，清康熙二年（1663年）再度兴建。文庙建筑群落成阶梯状，厢房亭阁浑然一体，坐北朝南。文庙主体建筑为大成殿，高大庄严。文庙大门雄伟壮观，朱红照壁，十分耀眼。正北面"宫墙万仞"相传为康熙皇帝手书。桥护栏雕刻文房四宝、花鸟虫鱼、祥云怪兽等。中桥两头为精雕蟠龙，只有状元衣锦还乡才可过此桥，寓意金榜题名，独占鳌头。青砂细石砌成的"棂星门"牌坊，高大壮观、精巧绝伦。牌坊上的"二龙戏珠"、"双凤朝阳"等精雕细刻而成，被誉为巴蜀牌坊之首[14]。

6.4.3　褒斜道与米仓道民居建筑文脉模式

　　褒斜道与米仓道沿线经过川东北多个县区，古镇古村众多，包括有巴人聚居区的特色民居文化。褒斜道与米仓道沿线民居，普遍具有川东北传统民居建筑文化特质，代表性民居建筑模式有四合院、吊脚楼、夯土民居等。（表6-4-3）

褒斜道与米仓道沿线代表性民居建筑文脉模式　　　　表6-4-3

类型	图片	名称、营建年代与位置	建筑形制	艺术特征
二进四合院		胡家大院，建于清朝乾隆年间，位于恩阳古镇内	建筑坐西北向东南，四合院二进式布局，前低后高，依山而建，总建筑面积1050平方米。由前堂、中堂、后堂、左右厢房、前后天井组成	建筑整体为穿斗梁架结构，歇山式小青瓦屋面，院内呈三级阶梯状分布。有"五福捧寿"等众多精美雕花，属川北干栏式建筑
大四合院		胡家院建于清朝康熙年间，位于阆中学道街25号	建筑布局注重风水意象，灵活多变，建筑面积2299平方米，为大四合院格局，四周由四个小天井拱卫	是川北民居的典型代表。园中有园，显出古、雅、幽、深的个性，同时有丰富多样的木雕艺术
三进三重四合院		李家大院，于明正德年间建造，位于阆中古城武庙街47号	坐北朝南，前店后寝，占地千余平方米，房屋四十余间，呈串珠式三进三出格局	厅堂高大，结构古朴，为典型明代风貌，门窗雕花纹饰精美，具有川北古民居四合院的历史文化风韵

续表

类型	图片	名称、营建年代与位置	建筑形制	艺术特征
吊脚楼		吊脚楼,兴建于唐代盛于明清。位于恩阳古镇内油坊街、姜市街	全木质穿斗式结构,有一层、两层、三层,最高的达四层。吊脚楼从一层至另一层有凉梯相连。悬山、歇山式屋顶,独具传统建筑特征	临街、沿江而建,建筑木构件上设雕刻、窗花等装饰
夯土民居		夯土民居,位于留坝县磨坪村,始建于清朝	主要以黄色夯土做墙体,青色小瓦做屋面,同时辅之木格窗、人字顶,采取打笆做泥的方式处理屋面	兼具陕南和关中民居建筑特征

恩阳镇地处古代巴人聚居区,有古朴深厚的民居文化和巴人遗风,古建筑层层叠叠,高低错落,房屋以两层居多,阁楼雕花,下层为防火墙,上层全为木质建筑,有木质走廊和镂花窗棂。这些沿街而建的街市民居建筑,多为二进式或三进式小四合院,门面多为可拆卸的木板门。民居建筑的窗棂皆为方窗,窗雕如意格,什锦嵌花,鸟兽花卉,形神各异,多为蝙蝠,寓意对生意兴隆和生活幸福的追求,堪称川东北民间建筑木雕艺术之精品。(图6-4-5)

图6-4-5　恩阳古镇民居(图片来源:https://sichuan.3158.cn/info/20140722/n13168111118849.html)

阆中古城的民居古院,有唐宋和元代建筑,更多是明清建筑。其高墙大院,多为单檐歇山式木质穿斗结构,灰色小青瓦,漆柱粉墙,体现出唐代风水文化和明清建筑的特点。古民居风格南北兼容,融合了北方的四合院、南方园林,还有徽派民居。按天井布局尚有"多"字、"品"字、"T"字、"串珠"等形式,建筑部件如门窗等雕刻技艺娴熟精良,题材广泛丰富。如阆中胡家院位于学道街25号,建于清康熙年间,至今已经有300多年的历史,是川北民居的典型代表。据阆中古城蒲氏宅第主人介绍,蒲氏宅第街门向北,古人为实现"坐北朝南"的向阳传统布局,从宅第之西侧辟一甬道纵贯到底至"福"字照壁前,折东再由南面进入宅第,形成独特的"倒座房"格局。四重门形成一个"商"字形街门,占地八百多平方米,房屋二十四间,呈串珠式三进庭院布局,宅内厅堂高大,格局古朴典雅,门窗雕饰华美。

古时磨坪村是连接陕南和关中地区的重要枢纽,在经过时间的洗礼之后形成了一种陕南与关中相结合的建筑风格。关中地区多为窑洞,用黄土为原料建造房屋,而陕南地区多以烧制的砖与木材建造房屋。由于其处于这样一个交通枢纽上，两者相互融合形成了别具一格的风格特色。磨坪村许家山传统村落主要以黄色夯土做墙体，青色小瓦做屋面，同时辅之木格窗、人字顶，采取打笆做泥的方式处理屋面，兼具陕南和关中民居建筑特征，既有大户人家的半围合院落，也有平民百姓的单体土坯房。

米仓古道上，除了各地的传统村落与老街，沿着羊肠小道的河畔山腰，还奇特地生存着一种叫"穿心店"或"幺店子"的路边店。店子都是木架青瓦房，临河边的必定是吊脚楼，傍山崖的多是穿斗式民居建筑。

6.5　陈仓道-金牛道沿线的建筑文脉

陈仓道经两当（汉故道）、徽县（汉河池）至略阳（汉嘉陵道）接沮水道抵汉中，或经略阳境内的陈平道至宁强大安驿接金牛道入川。从陈仓（今宝鸡）到南郑（汉中），全长535公里，有嘉陵江水运之便。暗度陈仓的陈仓道即是此道。陈仓道路线为：勉县关山梁—两河口—长河沟—九台子—茅坝—二沟火烧关—留坝营盘—闸口石—箭锋垭—凤县油房咀—连云寺—留凤关—酒奠沟—双石铺—大散关—宝鸡市。

金牛古道又名石牛道，是二千多年前巴蜀地区通往中原的一条重要道路。它南起成都，过广汉、德阳、梓潼、越大、小剑山，经广元而出川，穿秦岭，出斜谷，直通八百里秦川。《四川通史》曾记载，金牛道是由汉入蜀的主要通道，其核心路段为剑门蜀道，剑门蜀道以剑门关为核心，北起陕西宁强，南到成都，全长450公里。早期剑门蜀道由于地形和历史原因沿江崖壁架设木栈或开凿石栈，后来改由沿溪铺设石板路通行，其沿线保留了许多文物古迹，如广元的明月峡、千佛崖、昭化古城、剑门关景区、翠云廊等。在宋元时期，沿线设置了专门的行政管理机构，清代形成"二十里置一邮铺，六十里置一驿"的格局，并保留至今[15]。（图6-5-1）

金牛道是蜀地历史上最早的一条官道。承载了成都两千多年历史文脉发展的古蜀道，正是由于金牛道的开通，才有"秦川道，翠柏天，商旅兵家密如烟"的壮观景象。一对对商旅西出秦关，南入蜀地，互通有无，传承文化，构筑起了光耀古今的商品贸易通道，连接起了蜀地对外交流的重要纽带。

图6-5-1　金牛道线路示意图（作者自绘）

6.5.1　陈仓道-金牛道沿线村寨布局与遗址形态

古道西出秦关，南入蜀地，沿途众多古关隘、古村寨、古场镇，这些村寨的选址与布局形态，无疑都受到了文化廊道带来的影响。（表6-5-1）

陈仓道-金牛道沿线代表性村落古镇建筑文脉模式　　　　表6-5-1

类别	图片	名称、营建年代 与位置	建筑形制	艺术特征
古镇		青木川古镇，位于宁强县，该街始建于明成化年间	古街上近百户人家的房子大都是四合院，二进二出两层结构，建筑风格有明清时期的旱船式，也有西方教堂式	街道建筑自下而上蜿蜒延伸800多米，金溪河绕着古镇转了个弯，古街被河拉成了弧形，形似一条卧龙
传统村落		石板村。汉、晋、唐、宋时的洪督关就是蜀道金牛道柏杨栈间道的关隘。位于广元朝天区麻柳乡	石板村呈东西走向，西高东低。有洪督关、邹家堂屋。传统建筑有四合院、撮箕口、尺子拐、吊脚楼等600多间	近缘聚居，遵循着将村庄建设与周围环境融为一体的原则。吊脚楼布局分散，为传统的川斗式川北古建筑
古关		剑门古镇（关），武则天圣历二年（公元699年），位于剑门蜀道中心	地处四川盆地北部边缘断褶带，大、小剑山中断处，两旁断崖峭壁，峰峦似剑，两壁对峙如门，故称"剑门"，是我国最著名的天然关隘之一	拥有众多古桥梁、古建筑、古碑刻、古寺庙、古城址、古树等大量珍贵文物
古城		昭化古城，始建于春秋，宋代重建，位于四川广元市昭化区	按三横两纵、中间高两侧低的瓦背风格随势就势而成，建筑多为穿斗木结构，小青瓦，为古朴的川北风格民居	古城四面环山，三面临水，街巷之间"丁"字相连，具有"道路交错相通，城门不相对"的军事防御特色
古镇		洛带古镇，建于三国蜀汉时期，位于成都	镇内千年老街、客家民居保存完好，老街呈"一街七巷子"格局，空间变化丰富	"一街七巷子"是一个完整的防御体系，是客家先民千年迁徙的智慧结晶
古驿站		柏林沟古镇（柏林驿），位于昭化区柏林沟古镇，始建于东汉时期	古镇是东汉葭萌县县治所在地，至今古风犹存，街道两旁穿斗架梁的古建依旧，现存有石板古街500余米	街中存有三层楼台"奎星阁"（又名钟鼓楼、财神楼），其楼高15米，上层为魁星楼，中为戏楼，底则乃石板街道穿楼而过。蜀道风情尚存
古镇		青林口古镇，坐落于江油市二郎庙镇西南的小山沟里	至今仍保留了较完整的文昌宫、妈祖庙、南华宫、万年戏台、桥楼亭等古建筑和大量清代、民国时期的木构一楼一底民居	深受蜀道文化的影响，多为雕刻着精美图案的高大木结构建筑，保存下来的宫庙会馆，多为清初"湖广填四川"的移民所建

　　广元是人蜀要塞，三国重镇，也是诸葛亮六次伐魏的必经通道。现存140余处三国遗址遗迹，如姜维城、钟会故垒、关索城、姜维墓、姜维祠、费祎墓、邓艾父子墓、鲍三娘

墓、翠云廊、关羽庙、武侯祠、筹笔驿、明
月峡、战胜坝、葭萌关、天雄关、白水关、
石门关、北雄关、摩天岭、孔明碑、皇泽寺
等上百处。

　　昭化古城始建于春秋，宋代重建，以后
历代都有修葺，其为石砌城墙。此城只有三
道城门，东门曰"瞻凤"，西门曰"临清"，
北门曰"拱级"。至今仍保留着厚重、淳朴
的古城风貌，结构谨严、布局得当，面积16
公顷，为不规则四边形，略呈圆形。三街五
巷均为明代风格，整齐平坦，东、西、北三
条长街贯穿，南、北、西五条小巷穿过半边
城。古城街道均系青石铺砌，呈两边低中间
高的瓦背形，中间为引路，代表着严格的封
建礼仪等级制度。庙宇、官衙、乐场等多雕
梁画栋。古街两侧保留着完整的明清建筑多
为穿斗木结构，小青瓦，为古朴的川北风格
民居。昭化古城是中国最早推行郡县制管理
的县治地之一，有"巴蜀第一县"之美誉。

图6-5-2　剑门关（作者自绘）

图6-5-3　剑门关古镇（作者自绘）

自唐虞开始，4000多年的历史文明有史可鉴，为国内保存较好的一座古代县城城邑和保存最
好的三国古城。

　　剑门古镇至今仍遗存有众多的古桥梁、古建筑、古碑刻、古寺庙、古城址、古树等大量
珍贵文物。剑门关，位于四川省剑阁县城南15公里处，地处四川盆地北部边缘断褶带，大、
小剑山中断处，两旁断崖峭壁，峰峦似剑，两壁对峙如门，故称"剑门"，是我国最著名的
天然关隘之一，享有"剑门天下险"、"天下第一关"、"蜀之门户"等美誉。三国蜀汉丞相
诸葛亮曾在此修筑栈道30里，设关守卫，称"剑阁"。唐代诗人李白《蜀道难》曰："剑阁
峥嵘而崔嵬，一夫当关，万夫莫开"。（图6-5-2、图6-5-3、表6-5-2）

剑门蜀道建筑遗存　　　　　　　　　　　　　　　　　　表6-5-2

类别		重要遗存
驿道 遗存	驿铺	筹笔驿、朝天驿、嘉陵驿、剑州驿、柳池沟驿、武连驿、上亭驿、汉阳铺、抄手铺、凉山铺、 演武铺等
	驿渡	利州南渡、白水渡、桔柏渡、神虎渡等
	古桥	剑溪桥、石垭桥、剑州武侯桥、剑州广济桥、清凉桥、柳沟老桥、武功桥等
	古栈道	观音阁栈道、清风峡栈道、明月峡栈道、马鸣阁栈道等
	其他	拦马墙、门槛石、拴马桩等

续表

类别		重要遗存
城关堡寨	古城	广元、昭化、剑阁等
	古关隘	七盘关、朝天关、飞仙关、望云关、白水关、石门关、葭萌关、天雄关、梅林关、剑门关、瓦口关、绵竹关、白马关、涪关、阳平关等
	古堡寨	漫天寨、小剑城、大剑戍（镇、城）、娄维故垒、苦竹寨等
关联遗存	古文化遗址	广元古瓷窑遗址、白水故城遗址、石盘秦汉文化遗址等
	古建筑	广元桓侯庙、昭化县衙、昭化文庙、龙门书院、剑州古城垣及箭楼、剑州钟鼓楼、鹤鸣山熏阳亭等
	寺观祠庙	大安寺、皇泽寺、昭化文庙、剑州文庙、觉苑寺、七曲山大庙、千佛崖、宝光寺、青羊宫等
	古墓葬	宝轮战国船棺墓葬群、鲍三娘墓、娄维墓、邓艾墓等

武连镇：武连镇是历史文化古镇，文物、风景资源丰富，有堪称"蜀道明珠"的国家级文物保护单位觉苑寺。

柏林沟古镇石板街头现存有一座建于东汉128年的古刹，其名为"广善寺"。柏林还有"五岚"胜迹：代表黄色的金岚寺，代表红色的赤岚寺，代表黑色的岚坦寺，代表白色的岚黎寺，以上四寺为柏林沟四大崇林，而代表蓝色的却是一道古桥名为岚溪桥。

梓潼县：梓潼有悠久的历史和丰富的自然遗迹。境内有七曲山大庙、长卿山李业阙、卧龙山千佛岩三处国家级重点文物保护单位。在全国尚存的24座汉阙中，梓潼汉阙就占了六分之一。这里有以长卿山司马石室和唐明皇幸蜀琅当驿为代表的汉唐文化，也有以卧龙山诸葛寨等遗迹为载体的三国文化。《蜀中名胜记》载："梓潼西南三十里葛山，又名卧龙，相传武侯伐魏，驻兵于此。"至孔明殿，有武侯像和孔明泉。孔明泉与山顶点将台之间有两层平台，下层为跑马场，位于山之北面和西面，宽20至40米，长1.5千米以上。跑马场平台即是诸葛寨寨门修建平台。乡人称寨有四门，现东门完好，西门有迹可循。

绵阳：千年古蜀道金牛道，从成都出发，过新都、广汉，经罗江、金山进入绵阳境内的鸡鸣桥、新铺、皂角铺、石桥铺，从饮马渡过涪江，进入绵州城。涪城区新皂镇旧称钟阳古镇，是古绵州军事重镇之一，境内有古金牛道新铺和皂角铺两个重要驿站。200多年前，这里先后矗立起了两座节孝牌坊。据当地老辈人讲，两个牌坊之间，就是当年金牛古驿道108个驿站中的新铺，修有大量的馆舍房屋，供往来行人打尖歇脚。（图6-5-4）

德阳市罗江县有三国遗址白马关、庞统祠墓、诸葛点将台、换马沟、落凤坡、血坟、古驿道、到湾砾石，大霍山佛教文化万佛寺、宝镜寺、南塔寺、李调元故里醒园、云龙山李氏宗祠遗址、李调元读书台、奎星阁、景乐宫、李调元纪念馆、文昌宫、张任墓、潺庙遗址等。

图6-5-4　古金牛道新铺驿站双牌坊（图片来源：http://epaper.myrb.net/html/2019-01/20/content_12264.htm）

图6-5-5　白马关（作者自绘）

图6-5-6　白马关金牛蜀道遗址（图片来源：http://
m.sohu.com/a/245537599_348914/?pvid=000115_3w_a）

　　白马关，汉代称绵竹关，唐、宋易名鹿头关，剑南蜀道"上五关"之最后一关，地处交通要塞，是三国蜀汉政权五十年兴亡佐证地，自古为物资集散地和兵家必争之地。庞统祠、倒湾古镇、凤雏庄、金牛古道、换马沟、落凤坡、诸葛点将台、八卦谷等重点三国古遗址构成了独具特色的三国文化。白马关有两座关楼，一处是大门口的北关楼，另一处就是南关楼，两座关楼南北相对。（图6-5-5、图6-5-6）

　　苦竹寨亦名苦竹隘（今称朱家寨），相关史志记载：在小剑山顶，四际断岩，前临巨壑，孤门控据，地势险要，一夫可守。苦竹寨是位于剑门关西的第二道关隘，山呈四棱。东靠梁家寨，深堑隔断；西临隘口，峭壁矗耸；北屹衙门口，状如城廓；南抵诸王山，岩寨壅口，而西、北两壁，形似截削。

　　成都：洛带古镇位于龙泉山脉中段的二峨山麓。建于三国蜀汉时期，传说因蜀汉后主刘禅的玉带落入镇旁的八角井中而得名。镇上居民中客家人有2万多人，故有中国西部客家第一镇之称。镇内千年老街、客家民居保存完好，老街呈"一街七巷子"格局，空间变化丰富，街道两边商铺林立，属典型的明清建筑风格。"一街"由上街和下街组成，宽约8米，长约1200米，东高西低，石板镶嵌；街衢两边纵横交错着的"七巷"，分别为北巷子、凤仪巷、槐树巷、江西会馆巷、柴市巷、马槽堰巷和糠市巷。整个"一街七巷子"是一个完整而封闭的防御体系，若将所有巷子和街道的大门全部关闭，里面的人是完全无法出来的。这是客家先民长达千年迁徙的智慧结晶，是客家围楼建筑特点的演变、发展和传承，这在全国所有客家古镇中是绝无仅有、独一无二的。（图6-5-7）

图6-5-7　洛带古镇（作者自绘）

6.5.2　陈仓道与金牛道公共建筑文脉模式

陈仓道与金牛道沿线公共建筑文脉模式语言，普遍具有蜀汉文化融合的特质，代表性公共建筑有关隘、楼阁、会馆、祠、书院、古桥、栈道、摩崖石窟等。（表6-5-3）

陈仓道与金牛道沿线代表性建筑公共建筑文脉模式　　　　　　　　表6-5-3

类别	图片	名称、营建年代与位置	建筑形制	艺术特征
阁楼		奎星阁，建于乾隆三十一年（1766年），位于罗江县城南街	阁为全木结构，四面独立，连底共五层	堪称清代四川奎阁之最，被誉为"川西第一阁"
摩崖石窟		千佛崖摩崖造像，凿于武则天圣历二年（公元699年）。位于四川省广元市北4公里的嘉陵江东岸	在长约420米、高约40米的崖面上，龛窟密布，重重叠叠，多达13层	千佛崖雕凿细致，人物形象栩栩如生，是研究中国古代石窟艺术的宝库
祠		白马关庞统祠，位于白马关，始建于公元214年	三进四合布局，依次排列着山门、龙凤二师殿、栖凤殿	主体建筑是石木结构（石墙、石柱、石漫、石柱廊、石窗），古朴敦厚，肃穆庄重
寺		觉苑寺位于四川省剑阁县西武连镇，始建于唐贞观年间	有三重殿及两侧配殿，以大雄宝殿为主体，天王殿在前，观音殿居后，级级递进，建在同一条轴线上，东西配殿对称排列	该寺坐北向南，气势磅礴庄严。木结构重檐歇山式屋顶，小青瓦屋面
关隘		剑门关，位于四川省广元市剑阁县，始建于三国时期	居于大剑山中断处，两旁断崖峭壁直入云霄，峰峦倚天似剑，享有"剑门天下险"之誉	原古关城楼是三层翘角式箭楼，阁楼悬匾"天下雄关"，顶楼匾额"雄关天堑"
古栈道		剑门栈道，位于四川省广元市剑阁县城南15公里处	栈道的材料有木栈和石栈之分。结构主要有平梁立柱式、平梁立柱加栅盖式、平梁立柱加斜撑式、平梁无柱式、石积式和凹槽式	剑门栈道依山傍势，凌空架木，凿岩成道或凿孔架木，作栈而行

续表

类别	图片	名称、营建年代与位置	建筑形制	艺术特征
古桥		剑溪桥，位于广元市剑阁县剑门关外2公里处的大剑溪上。修建于宋代	桥以青石构筑，三拱相连，拱券为两半拼合式。板石铺就阶梯式桥面	桥成弧形，桥栏有石刻龙头镶嵌其上，建筑工艺精湛，历数百年未变形
会馆		洛带古镇广东会馆，位于成都洛带古镇，建于清乾隆年间	会馆坐西北向东南，主要建筑包括戏台、乐楼、耳楼及三大殿，对称布置，复合四合院结构	广东会馆风火墙建筑风格已成为洛带古镇的建筑标志
古桥遗址		成都十二桥遗址，建于商代至西周（公元前1700年—前771年），位于四川省成都市蜀都大道十二桥路	为大型宫殿式木结构建筑和小型干栏式木结构建筑群遗迹，宫室群是由形制不一的大中小型房屋组合而成，主体建筑为一座大型干栏式房屋	商代木结构建筑遗迹为研究古代蜀地的建筑形制、建筑风格、营造技术的实物资料
桥梁		合益桥，位于江油市青林口古镇，建于民国15年	为三孔石拱桥，长23.7米，宽6.5米，拱高7.8米。又分正、次、边5开间	合益者，有合通蜀道，利益乡梓的意思。桥上有廊，木架构，歇山顶，上覆小青瓦。桥廊随桥面高低变化
书院		昭化龙门书院，始建于乾隆三年，嘉庆二十二年扩建，初名葱岭书院，后称凤山书院，再改为龙门书院	寓"鱼跃龙门"之意。书院内现有一中厅，俗称"名伦堂"	当时昭化境内考取功名的人的名字会记载于横梁之上，以表彰其功绩，现简称为"名堂"

皇泽寺：不仅是国内唯一的武则天祀庙，寺内还保存着开凿于北魏至明清的6窟、41龛、1203躯皇泽寺摩崖造像及历代碑刻。后蜀广政二十二年（公元959年），当地政府又对该寺进行了改扩建，形成"唐则天皇后武氏新庙"，当时的皇泽寺，临江是"则天门"、"天后梳洗楼"、"乐楼"，还有"弥勒佛殿"、"铁观音殿"等建筑。已历1300多年的皇泽寺，主体建筑有大门、二圣殿、则天殿、大佛楼、吕祖阁、五佛亭等，寺依悬崖下瞰江流，有巴山蜀水之秀丽巍峨。（图6-5-8）

图6-5-8 广元皇泽寺（作者自绘）

昭化"葭萌关"：城池建成以后，"葭萌关"依然存在，它就是昭化古城西门，即"临清门"。临清门是古城西门，同时也是"葭萌关"的关口。葭萌关轮廓尚存，砖砌拱关门，屹立在条石垒成的关墙之上。

剑门梁山寺：坐落在大剑山山顶葱笼的古老柏树丛中。从剑门关北上10公里即到梁山寺。该寺位于海拔1180米的剑门七十二峰的桃花峰与逍遥峰之间的"舍身崖"上，建筑面积947.14平方米，坐北朝南。昔日山门中高悬巨匾，书"梁山寺"三个金光大字。大门两旁柱上为黑漆鎏金楹联，进正门，两侧塑有四大天王像。从地道通天井可见灵官居正中，而灵官背后塑着韦驮。再经西厢过道，上台阶即是大雄宝殿。

金牛古道沿线的明代古桥"清凉桥"：桥长约17米，宽约近3米，两只雕刻精美的龙身前后护卫，桥的两端与高出桥面的石梯和石板路相连。

青林口古镇会馆：多为清初"湖广填四川"的移民所建，共修建了四座会馆，只有广东会馆保存了下来，其中精致的戏楼堪称川北一绝。整个戏楼面阔19.7米，进深13.2米，占地面积225平方米。单檐悬山顶，两侧翼角高扬，檐后四柱抬梁，柱梁间撑弓雕刻精美。戏台上方有藻井，彩绘戏曲人物，左侧为天仙配，右侧为白蛇传。戏台地面青石铺就，两侧为乐楼，后有内室三间，置"出将"、"入相"二门。近看廊庑、勾栏，雕刻装饰皆纤细入微，远观建筑雄浑大气。

罗江县白马关庞统祠：祠墓是三进四合布局，依次排列着山门、龙凤二师殿、栖凤殿、庞统陵墓。祠的主体建筑是石木结构（石墙、石柱、石漫、石柱廊、石窗），在四川古建筑中堪称一绝。庞统祠古朴敦厚、肃穆庄重，犹如将军府邸。（图6-5-9）

七曲山大庙旧称"文昌宫"，自元代开始，历经明清两代不断扩建，才成为现在的规模。整个殿宇楼阁共二十三处。其结构谨严，布局有序，廊腰缦回曲折，雕梁画栋，莫不精工，为蜀中少有的古建筑群。（图6-5-10）

在洛带古镇的会馆独具特色。它们一方面反映出移民时期同族群之间，既相互包容又相互独立的心态，也同时反映出不同族群的建筑传统与风貌。会馆是以院落为基本单元的建筑

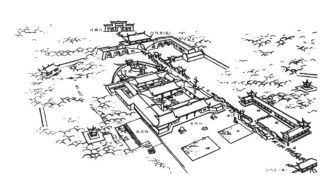

图6-5-9　白马关庞统祠鸟瞰图

图6-5-10　七曲山大庙（图片来源：http://www.sc.gov.cn/lysc/mjtw/rwjg/qqsdm/200609/t20060907_57763.shtml）

组合全体，整体布局以正殿为中心，对称布置，一般由大门、戏楼、殿堂、厢房、庭院等构成，满足会馆建筑作为公共建筑的功能。洛带会馆建筑群宏伟壮观，布局考究，既反映移入民原籍的建筑风貌，又结合川派建筑特色，内部构件技艺精湛，也是客家移民同乡聚会的场所。这种以地缘关系为纽带的会馆建筑是从祠堂和家庙建筑演变而来的，是客家人血缘宗族意识的扩大和演变，是客家移民文化的重要遗存。洛带古镇现存四个会馆：广东会馆、湖广会馆、江西会馆和川北会馆，体现了浓厚的客家风格。四大会馆自西向东沿主要街道分布，也是洛带古镇的重要标志。由于观戏、商贸的需要，会馆戏楼前的天井演化成一个大型广场，其尺度多在几百平方米。这个以戏台为核心的开放空间是客家人重要的公共空间，它蕴含了强大的精神凝聚力[16]。

广东会馆：洛带古镇会馆建筑的代表，是洛带古镇的标志性建筑，又名"南华宫"，由广东籍客家人于乾隆十一年（1746年）捐资兴建。会馆坐西北向东南，以示对东南故乡的眷恋之情，主要建筑包括戏台、乐楼、耳楼及三大殿，对称布置，复合四合院结构。殿堂建筑山墙厚重，顶部曲线造型为封火墙。屋顶方面，前殿为"单檐卷棚"青瓦顶，中殿为"单檐硬山"青瓦顶，后殿为2层建筑。广东会馆是目前全国保存最完好、规模最宏大的会馆之一，其风火墙建筑风格在四川绝无仅有，已成为洛带古镇的标志性建筑。现该馆为国家级文物保护单位。

湖广会馆：为湖广籍移民于清乾隆8年（1743年）捐资修建，因供奉大禹，又称"禹王宫"，位于洛带镇中街，为清代填川湖广（今湖南、湖北）人的联络据点。会馆始建于清乾隆年间（1736年—1795年），民国元年（1912年）毁于火灾，民国二年（1913年）重建，占地约2750平方米。会馆坐北朝南，依中轴线对称布局，由牌坊、戏台、耳楼、中后殿和左右厢房构成，全贴金装饰，建筑面积2480平方米。湖广会馆较完整地反映了湖广移民的艰苦创业和社会生活，为成都市旅游区内保存完好的湖广移民会馆的典型建筑。馆内天井虽无下水道，但无论下多大雨，即使街上已洪水漫涨，该处都不会潲水漫延，为该馆的一大奇迹，传为大禹保佑之故。现该馆为国家级文物保护单位。（图6-5-11）

江西会馆：位于洛带镇江西街，始建于清乾隆十一年（1746年），为清代填川江西人的联络据点。由前中后三殿与厢房构成，前殿为卷棚硬山顶，后院戏台为重檐歇山顶，各殿木构件雕饰精美。会馆坐北朝南，建筑面积2200平方米，供奉赣南乡贤神祇"许真君"，故又名"万寿宫"。主体建筑由大戏台、民居府、牌坊、前中后三殿及一个小戏台构成，复合四合院式。江西会馆在整体布局和建筑美学方面都颇有价值，特别是它在中后殿之间的天井里还伸出一个小戏

图6-5-11　湖广会馆（图片来源：http://pp.163.com/luanzesen54128/pp/2940540.html）

图6-5-12　江西会馆（图片来源：http://blog.sina.com.
cn/s/blog_44afc5fe0102vbfy.html）

图6-5-13　洛带古镇燃灯寺（图片来源http://blog.
sina.com.cn/s/blog_4a6a88720100h0bs.html）

台，构思独特，环境空间布局十分完美，为四川客家会馆中所未曾见。现该馆为国家级文物保护单位。（图6-5-12）

　　川北会馆：原位于四川成都市卧龙桥街，始建年代不详，重建于清同治年间（1862年—1874年），1998年迁建至洛带镇正兴村。洛带古镇五凤楼，又名凤仪阁。三国时期，洛带为蜀汉的后花园，后主刘禅常来此游玩，其母甘夫人也时常陪伴，于是朝廷专门在此修建了凤仪馆、凤仪阁，备皇后一行小憩，现洛带老街一街七巷子中的凤仪巷即因此得名并保留至今。五凤楼即为参照该历史传说复建的凤仪阁，楼高23.8米，气势恢宏，有古中原遗风。燃灯寺原位于洛带镇东三峨山上，始建于唐初。最初，寺庙叫做"信相祠"。到了唐代，法润禅师及悟达知兀国先后在此修行，在大师的主持下，信相祠声名渐起。宋朝时期，真宗皇帝钦赐寺名"瑞应禅院"，寺庙香火盛极一时。清代时该寺规模宏大，殿宇数重。（图6-5-13）

　　成都十二桥商代木结构建筑遗迹的发现，为研究古代蜀地的建筑形制、建筑风格、营造技术提供了重要的实物资料，是对中国建筑史的重要补充。

6.5.3　陈仓道与金牛道民居建筑文脉模式

　　陈仓道与金牛道沿线民居代表性的建筑模式有铺面式民居、院落式私家宅第、门堂屋、土木结构吊脚楼等。（表6-5-4）

陈仓道与金牛道沿线代表性民居建筑文脉模式　　　　　　　　　　　　表6-5-4

类别	图片	名称、营建年代与位置	建筑形制	艺术特征
铺面式民居		多建于明、清时期，位于昭化古城	为前店后宅或下店上宅式，一至二层木构建筑，具有商业和居住的复合功能	开间小而进深较大

续表

类别	图片	名称、营建年代与位置	建筑形制	艺术特征
院落式私家宅第		怡心园，专家从建筑特点和工艺水平等方面推断，应为清代所建。位于昭化古城	从外到内共分四层，分前厅、天井、中厅和正厅。前厅后面为长方形天井，两侧分别有厢房四间，建有椭圆形木门罩，中厅俗称"旱船天井"，为形似船形的廊厅	这类民居雕梁画栋，其整体风格多仿当时北京官宦府邸，讲究小巧、得体、适度。它兼有中国南方和北方的建筑风格，重檐、青瓦坐脊的特点较为明显
门堂屋		巫氏大夫第，客家门堂屋民居建筑。位于洛带古镇	由传统客家建筑"门堂屋"演变而来，大多为单层，也有两层和三层。多为单四合院式"二堂屋"结构，门外为小晒坝，门内为天井，正中为堂屋	空间特点为：以祖堂为中心，中轴对称。祖堂的中心地位显示了其重要性，体现出客家人对祖先的尊敬与崇拜
土木结构吊脚楼		石板村土木结构吊脚楼，位于广元朝天区麻柳乡。建于明清时期	土木结构吊脚楼，建筑从构架、梁、柱、斗栱等反映了不同时代的建筑风格与特色	建筑材料与装饰富有乡土气息，具有典型的川北民居的风格特点

昭化古城城内民房多是南方风格的木架结构庭院，街两侧多为小青瓦，穿斗木结构。古镇现存的民居建筑主要可以分为两大类，一类是沿街开店的铺面式民居，为前店后宅或下店上宅式一至二层木构建筑，开间小而进深较大，具有商业和居住的复合功能。另一类是院落式私家宅第，多为明、清时代所建，其整体风格多仿当时北京官宦府邸，讲究小巧、得体、适度，以三进四合院式木结构穿斗天井为主，大小天井用条石整齐嵌接而成的走廊互相贯通，以内部庭院的横向纵向重重构造和独特的木雕风格见长。这类民居雕梁画栋，古色古香，其中尤以怡心园，益合堂等为典范。[17]

昭化古城的怡心园，为清代木结构建筑，建筑为硬山式重瓦屋面，青瓦坐脊，重檐。从外到内共四层，分为前厅、天井、中厅和正厅。中轴线上有前厅、中厅、正厅和长廊（旱船）将其连接，组成"王字"，两侧配以厢房，形成长方形四合院格局。临街开放式前厅可供通行，也可以作经商店铺，中厅带生活用房，供家人用餐、聚会，厢房、正厅阁楼供家人居住。整个建筑布局合理。

昭化古城辜家大院，坐落在昭化古城南门巷内，始建于明代末期，整个院落坐南向北，据说其易于吸收日月精华，有益于居住者健康、长寿，是有400年历史的三进四合院落，布局严谨，规模恢宏。

洛带古镇是成都近郊保存最为完整的客家古镇，有"中国西部客家第一镇"之称。镇内客家民居保存完好，保持了客家文化特质。

成都十二桥发现的殷商时期的干栏式建筑，是四川民居的雏形，以后演变为汉代的干栏式建筑，再进一步演变为地垄墙、高勒脚、木地板、四周设通风口的民居，到了东汉即出现了庭园式民居。整个民居分四个院落、前堂、后寝、厨房、望楼，功能分区明确，多为穿斗式、抬梁式结构，有撑栱、斗栱的作法，已体现出四川传统民居的布局和风格。古道沿线的民居由于受地理气候、材料工艺、文化经济的影响，在融汇南北的基础上自成一体，独具鲜明的地方特色。

6.6　小结

经过文化廊道长期的文化与商业互动，蜀文化逐渐与秦文化融合，造就了该区域丰富的建筑文化脉络。秦蜀文化廊道带来了商贾繁华的同时，也带来了中原地区的先进文化以及境外的文化，并与当地土著居民所发展的巴文化相互融合，使传统巴蜀建筑文化得到了丰富与发展，并最终融合进汉文化之中。（表6-6-1）

文化廊道影响下秦蜀文化廊道的建筑文脉特征图像分析图表　　　　表6-6-1

	山地村落文化：村落空间普遍具有山地性、农耕社会聚族而居的聚落特征、沿古道，包括沿河、沿江的商业场镇聚落特征		
巴蜀山地村镇布局	阆中古镇	青木川	青林口
	恩阳古镇	磁器口	肖溪
	文化廊道与人口迁徙文化脉络：有效促进了多元文化的融合、碰撞和复杂的移民人口构成，成就了巴蜀民居建筑的特色，客观上形成了巴蜀区域穿斗式木构民居、夯土土木结构民居、客家堂屋、四合院、三合院民居等巴蜀建筑文脉形制		
移民民居建筑	穿斗式木构民居	穿斗式木构民居	木楼民居
	夯土木结构民居	合院式民居	合院式民居

	文化廊道的汉文化建筑脉络：建筑兼容并蓄，多元融合，形成了该区域的会馆、书院、寺院、宗祠、牌楼、阁楼，戏台等汉文化建筑文脉形制		
多元融合公共建筑	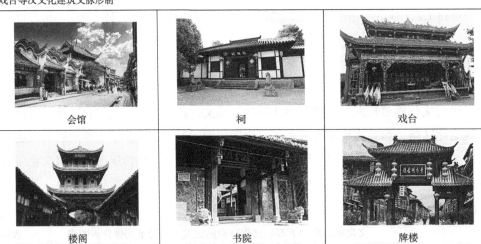 会馆	祠	戏台
	楼阁	书院	牌楼
乡土建筑肌理	秦蜀古道沿线的建筑肌理充分体现了地域材料的特色，如常用的粉墙、灰瓦、夯土、石块、木材材质组合形成的肌理，是巴蜀乡土建筑的特质肌理		
	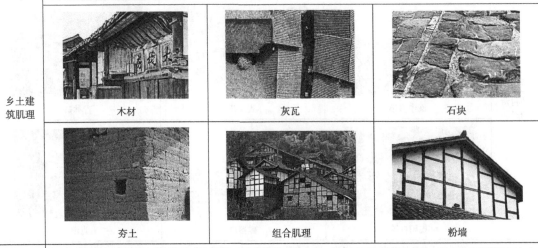 木材	灰瓦	石块
	夯土	组合肌理	粉墙
秦汉三国古关隘驿站	秦汉三国历史文化脉络：有大量三国时期的古关隘驿站建筑遗址，从史料与实物考析来看，具有丰富的蜀汉历史文化内涵		
	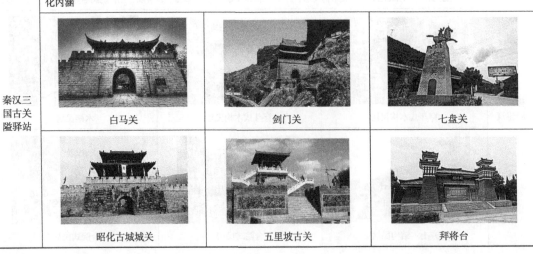 白马关	剑门关	七盘关
	昭化古城城关	五里坡古关	拜将台

续表

汉文化装饰艺术	秦蜀文化廊道在建筑装饰上，较多呈现出汉文化的建筑特征，如木雕、窗花、门饰、石雕、彩绘、牌匾及屋檐屋脊装饰技艺等，多应用吉祥如意等象征性主题
	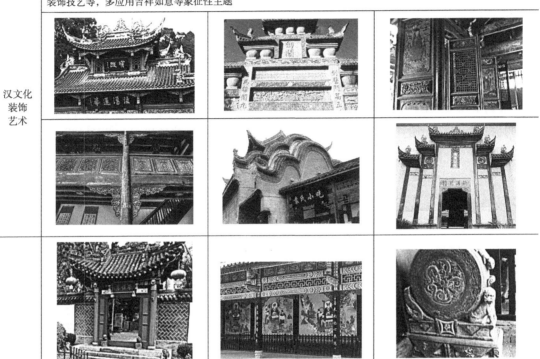

通过对秦蜀文化廊道七条古道沿线建筑的系统考析，解析归纳出该区域特有的汉文化巴蜀建筑文脉。总结为如下几点：

①"秦汉三国历史文化"的汉文化巴蜀建筑文脉。史载"秦民万家入蜀"，大量陕甘一带秦人到川中必带来秦地民风习俗，包括居住形式。其时，成都作为中心城市，则有"仪筑成都，以象咸阳"。秦时成都营建"与咸阳同制"。至汉，文化发展与经济发展相结合，大大促进了秦汉时巴蜀建筑文化的发展。在遗留至今的大量古道遗存和汉代画像砖、画像石上，可以看出三国时代的历史建筑形制。秦蜀文化廊道区域有大量三国时期的古关隘驿站建筑遗址，从史料与实物考析来看，具有丰富的蜀汉历史文化内涵。秦蜀文化廊道形成了"秦汉三国历史文化"模式语言为主要特征的古建筑文脉。

②"穿斗式"结构体系的巴蜀民居建筑文脉。秦蜀文化廊道沿线地区的民居，区别于其他地区民居体系最大的差别在于其独特的结构体系——穿斗式结构体系。其是由远古的干栏式建筑演变而成，其结构多为穿斗式木构架，悬山式屋顶前坡短、后坡长，多外廊，深出檐，造型空透轻盈。此类建筑最为适合当地地形地貌与气候环境等自然因素的体系。古道沿线地区，大量的传统村落建筑依山而建，临水而生，穿斗式构架结构轻盈，灵活多变，非常适应这种多山的地理环境。民居建筑多依地形就势而筑，依山傍水，充分采用石、砖、木、竹等多种乡土材料，形成了以"穿斗式"结构体系模式语言为主要特征的巴蜀民居建筑文脉。

③"移民文化融合"的建筑文脉。从古代"秦蜀古道"的交流互动，到元末明初及明末

清初，历史上的"湖广填四川"，使秦蜀古道沿线的建筑渗入了各地文化的成分，并最终融合进汉文化之中。文化廊道有效促进了多元文化的融合、碰撞和复杂的移民人口构成，村落空间普遍具有山地性、农耕社会聚族而居的聚落特征、沿古道，包括沿河、沿江的商业场镇聚落特征。这些要素成就了秦蜀文化廊道区域民居建筑的特色，客观上形成了巴蜀区域穿斗式木构民居，夯土土木结构民居、走马转阁楼、客家堂屋、四合院、三合院民居等巴蜀建筑文脉形制。建筑兼容并蓄，多元融合，形成了该区域的会馆、书院、寺院、宗祠、牌楼、阁楼，戏台等汉文化建筑文脉形制。建筑既像北方四合院那样讲究正南正北，又不受中轴线的束缚，打破对称谨严的格局，体现出自由灵活的平面布局。建筑格局与装饰文化上，充分体现出"移民文化融合"的特征。

参考文献：

[1] 赵晓宁，郭颖. 文化线路视野下的蜀道（四川段）研究现状及思路探讨 [J]. 西南交通大学学报（社会科学版），2015，16（2）：32-39.

[2] 陈福寿. 栈道申遗 [N]. 汉中日报，2014.

[3] 孙启祥. 金牛古道演变考 [J]. 成都大学学报（社会科学版），2008（1）.

[4] 李贫，秦汉蜀道 [B]. 北京：中国旅游出版社，2016.

[5] 念之. 故乡的怀念—走进广安邓小平纪念馆 [J]. 四川档案，2004.

[6] 唐明媚，庄裕光. 广安翰林院子修复记 [J]. 四川建筑，2003，23（S1）：95-97.

[7] 雷震. 历史时期的傥骆道及其作用 [J]. 陕西理工学院学报（社会科学版），2011，29（4）：40-44.

[8] 徐志斌. 论唐代傥骆道的特点与价值 [J]. 陕西理工学院学报（社会科学版），2011，29（3）：17-20.

[9] 张奕，闫斐. 因古驿道而兴的汉水古镇——陕西省洋县华阳古镇研究 [J]. 华中建筑，2014（12）：151-155.

[10] 李先国. 米仓古道线路文化是蜀道申遗最重要的文化支撑 [J]. 巴中日报，2017.

[11] 姚予刚，郁超群，庞艳. 自然生长的红色古镇：巴中恩阳历史文化名镇空间解析 [J]. 规划师，2018，V.34；No.268（4）：155-156.

[12] 张书. 历史文化名镇——重庆涞滩古镇 [J]. 新长征（党建版），2016.

[13] 陈显远. "米仓道"考略 [J]. 文博，1988（1）：40-43.

[14] 王建纬. 清代渠县文庙 [J]. 四川文物，1986（3）：22-23.

[15] 李泽新，陈俐伽，周宏庆. 基于线性文化遗产的蜀道保护模式研究——以剑门蜀道为例 [J]. 中国名城，2016（4）：72-77.

[16] 吴斐，左辅强. 洛带客家文化与传统聚落空间互动研究 [J]. 华中建筑，2014（9）：140-143.

[17] 李昕. 国家历史文化名城研究中心历史街区调研——四川广元昭化古城 [J]. 城市规划，2004，29（3）：97-98.

第七章

西南地区西洋文化廊道的建筑文脉

清末民初，西方列强打开了中国封闭的国门，进行政治、经济、文化上的侵略。大量的西洋建筑相继在中国出现，外国新式建筑理念和先进的建筑技术也被带入我国西南地区。笔者认为：由于受到外来（西洋）文化廊道的持续影响，西洋建筑文脉先后通过陆路传播（包括窄轨铁路）、水路传播等方式，传入我国西南地区，主要建筑类型为：领事馆建筑、交通建筑、宗教建筑、医院建筑、商业建筑与住宅建筑，形成纯西式建筑模式语言与中西融合的建筑文脉模式语言。本章节采用文化廊道的线性研究方法，考析论述如下。

7.1 西南地区西洋文化廊道的概念

7.1.1 西洋文化廊道的形成

1840年鸦片战争爆发，西方列强利用船坚炮利打开了中国封闭的国门，进行政治、经济、文化的侵略。1842年鸦片战争后签订《南京条约》，借此欧洲人终于找到了跻身中国的方法。中国被迫开放五个通商口岸：厦门、广州、福州，宁波及上海，允许欧洲人在此经商及居住，同时割让香港岛给英国。北海被列为对外通商口岸。先后有英国、德国、奥匈帝国、法国、意大利、葡萄牙、美国、比利时等八个国家在北海设立领事馆和商务机构。广西最早的对外通商口岸是龙州口岸（1889年）。1891年，重庆以"约开"的形式被迫向英国开放通商，形成西洋建筑文化早期通商渠道的传播途径。通商口岸外国租界区的产生和发展，形成一批以租界区为主体的商埠城市。大量的西洋建筑相继在中国出现，外国新式建筑理念和建筑技术也被带入我国。参考前人的部分学术研究成果，本书将西洋文化廊道上建筑文脉的发展阶段制表分析。（表7-1-1）

西洋文化廊道上建筑文脉的发展阶段分析表　　　　　　　　　　表7-1-1

阶段	特征	时间	
初始期	殖民主义与西洋化	16世纪~1840年	西洋形式开始出现并与中国风格并行发展
		1840~1911年	开辟租界，割让梧州、北海等条约口岸。西方建筑得到进一步的发展，并逐渐影响传统建筑的形式特征
兴盛期	民族性与现代性的探索	1911~1921年	西方建筑影响进一步扩散，新建筑体系逐渐形成
		1921~1929年	西方城市理论传入，新建筑体系基本形成
		1929~1938年	中国开始接纳了西式建筑，建筑活动进入鼎盛时期，现代主义开始传播和发展
凋零期	抗战时期	1938~1949年	建筑活动因战争基本停止

7.1.2 传播方式与文化廊道

早期西方建筑通过三条渠道对中国近代建筑产生影响这三条渠道是：教会传教渠道、早期通商渠道与民间传播渠道[1]。鸦片战争以后，近代中国西式建筑经历了三个阶段：初始期、兴盛期、凋零期。近代前期（16世纪~1840年）西洋形式开始出现并与中国风格并行发展。最先在澳门、广州十三行得到初步的发展。而在1840~1911年，广州开辟租界并发展成为独立的租界区，香港、澳门被割让，汕头、江门、梧州、北海等条约口岸及租界地陆续开放，西方建筑在上述条约口岸和租借地得到进一步的发展。[2]

①陆路传播：清光绪二年（1876年），英国为了争夺在中国大西南的势力范围，强迫清政府签订了丧权辱国的《烟台条约》，北海被辟为通商口岸，次年4月1日正式开埠。英国是第一个在北海设立领事馆的国家。除了《烟台条约》的签订外，英国意识到北海港口的优越性，英国人指出："北海地标性显著，中国没有一处口岸的通达性能与北海相提并论。《北海杂录》记载："（北海港）无关税、厘金。货物出入，各从其便。"当时的廉州府治（合浦）、钦州皆借北海为门户，北海港逐渐发展成为从雷州半岛至北仑河口沿岸最大的商品贸易港口，北部湾沿岸的各港口皆以北海港为海上贸易的中心。1879年英国驻华公使韦德坦言："北海港对英国贸易非常重要，人为贸易障碍的存在使得领事在该地区的存在显得必不可少。"英国是在清光绪三年（1877年）在北海设立领事机构，清光绪十一年（1885年）建英国领事馆。近代，帝国主义侵略者不仅争夺自己的势力范围，划分租界区，还开始了对我国领土尤其是铁路及附属地的侵占。从19世纪初开始，英法殖民者侵入东南亚及中国云南，互相角逐。清光绪十一年（1885年），法国通过中法战争，与清政府缔结《中法会订越南条约》，取得对越南的"保护权"及在中国西南诸省通商和修筑铁路的权利。清光绪二十一年（1895年），法国强迫清政府签订了《中法续议界务商务专条》，取得将越南铁路延伸修入中国境内的修筑权。

②水路传播：近代时期，由于我国的铁路主要分布在东部，而中部和西部较少，长江发挥了沟通东部、中部和西部的大动脉的作用。长江沿岸的口岸城市，长期以来都是各个大小区域的交通中心，因此在中国的通商口岸系统中占有一定的地位。沿海口岸的开放使中国向外国资本主义敞开大门，沿江口岸的开放则使外国资本主义的影响直接进入中国的内地。长江水系是我国最大的水系，占全国总通航里程的2/3。嘉陵江是长江上游的主要支流之一，上通甘、陕，下贯川北，流入长江，它的干流和支流经过西南地区的四十二个县和西北区的九个县，是川北物资交流的大动脉。重庆是中国西南地区的商业重镇，是长江上游地区最大的货物集散地，成为近代西方殖民者打开中国西部市场的桥头堡。1891年，重庆以"约开"的形式被迫向英国开放通商。不久之后，法国、美国、德国、日本等西方势力相继"进驻"重庆。重庆在卷入世界资本主义市场漩涡的同时，也成为西方列强在近代中国西部的一块殖民地。同期，西洋建筑也通过长江水系、珠江水系的水路传播方式，进一步拓展到了西南广大地区，陆续出现了一系列的具有西洋建筑文脉的建筑。通过上述两种主要的传播路径，西南地区逐渐形成一条分布广泛的西洋建筑文化廊道。（表7-1-2）

西南地区西洋文化廊道的通道　　　　　表7-1-2

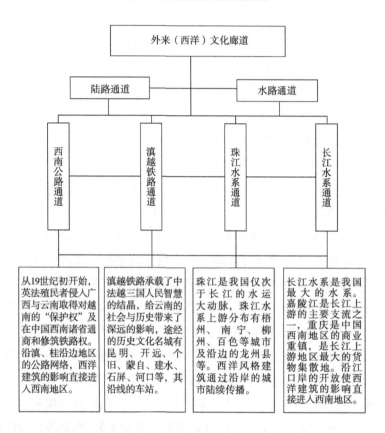

西南公路通道	滇越铁路通道	珠江水系通道	长江水系通道
从19世纪初开始，英法殖民者侵入广西与云南取得对越南的"保护权"及在中国西南诸省通商和修筑铁路权。沿滇、桂沿边地区的公路网络，西洋建筑的影响直接进入西南地区。	滇越铁路承载了中法越三国人民智慧的结晶，给云南的社会与历史带来了深远的影响，途经的历史文化名城有昆明、开远、个旧、蒙自、建水、石屏、河口等，其沿线的车站。	珠江是我国仅次于长江的水运大动脉，珠江水系上游分布有梧州、南宁、柳州、百色等城市及沿边的龙州县等。西洋风格建筑通过沿岸的城市陆续传播。	长江水系是我国最大的水系。嘉陵江是长江上游的主要支流之一，重庆是中国西南地区的商业重镇，是长江上游地区最大的货物集散地。沿江口岸的开放使西洋建筑的影响直接进入西南地区。

7.2　西南地区西洋文化廊道水路的建筑文脉

7.2.1　珠江水系（滇黔桂地区）沿线的建筑文脉

珠江是我国仅次于长江的水运大动脉，珠江水系上游分布有梧州、南宁、柳州、百色等城市及沿边的龙州县等。这些沿岸的城市在近代时期陆续出现了一批西洋风格建筑。（图7-2-1）

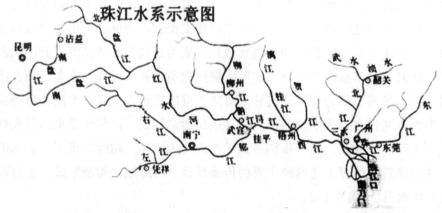

图7-2-1　珠江水系示意图（图片来源：http://www.leleketang.com/lib/42134967.shtml）

图7-2-2 梧州骑楼城

图7-2-3 梧州英领事署旧址

梧州作为广西最早开放的港口城市，加之毗邻粤港澳，深受外来文化的影响。梧州骑楼的风格，不仅有中国的建筑特色，也融入了西方文化的韵味，其中包含罗马柱、拱窗、繁复穿雕等欧美建筑文化。中西建筑文化和谐共存，形成独特的骑楼建筑。梧州素有"百年商埠"之称，曾是岭南地区的政治、经济、文化中心。骑楼是梧州昔日商贸繁华的标志，现存骑楼街道22条，是名副其实的"中国骑楼博物城"。骑楼是采用居室前加走廊的"外廊式建筑"，多为三四层，在临街面建造桩梁承托二楼，一楼大门前留空作人行道，供行人来往时遮阳挡雨，像"骑"在人行道上一样，故名"骑楼"。梧州的骑楼建筑主要是前铺后宅，下铺上宅，住商合一。（图7-2-2）梧州市西洋风格近代建筑群主要包含梧州海关旧址、美孚石油公司旧址、英领事署旧址、思达医院旧址、梧州邮局旧址、新西酒店、天主教堂等。英领事署占地面积1500平方米，建筑面积约1000平方米，砖木结构，四边有走廊相通，前门有7条砖柱。从大门进去有厢房、办公室、住所等，屋面为琉璃瓦，建筑形式兼有中西方风格。（图7-2-3）

近代时期，梧州出现了大量的西洋建筑，建筑功能及类型丰富，列表分析如下。（表7-2-1）

珠江水系沿线梧州代表性西洋建筑文脉模式				表7-2-1
名称	图片	营建年代与位置	建筑形制	艺术特征
英领事署旧址		始建于清光绪二十三年（1897年），位于广西壮族自治区梧州市白鹤山河滨公园内	英领事署占地面积1500平方米，建筑面积约1000平方米，砖木结构，四边有走廊相通，从大门进去有厢房、办公室、住所等	屋面为琉璃瓦，建筑形式兼有中西方风格

续表

名称	图片	营建年代与位置	建筑形制	艺术特征
梧州海关旧址		梧州西江三路5号，原梧州地委大院内，始建于1918年	七栋西式楼房，二楼为近代外廊式风格，三楼、四楼的回廊为英式拱形结构，低矮的宝瓶式栏杆围起了宽大的阳台	广西规模最大的民国时期海关建筑群。灰黄色外墙立面，石柱拱式回廊，中西合璧的样式
美孚石油公司旧址		位于石鼓路68号美孚石油公司旧址，建于民国时期	占地面积990平方米，为一栋三层楼房，曾为美孚石油公司在梧州驻地	是我国南方近代对外口岸建筑的典型代表和梧州近代开埠通商的重要实物见证
思达医院旧址		始建于1903年	主楼占地1341平方米，高五层，前身是美国美南浸信教会医院，原名"思达医院"	是广西历史上最早具有规模和技术实力的综合医院之一
梧州邮局旧址		梧州市大东上路55号，建成于民国21年（1932年）11月	坐南向北、砖混结构，西洋建筑风格，现存楼高4层，进深15.9米，面阔18.8米，占地面积300平方米，一至三楼为办公场所	窗门的上方作拱形，地面平铺方格花瓷砖。该邮局为广西第一个邮局，它见证了当时梧州邮政的历史
新西酒店		位于梧州西江一路，始建于1936年，原名为"西宁酒店"，1945年改为"新西酒店"	内设各类功能齐全的客房、餐厅等，建筑面积约1600平方米，楼高七层	集西洋罗马柱式与岭南骑楼轮廓于一体
天主教堂		位于梧州市民主路经正里三巷3号。建于清同治九年（1870年）	典型的拜占庭建筑风格	充满着西洋风情

柳州·大韩民国临时政府抗日斗争旧址（胡志明旧居），位于柳石路与乐群路交叉路口。其1925年由德国人设计，1928年建成至今已有近90年的历史。该栋建筑为"厂"字型建筑，

图7-2-4 柳州·大韩民国临时政府抗日　　图7-2-5 桂林十字街已经拆掉的桂剧院（图片来源http://gxi.
斗争旧址　　　　　　　　　　　　　　　zwbk.org/info-show-4741.shtml）

建筑的拐角处是钟楼，钟楼有四层楼高，最高层留有四个圆洞，当年建成时装有四个塔钟。
（图7-2-4）

　　柳州桂南会战检讨会旧址由"桂南会战检讨会旧址"和"护蒋洞"遗址构成。"桂南会
战检讨会旧址"位于柳州市南郊龙潭医院南大门北100多米处，是一座两层砖混结构西式建
筑，为当年蒋介石主持"桂南会战检讨会"的临时住处。珠江水系上游支流漓江边的桂林
市，曾经也有不少西洋风格建筑，其中包括有桂林十字街已经被拆掉的桂剧院。（图7-2-5）

　　广西贵港市地处珠江水系上游的西江边，贵港为中国西部地区的内河大港，东临梧州、
南临玉林和钦州、西接南宁、北邻来宾。来自美国的基督教派浸信会从梧州溯江而上开始在
各沿江城镇进行传道。据民国《贵县志》记载："基督教 旧派天主教清光绪初年传入。"贵
县天主教堂旧址位于贵城县东街，1921年由法国传教士仿巴黎圣母院风格建造，是巴黎圣母
院在广西地区的翻版。

　　1885年的中法战争前后，广西边疆一带处在法国的势力范围之内，边关建筑文化不同程度
地受到法式建筑的影响。近代时期法国在龙州设立天主教堂和耶稣教堂，美国也在龙州设立基
督教堂。这一时期的法式建筑，除了龙州瑞丰祥钱庄、龙州"法式火车站"外，还有北海"法
国领事馆"、涠洲岛"城仔教堂"、东兴"法国街"等。瑞丰祥钱庄旧址位于龙州县城新街19号，
占地面积4922.5平方米，为一幢法式三层楼房，底层为地下室，上两层为楼房。砖墙结构，木板
楼层，风格庄重大方，券廊式风格建筑，宽敞通风。正面及侧面均为法式拱门，正门有台阶，
两侧有扶壁，内廊下部装饰的绿色宝瓶也反映了当时法国最为流行的样式与细部。其在处理拱
门和拱窗的关系上，进行了巧妙地融和，大胆运用了法式雕花、线条，制作工艺考究。邓小平
同志先后两次到龙州领导和发动龙州起义，在这里居住办公（图7-2-6）。

　　1885年中法战争后，中法两国在天津签订了《中法会订越南条约》（又称《中法新约》），
开辟龙州为商埠，清政府准许法国政府在龙州设立领事馆。1886年，法国政府派安迪来龙州

筹建领事馆。法国领事馆旧址位于崇左市龙州县龙州镇利民街，距县城约2公里，为两幢结构相同的法式二层楼房。楼房层高5米，单体长25.66米，宽15.2米，面积780平方米，两幢楼房总面积1560平方米。楼房地面铺着石板，屋顶覆以金属瓦片，中间两座旋转楼梯和楼板均用枧木精制，四周开20只大拱门，拱门向内为2米宽的走廊，整个建筑坚固而别致（图7-2-7）。

珠江水系上游邕江边的广西省会南宁市，也呈现了少量的西洋风格建筑，其中有陶公馆与邕宁电报局旧址等。陶公馆位于南宁市青秀区河堤一街37号，为玉林人陶绍勤从德国留学回来后，担任国民党政府广西矿务局局长时所建造，融中国与西欧建筑风格，被当地人亲切的称为"陶公馆"，是目前南宁市作为私有住宅中，唯一中西结合的建筑群。（图7-2-8）

邕宁电报局旧址位于广西南宁市江北大道明德街，占地面积1164.1平方米，建筑面积1277.4平方米，坐南朝北。建筑平面呈长方形，面窄进深大，面阔11.7米，通进深64米。据记载，该建筑为"镇南关大捷"前法国人兴建。

崇左宁明县海渊镇的林俊廷洋楼于民国时期由法国人设计兴建，占地面积约10亩，是一幢气势宏伟的庄园建筑。这栋洋楼的主人是民国时期旧桂系的将领林俊廷。洋楼设计十分独特，有前面三层和后面四层。

珠江水系上游右江边上的广西百色市，有一条法式建筑风格的解放街（图7-2-9）。

图7-2-6　龙州县瑞丰祥钱庄

图7-2-7　龙州县法国领事馆

图7-2-8　陶公馆（图片来源，https://www.sohu.com/a/207389578_394162）

图7-2-9　百色解放街

从珠江水系上游广西境内的几个主要城市的西洋建筑遗存来看，基本可以佐证清末以来，西洋风格建筑思想与建筑艺术，通过珠江水系（水路）及沿海海港通道，逐渐影响西南各地。

7.2.2　长江水系（川渝地区）沿线的建筑文脉

长江干流宜昌以上为长江上游，长4504公里，流域面积100万平方公里，其中直门达至宜宾称金沙江，长3464公里。宜宾至宜昌河段习称川江，长1040公里。沿长江干支流及其两侧区域分布有攀枝花、昭通、宜宾、泸州、江津、合川、永川、重庆、长寿、涪陵、丰都、忠县、万州、云阳、奉节、巫山等沿江城市。西洋建筑文化通过长江水系上游（西南川渝地区）沿岸的主要城市进行传入，对这些沿岸地区的城市建筑风貌造成了一定的影响（图7-2-10）。

①长江水系川段的建筑文脉

宜宾：宜宾方济格堂，位于宜宾市北城岷江南岸，1900年落成。建筑设计和工程监督系法国传教士明神父。其为罗马式建筑，四周围筑砖封闭，占地面积约400平方米，教堂面积约377.86平方米。教堂大门是一个高耸的远东中式翠瓷镶花牌坊，景致壮观。拱星街天主教堂带有明显的巴洛克建筑风格，经堂正立面的曲线构成多变的曲线轮廓，有色彩艳丽的菱形、圆形贴瓷装饰图案、凹凸分明的复杂构图在教堂中制造神秘的气氛。墙面和窗户有凹凸起伏的弧形雕塑装饰。文星街的天主教堂建于清光绪年间，为砖木结构，小青瓦屋面，是典型的天主教礼拜堂。玫瑰书院全名玄义玫瑰教堂，始建于1876年，是天主教川南教区培训神父的综合修道院，建筑精美，风格中西合璧。其主建筑为玄义玫瑰大教堂，是典型的欧式建筑；而教堂的穹顶又为中式卷棚十分精彩。（图7-2-11）

泸州：泸州钟鼓楼位于泸州城区北部，高20米，4层砖结构，楼顶5个尖塔，底呈正方形，边长6.45米，明嘉靖十六年（1537年）由泸州兵备金事薛甲主持修造，主要作报时、报警之用。1927年，邑人税西恒向德国西门子公司购回大型自鸣钟4座，在顶楼4面安装，指针同时转动，自动报点，声及远郊。钟鼓楼工艺精湛，建造坚固，雄伟壮观。（图7-2-12）

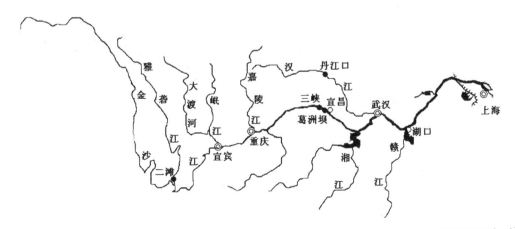

图7-2-10　长江水系示意图（图片来源：http://www.tuxi.com.cn/viewb-26371212904741-263712129047415285.html）

图7-2-11　宜宾玫瑰书院（图片来源：http://m.sohu.com/a/193545600_99962321）

图7-2-12　泸州钟鼓楼（图片来源：http://baijiahao.baidu.com/s?id=1631960979924236029&wfr=spider&for=pc）

成都：成都是教会建筑集中的地区，平安桥主教堂及主教公署、圣修医院、张家巷天主堂及平安医院、四圣祠街福音堂及四圣祠医院、陕西街福音堂、华西协和大学均为其中代表性的建筑或建筑群。成都是我国西南腹地首府，具有根深蒂固、地方特色浓厚的传统文化。单从建筑发展史的角度来看，在近代西方基督教文化与中国儒教文化的冲突过程中产生了一批非常有特色的建筑成果，成都的教会建筑比沿海那些道地的西洋式教堂更具价值。中西互为补充，使得教会建筑成为四川近代建筑的模仿样板[3]。

平安桥主教座堂和主教公署连为一体，是一处规模宏大的建筑群。占地面积约60343平方米，建筑面积为5847平方米。清光绪二十一年（1895年），由骆书雅（法籍）负责修建。设计、施工、监造均由骆书雅一手经办。该建筑群建成于清光绪三十年（1904年），历时约9年。主教堂亦称"大教堂"。正立面山墙采用了科林斯柱式和半圆形拱券构图，其风格可能来源于一些古典"罗马风"教堂。教堂两侧均有檐廊，以磨砖砌成圆柱支承，立面原涂蓝、白、红三色，取法于法国国旗色。室内由四排漆成赭红的楠木柱把空间分成三部分，中厅高，两侧廊略低，均作拱形天棚。空间高达九米，颇具气派。室内柱为白色石质，带有一对卷涡的组合式柱帽，柱础亦为白石凿成，线脚圆润。教堂西端为半圆形神坛，十字相交于此处，是典型的巴西利卡式内部空间。

17世纪末18世纪初，金堂县舒家湾已有教堂。1868年后，由法国人Bompas重建。1902年7月26日舒家湾教堂被义和团烧毁，事后清政府予以赔款，由迪壁（法）在教堂旧址上重新修建，历时3年。整个建筑占地1645平方米，为木石结构，青瓦屋面。教堂居中，左右为厢房，成"四"字长方形，是一座高约20米的大三角尖拱形西方建筑，蓝白金三色镶嵌，勾勒出其精致空灵的轮廓。其融合了中国石雕艺术和西方教堂立面于一体。（图7-2-13、图7-2-14）

张家巷天主堂及平安医院始建于清光绪元年（1875年），教堂面积约280平方米。正门山墙十分简朴，以抹灰镶嵌陶片作花窗及十字架图形，可能出自中国神职人员手笔。室内木柱将空间分成中厅与侧廊三部分，层高5米。堂西端为圆形神台，乃巴西利卡形制。堂后有一院落，周边精舍九间。教堂正立面建筑风格为一典型罗马巴洛克风格，大门外侧立面为凸出一排巴洛克样式扁方柱，且以中央大门为对称，正门山花顶端浅浮雕一巨大十字架，下方

图7-2-13　金堂县舒家湾教堂外立面（图片来源：网络）　　图7-2-14　金堂县舒家湾教堂（图片来源：网络）

为一外凸圆形窗花。

　　成都市基督教恩光堂，初名英美会福音堂，1933年改名为四圣祠礼拜堂，位于锦江区四圣祠北街17号，其前身为加拿大基督教循道宗卫斯理会，是成都市开放教堂中最古老且保存较为完整的教堂，由传教士兼建筑师苏继贤设计监造，属德国巴伐利亚式建筑风格的教堂。该堂占地3000余平方米，使用面积1200余平方米，高约18米，始建于清光绪二十年（1894年），初为一简易礼拜堂（中式平房），可容百人，此为成都基督教会之始。建筑为砖木结构，巴西利卡式平面，顶部北端还有四层钟楼。

　　领报修院，又称为白鹿上书院，是法式天主教教堂建筑，始建于1895年，竣工于1908年，修建历时14年，是中国西南地区最古老的天主教神学院。2006年，被列入第六批全国重点文物保护单位。建筑坐西向东，由正堂、南北耳房和西楼（包括礼拜堂）构成，四合院布局，具有独特的罗马式与哥特式混合建筑风格。上书院修建在"学堂山"半山腰的山坳里，白色的立柱和灰黑色的屋瓦，显示书院别具一格的西式建筑风格。正门的门檐镌刻着一排法文和完工的年份——1908，法文含义是"圣母领报修院"。

　　刘氏庄园将西方哥特式建造和川西传统豪门修建作风完美融合，由南北相望的两大建筑群组成，占地5.8万多平方米。南部建筑群即老公馆，始建于1931年，建筑面积1万平方米。全公馆共有27个院落，180多间厅堂住室，3处花园，7道门。北建筑群为新公馆，建于1938年，是中西合璧的近代庄园建筑。（表7-2-2）

珠江水系沿线成都代表性西洋建筑文脉模式

表7-2-2

名称	图片	营建年代与位置	建筑形制	艺术特征
成都老邮电局		始建于清光绪二十七年（1901年），位于成都暑袜街	建楼的木料全部选购珍贵高级木材，有楠木、红松等，所有红瓦从汉口买进来，奠基基石是龙泉驿的坚硬石条，瓦之间全部用铜丝串联。内有壁炉与马桶	西式建筑，时至今日依然保留最初结构。成都市最早使用铁窗的建筑物之一

续表

名称	图片	营建年代与位置	建筑形制	艺术特征
白鹿上书院（领报修院）		始建于1895年，竣工于1908年，位于中国四川省彭州市白鹿镇回水村	坐西向东，由正堂、南北耳房和西楼（包括礼拜堂）构成，四合院布局，共有4层，法式的穹顶	具有独特的 罗马式与哥特式混合建筑风格
平安桥主教座堂和主教公署		始建于清光绪二十一年（1895年）	占地面积约60343平方米，建筑面积为5847平方米。由神父骆书雅（法籍）负责修建。设计、施工、监造均由骆书雅一手经办。正立面山墙采用了科林斯柱式和半圆形拱券构图	其风格可能来源于法国南部的一些古典"罗马风"教堂。其嵌有彩色玻璃，有哥特风格
舒家湾教堂		1868年后，由法国人Bompas重建，位于金堂县舒家湾	建筑占地1645平方米，教堂居中，成"四"字长方形，是一座高约20米的大三角尖拱形西方建筑，蓝白金三色镶嵌，勾勒出其精致空灵的轮廓	是一处融合了中国石雕艺术和西方教堂立面的中西合璧建筑
成都"法国医院"		始建于清光绪二十五年（1899年），位于马道街，又称"法国医院"。	在一条长轴线上，门诊部为两个以门廊为中心的对称三合院，住院部为两座二层对称的长方形建筑，共2000平方米，中间一庭院，由一木质西式剪刀梯相连	有宽敞的跑马柱廊环箍四周，形成多功能的半室内空间。医院房屋全为金丝楠木的两层楼房
张家巷天主教堂		始建于清光绪元年（1875年），位于成都张家巷39号，为成都法国领事馆旧址	面积约280平方米。正门山墙甚简朴，以抹灰镶嵌陶片作花窗及十字架图形，室内木柱将空间分成中厅与侧廊三部分，层高5米，乃巴西利卡形制	正立面建筑风格为典型巴洛克风格，立面凸出一排巴洛克样式扁方柱，山花顶端有浅浮雕
成都日本领事馆旧址		位于成都金河路和柿子巷路口，建于1931年。也叫王公馆	公馆坐西朝东，砖木结构，三楼一底，设有地下室。宽宽的回廊显得格外气派。整栋楼约20间屋子	民国时期的西式洋楼，仿北欧洋楼风格而建

②长江水系（渝段）

鸦片战争后，清政府与英国于1890年签订了《烟台条约续增专条》，重庆开埠。那时重庆是西部唯一开埠的城市，这是因为川江航运便利的缘故。在重庆长江南岸沿弹子石王家沱至马鞍山上新街一线，成为晚清重庆开埠时期各国外商的重要驻节点。这里分布着早年外国人所创立的洋行，如立德乐洋行、隆茂洋行、太古洋行、平和洋行、安达森洋行、卜内门洋行等，除此以外，还有法国水师兵营、鸡冠石法国教堂和日本王家沱租界等。

19世纪末20世纪初，由外国商人和传教士在重庆建造的带有西洋古典特征，兼有重庆乡土风貌的中西合璧式建筑众多。西方典型的建筑风格与重庆独特的山地环境相融合，使其在陌生特殊的地理环境中，形成重庆不同于其他城市的西洋建筑风格，成为民国时期建筑文化的重要组成部分。据南岸区有关历史记载，抗日战争时期先后共有30余个国家在重庆成立了大使馆或公使馆，另有数十个国家与迁驻重庆的国民政府建立的各种各样的外交关系，开展了丰富的政治、经济、军事、文化诸方面的交流和合作。同盟国驻渝外交机构遗址群作为这段历史的文物载体，是显示战时重庆国际政治、外交地位强力提升的重要物证，是重庆在抗日战争时期重要历史地位、重要历史贡献的一大价值体现。[4]一些学者针对重庆的西洋建筑文化现象进行了研究，如欧阳桦的"山地风貌与建筑形态——重庆近代西洋建筑特色"、"重庆近代西洋建筑的乡土化倾向"以及刘川的"重庆近代建筑的形成发展及其主要特征"等。

部分知名的西洋历史建筑有：

重庆立德乐洋行：由欧洲人在一百年多年前主持修建，既有浓郁的欧式建筑风格，又体现了西风东渐的过程中，西洋文化与东方文化融合的诸多细节。由立德乐（英国人）主持修建的立德乐洋行，中式重檐歇山式屋顶上的"如意式"宝顶，与西式的壁炉烟囱形成混搭，还有二楼的挑廊栏杆上镶嵌有龙纹卷草绿釉砖雕、木质雕花等建筑部件，无不体现出中西合璧的建筑风格（图7-2-15）。

美国大使馆旧址：该建筑坐西向东，为仿巴洛克式砖木结构，面阔32.5米，进深12.73米，通高10.73米，有房屋28间，建筑面积822.72平方米，占地面积453.7平方米，该址始建于民国31年（1942年），为美国大使馆馆址之一（图7-2-16）。

美国使馆武官住所：位于社会主义学院内。该建筑为典型欧式建筑，砖木结构，一楼一底带阁楼，面阔4间，进深3间，长16.2米，宽11.3米。机制版瓦屋面，房顶坡度较陡，带烟囱，天花板为灰板条，青砖墙，外涂黑漆条石基座，木制地板和楼梯。屋后有一门廊，四根砖砌廊柱，柱座为三层条石砌成，廊上方为二楼的露台。整栋建筑的墙角、门边用砖砌成方齿状装饰。

法国水师兵营：位于弹子石长江边上（南滨路旁），为一栋带内庭和回廊的合院式建

图7-2-15 重庆立德乐洋行（图片来源：https://cq.house.
qq.com/a/20180525/022875.htm）

图7-2-16 重庆美国大使馆旧址（图片来源：
http://www.cqcb.com/county/yuzhongqu/yuzhong
quxinwen/2019-05-03/1597998_pc.html）

筑。主体建筑高两层（带一阁楼），西式风格，拱形回廊式结构，临江面条石基础高7米。大门为三重檐仿古牌楼式建筑。整个兵营占地面积1140平方米，总建筑面积3800平方米（图7-2-17）。

土耳其公使馆旧址：该址坐北朝南，为一幢西式平房砖木结构建筑，面阔8.7米，进深7.9米，通高7米，建筑面积187平方米，占地面积47.73平方米。硬山屋顶，小青瓦屋面，砖柱砖墙表面刷红色砂浆，条石基础，室内地面为水磨石。该建筑建于1939年12月至1946年6月，土耳其公使馆曾（1944年升格为大使馆）租设于此[5]。

重庆大学工学院楼：始建于1935年，由留法学者刁泰乾设计。工学院楼既带着浓厚的欧式风味，又具本土色彩。墙体全部用条石砌筑，开创了重庆石建筑的先例，而楼内各层屋架均用杉木制做。建筑成"L"形布局，入口处的六边形塔楼最为出彩。1939年9月、1940年5月和7月，工学院曾在日寇战机的轰炸中三次遭到破坏，伤痕累累，房屋多处被破坏（图7-2-18）。

万州西山公园钟楼：西山钟楼为重庆市万州区较早的标志性建筑之一，1930年建成。西山钟楼是中外结合的建筑，造型精美，雄伟壮观，与上海海关钟楼齐名，系长江沿岸一大景观。钟楼高50.24米，共12层，楼顶双层盔顶，呈八角形，底层为厅，有螺旋形铁梯直上楼顶。楼四层上四周装有巨型时钟，其声音洪亮，响彻全城。钟楼底厅矗立着一座高达5米、四面各宽1.3米的巨大石碑。

重庆南川区水江镇蒿芝湾民宅：始建于民国初期，建筑面积达1700平方米，是开埠建市风貌建筑、一级历史建筑。该建筑平面呈"一"字形，分前后两排，为砖木结构。建筑有3层拱券外廊，柱头仿科林斯柱式，采用白菜形装饰，并绘有花鸟鱼虫之类的水墨画和浅浮雕。建筑特色上，其有着将西方的古典柱式衍化成中国传统题材的柱头。

重庆抗战金融遗址群落：包括中央银行旧址、中国银行旧址、美丰银行旧址、交通银行旧址、川康平民商业银行旧址等在内的银行旧址群。它们不仅在抗日战争时期拱卫了中国的金融体系，而且其中的一部分，还为保护抗日战争时期南迁重庆的故宫国宝作出过巨大贡献[6]。

图7-2-17　法国水师兵营旧址（图片来源：http://m.sohu.com/a/115691312_445258）　　图7-2-18　重庆大学工学院楼（图片来源：http://www.freep.cn/zhuangxiu_6/News_1677178.html）

渝中区打铜街交通银行旧址：位于打铜街上，修建于1936年，具有浓郁巴洛克风格的建筑。该建筑坐北朝南，为钢筋混凝土与砖木混合结构，地面五层，局部六层，面阔22.1米，进深24.5米，共57间房屋，建筑面积2925平方米，内外装饰比较繁琐华丽。建筑为两层四廊柱直贯六楼，两侧楼房无柱廊对称。廊柱柱式为圆锥形，柱础与顶端皆有考究的装饰纹样，柱面为是典型的仿古希腊爱奥尼式柱。银行的大门要踏过15级台阶，平添了大楼的气派。两侧有花坛，石砌的挡墙上装有精致的铁花栅栏，梯道两旁还装有一对铁铸的花饰灯亭，大楼的门窗及内

图7-2-19　交通银行旧址（图片来源：http://cq.qq.com/a/20170516/014574.htm）

外装饰，更是处处彰显着欧洲古典建筑的独特韵味。它在兴建之初并不是按银行功能设计的，而是计划修建一座豪华大饭店，并请了英国知名建筑事务所担纲设计，极尽繁复奢华（图7-2-19）。

聚兴诚银行旧址：该址坐西朝东，偏北15°，为三楼一底中西结合砖木结构建筑。面阔29.3米，进深52.8米，通高22.78米，建筑面积6498平方米，占地面积2082平方米。该建筑由杨希仲委托日本留学归来的工程师余子杰仿照日本三井银行样式设计，1917年建成。建筑布局为"工"字形，地上为四层砖木结构办公大楼，地下两层为库房及金库。基础为石作，石砌台阶及阶梯，地面为瓜米石，拱形木质大门、拱形窗等，做工细美，造型大方，整体建筑气势磅礴，是近代中国广为流行的中西合璧式的折中主义建筑风格在重庆地区的典型代表。（表7-2-3）

长江水系沿线重庆代表性西洋建筑文脉模式　　　　表7-2-3

名称	图片	营建年代与位置	建筑形制	艺术特征
苏联大使馆旧址		位于现渝中区枇杷山正街104号，始建于1936年	旧址坐北朝南，为四楼一底，面阔27.5米，进深21.7米，通高25.9米，有房屋56间，总建筑面积2438平方米	仿巴洛克式砖木结构建筑
美国大使馆馆旧址		位于渝中区健康路1号，该址始建于民国31年（1942年）	该建筑坐西向东，面阔32.5米，进深12.73米，通高10.73米，有房屋28间，建筑面积823平方米，占地面积454平方	为仿巴洛克式砖木结构，为美国大使馆馆址之一

名称	图片	营建年代与位置	建筑形制	艺术特征
中英联络处旧址		重庆市渝中区五四路37号，该楼于1915年左右修建	该建筑坐北朝南，偏西45°，两楼一底，面阔24.45米，进深16米，占地面积391.18平方米，建筑面积1173.54平方米。平面建筑布局呈"L"形	西式砖木结构建筑，具有宗教类卷廊建筑风格，是重庆地区近现代建筑发展变革的例证
法国领事馆旧址		建于1898年，位于重庆市渝中区凤凰台35号	该址坐西向东，为三楼一底砖木结构欧式建筑，面阔32米，进深17.4米，每层楼有550平方米，建筑面积2227.2平方米，带内庭和回廊的合院式，西式拱形柱廊共有88个	配以中国传统建筑、雕刻艺术、柱头、卷拱造型和罗马式的外廊，具有中西合璧的折中主义风格
英国大使馆旧址		1891年英国驻渝总领事馆在渝中区民生路建立，1900年，英国领事馆迁至七星岗领事巷14号	该建筑坐北朝南，偏西45°，两楼一底，西式砖木结构，面阔24.45米，进深16米，占地面积391.18平方米，建筑面积1173.54平方米，平面建筑布局呈"L"形	具有宗教类卷廊建筑风格，堡垒式的造型，通风庇荫的回廊，具有英国在远东殖民地建筑的一贯风格
澳大利亚公使馆旧址		重庆市渝中区鹅岭正街176号，建于1938年	该址坐北朝南，西式砖木结构建筑，面阔17.36米，进深15.6米，通高约13米，建筑面积539.44平方米，建筑占地面积269.72平方米	建筑造型典雅大方，具有中西合璧的折中主义风格
西班牙公使馆旧址		位于南岸区南山植物园山茶园内	该建筑为一栋砖木混合结构建筑，建筑平面为"一"字式布局，中间两层，两侧一层，人字坡顶，机制板瓦覆顶，砖砌墙体，建筑内部使用木质地板、楼梯，设有壁炉	屋顶烟囱被处理成阁楼样式，设有较大的露台。典型的西班牙地中海别墅风格
土耳其公使馆旧址		位于重庆市渝中区鹅岭正街，该建筑建于1939年	该址坐北朝南，面阔8.7米，进深7.9米，通高7米，建筑面积187平方米，占地面积47.73平方米。硬山屋顶，小青瓦屋面，砖柱砖墙表体红色砂浆，条石基础	为一幢西式平房砖木结构建筑，土耳其公使馆（1944年升格为大使馆）曾租设于此
万州区西山钟楼		位于重庆市万州区，1930年建成	钟楼高50.24米，共12层，楼顶双层盔顶，呈八角形，底层为厅，有螺旋形铁梯直上楼顶。楼四层上四周装有巨型时钟，底厅为一座巨大石碑	西山钟楼是中外结合的建筑，造型精美，雄伟壮观，与上海海关钟楼齐名

续表

名称	图片	营建年代与位置	建筑形制	艺术特征
蒿芝湾民宅		位于重庆南川区水江镇，始建于民国初期	建筑面积达1700平方米，该建筑平面呈"一"字形，分前后两排，为砖木结构。建筑有3层拱券外廊，柱头仿科林斯柱式，绘有花鸟和浅浮雕	是开埠建市风貌建筑，将西方的古典柱式衍化成中国传统题材的柱头
鸡冠石法国教堂		位于重庆南岸区鸡冠石镇下窑43号。1913年建成	呈三合院布局，坐南朝北，占地面积80余亩，总建筑面积3420平方米，院内有大小房间80余间，西式建筑，主体建筑礼拜堂高约18米，庄严肃穆	培德中修院楼房为罗马式建筑风格。有大厅为穹窿顶，有五颜六色的花玻璃窗，圆柱上雕浮雕
川康商业银行旧址		位于重庆打铜街16号，与交通银行紧邻	该址坐北朝南，偏东15°，为仿巴洛克式建筑，钢筋混凝土结构，共四层，进深26.7米，面阔16.57米，占地面积525.43平方米，建筑面积2101.72平方米	金库建在地下室。仓库异常坚实，抗日战争期间，故宫数量最多的一批文物迁移至重庆，其中一部分选择存放于此
宋子文公馆旧址		位于红岩村八路军办事处旧址的重点文物保护范围内，修建于20世纪30年代	公馆的主体建筑共1030平方米，是一座四面围合的建筑，内置天井，设计得非常独特，门窗都是实木，石膏线脚、吊顶纹饰精美，还有取暖壁炉	呈哥特式风格，室内装饰极其考究，精美别致，具有很强的时代特征

7.3　西南地区西洋文化廊道陆路的建筑文脉

7.3.1　沿海地区的陆路通道建筑文脉

1876年中英《烟台条约》签订后，北海被列为对外通商口岸。先后有英国、德国、奥匈帝国、法国、意大利、葡萄牙、美国、比利时等八个国家在北海设立领事馆和商务机构，同时建造了欧式风格的楼宇，包括教堂、医院、海关、洋行、修女院、育婴堂、学校等20余座建筑，其中有15座建筑保存至今。这些建筑多为一至两层，平面布置方正，设有回廊、地垄，地垄上铺着木地板。屋顶多为四面坡瓦顶，室内有壁炉，窗门多为拱券式。这些近代建筑旧址，具有较高的历史价值，是中国近现代社会史、经济史、建筑史、宗教史及对外开放史等领域的历史见证，是中西文化交流的珍贵史料。2001年6月25日，北海近代建筑作为近现代重要史迹及代表性建筑，被国务院批准列入第五批全国重点文物保护单位名单。2017年12月2日，其入选"第二批中国20世纪建筑遗产"。

北海市的西洋建筑群，具有历史见证与建筑文化的双重意义，因而引起不少学者的关注和研究。如有学者研究了外来建筑文化在近代北海的传播及影响、北海近代建筑的西洋风、北海骑楼街区的历史文化内涵与保护开发对策、广西近代进出口贸易的口岸选择、北海英国领事馆旧址历史文化遗产研究、广西百年近代建筑研究、西方建筑文化影响下广西近代建筑的主要特征等方向的课题。笔者于2013年所著《广西北部湾地区建筑文脉》一书，对北海的西洋建筑文脉进行了一定层面的研究。

北海珠海路是中西合璧骑楼式建筑的历史街区，始建于1883年，长1.44公里，宽9米，沿街为建筑大多为二至三层，主要受19世纪末叶英、法、德等国在本市建造的领事馆等西方卷柱式建筑的影响，临街两边墙面的窗顶多为券拱结构，券拱外沿及窗柱顶端都有雕饰线，线条流畅、工艺精美。人们行走在骑楼下，既可遮风挡雨又可躲避烈日，骑楼的方形柱子颇有古罗马建筑的风格。经过半个多世纪的发展，西方建筑文化逐渐为北海人民所认同，民间建筑工匠们逐渐掌握了欧式建筑的做法，创造出了自己的建筑风格，从而推进了西方建筑文化在北海的发展和中西建筑文化的融合。珠海路和中山路便是在这种历史背景下形成的，是西方建筑文化在北海发展和成长的集中体现。两条街总长3公里，其中珠海路骑楼风貌至今仍保留相当完好。

北海代表性的西洋建筑类型有领事馆、教堂、医院、海关、洋行等，其中的英国领事馆位于北海市北京路，建于1885年，由英国领事馆第二任领事阿林格聘请英国建筑师所建，长27.2米，宽12米，是一座两层长方形、四面坡瓦顶的西洋建筑，有回廊、地垅和壁炉。窗户上端为拱券式，地垅高0.9米，一、二层高度分别为4.45米和4米。各层有前后廊。廊柱和拱券均有雕饰线。约于1936年，圣德修道院在英国领事馆旧址东侧扩建一座礼拜堂，长20米、宽12米。其建筑

图7-3-1　英国领事馆旧址

风格与英国领事馆相似，并连为一体。英国领事馆旧址馆舍四周樟木围绕，是一座较有特色的西洋建筑，也是中英《烟台条约》在北海的历史见证（图7-3-1）。

德国信义会：信义会原叫长老会，是基督教新教派的主要宗派之一。该教会在北海建立的教堂，成为长老会在北海和合浦的总堂，各地都有它的分堂。该教会除在北海传教外，还开办德华学校和一所北海最早的活字版印刷所。学校的书本和该会创办的《东西新闻》报刊，都是在该所印刷，为北海市早期的文化教育和发展起到一定的积极作用。现存的信义会楼旧址建于1900年，为传教士居住楼。该楼长30米，宽17米，共一层，建筑面积506平方米，主体建筑保存尚好，现为市公安局使用。它是德国长老会在北海开展传教的历史见证。

会吏长楼：该旧址建于1905年前后。主体建筑长19.86米，宽10.48米，两层，建筑面积206平方米，主体建筑尚好。是当年神职人员会吏长居住和办公的楼房。该旧址是基督教会在北海设置管理机构的历史见证。

女修道院：女修道院是天主教区的附属机构，19世纪末期设在涠洲岛盛塘村的天主堂右

侧。至1926年春，女修道院由涠洲迁至北海，至1958年停办。女修道院旧址现存两座房子。一座为长方形的两层楼房，长31.45米，宽8.7米。另一座为小礼拜堂式的建筑，长12.3米，宽6米。两座房子建筑总面积347.4平方米，主体建筑保存尚好。

主教府楼：主教府楼建于1934~1935年。主体建筑长42米，宽17.84米，两层，建筑面积750平方米。因该楼建筑漂亮，环境优美，北海人把它称为"红楼"，是北海有名的洋楼之一。该楼旧址保存尚好，是法国天主教在北海设置教区管理机构的历史见证。使用单位于20世纪60年代在该楼加建了第三层，使原貌有所改变。

涠洲岛天主教教堂：位于广西北海市涠洲岛上的天主教教堂，该教堂由法国巴黎外方传教会传教士修建，落成于1880年。该教堂为哥特式建筑，楼高21米，总建筑面积774平方米，连同附属建筑在内总面积达到2000余平方米。正门顶端是钟楼，高耸着罗马式的尖塔。钟楼有一个十多级的石造螺旋梯，只容一人盘旋而上直达二楼。顶层挂有一口铸于1889年的白银合金大钟。教堂的左侧，是一座两层的券廊式神父楼。天主堂的大院内还设有修道院、医院、育婴堂、孤儿院和学校，是广西沿海地区最大的天主教教堂，2001年被列为全国文物保护单位（图7-3-2）。

笔者曾赴北部湾地区的东兴市楠木山村考察罗浮天主教堂。该教堂始建于清道光十二年（1832年），是继东兴东郊把塘教堂（建于1692年）和罗浮三门滩教堂（建于1808年）之后所建，迄今已有180余年的历史。始建时的罗浮天主教堂占地10447平方米，设有教堂、钟楼、育婴室（收养弃婴）、男校、女校、仁爱堂、圣堂、织纺堂等各组成部分。如今的罗浮天主教堂只剩490平方米的教堂和25平方米的钟楼。罗浮天主教堂是东兴三个教堂中最为典型的法式建筑。圣堂大厅背靠神父楼，主体高8米，长25米，宽20米。外表呈四方形结构，圣堂由前、左、右三方共14根圆柱包围，正门有5个拱门，四周有精巧秀美的花窗。正上方的中间有一个直径约1.6米的色彩鲜艳、图案精美的八卦图，顶端是天主教的十字架。圣堂大厅共有8根柱子。修女楼原名仁爱堂，为两层楼房，呈"T"形走向，占地300多平方米，青砖瓦面。原为修女居住和做功课之用，故房间和殿堂相连，结构布置合理紧凑，线条简单大方，功能齐全，整个建筑呈现典雅庄重之风格（图7-3-3）。

图7-3-2　涠洲岛上的天主教教堂

图7-3-3　罗浮天主教堂

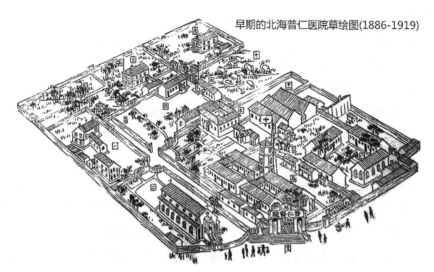

图7-3-4　普仁医院旧址（图片来源：http://www.beihai365.com/read.php?tid=6809760）

广西北部湾地区由于受到西方外来文化的影响，接触到了西方宗教文化。西方宗教文化带来的不仅仅只是传播西方宗教的教堂建筑，也带来了西方医学以及教育学方面的文化，由教会出资建立了一系列的相关建筑。

普仁医院旧址：1886年由英国"安立间"教会的传教士柯达医生创建。位于广西北海市和平路83号，是北海第一所西医院，现仅存医生楼和八角楼，曾名传福音医院或英国医院。医生楼为两层的西洋建筑，长26米，宽12.9米，建筑面积671平方米，廊宽3米，地坪高0.8米。八角楼为八边形三层楼建筑，高13.2米，边长2.75米，对称边距6.7米，地坪高2米，八角楼下原有门诊部、候诊室、手术室、病房等。普仁医院为西方医学文化传入北海的历史见证（图7-3-4）。

主教府楼旧址：建于1934~1935年间，由法国天主教北海教会兴建。是法国天主教北海主教府楼旧址双孖楼旧址，为主教府的办公楼，位于北海市解放广场东南角。主教府楼长42米，宽17.85米，原两层，建筑面积1499平方米，地坪高0.6米，四面坡屋顶，廊宽2.1米。北海人把它称为"红楼"，是北海有名的洋楼之一，该楼旧址保存尚好。

双孖楼旧址：双孖楼曾名传福音公馆，位于北海市第一中学校园内。两座楼造型相同，似孪生兄弟，故名双孖楼。每楼均一层，地坪高1.1米，长29.2米、宽13.5米，两楼相隔32米，总建筑面积788平方米。建于1886至1887年。双孖楼原是英国领事馆的附属建筑，1922年英国领事馆撤出后交由英国"安立间"教会使用，供英国传教士居住。1940年后，双孖楼曾先后为5所中小学的校址。抗日战争期间，广州教会学校"圣三一"中学曾转道香港迁到双孖楼办学。现为市第一中学的教师宿舍。

北海天主堂旧址：建于1918年，由法国天主教教会兴建，位于北海市人民电影院北边约50米处。原建筑面积约300平方米，有12米高的钟楼，已毁。教堂南面还有一座神父楼。

贞德女校旧址：贞德女校的前身是英国基督教圣公会办的英国女义学，始于1890年，专教授女童班。课程有经书、地理、信札等。1924年正式命名为贞德女子学校，也是北海最早的小学。该旧址位于现在的市人民医院大院内，建于1905年前后，两层，券拱结构，主体建筑长16.3米，宽8.65米，前廊宽1.9米，两面坡屋顶，建筑面积为280平方米。

圣巴拿巴堂：约建于1912年，由基督教中华圣公会兴建。该教堂位于廉州镇县武装部大院内，是仿照北海圣路加堂的教堂样式建造的。粤南信义会建德园，约建于1919年，由德国基督教粤南信义会兴建。该大楼位于廉州镇还珠宾馆内[7]。

图7-3-5　凭祥友谊关法式楼

凭祥市友谊关的法式楼：建于1896年，由法国设计师设计，1914年改建。法式楼占地面积约200多平方米，高两层，楼体结构复杂。楼边镶嵌花体图案精美，壁面塑画高雅。（图7-3-5、表7-3-1）

北部湾沿海代表性西洋建筑文脉模式　　　　　　　　　　　　　　　　表7-3-1

名称	图片	营建年代与位置	建筑形制	艺术特征
涠洲岛天主教堂		位于北海市涠洲岛盛塘村，又名盛塘天主教堂，落成于1880年	该教堂由法国巴黎外方传教会传教士修建，楼高21米，总建筑面积774平方米，连同附属建筑在内总面积达到2000余平方米	该教堂为哥特式建筑，是广西沿海地区最大的天主教教堂
罗浮天主教堂		坐落于东兴市东兴镇楠木山村，教堂始建于1832年	圣堂大厅主体高8米，长25米，宽20米。外表呈四方形结构，圣堂由前、左、右三方共14根圆柱包围，正门有5个拱门，四周有精巧秀美的花窗	是东兴三个教堂中最为典型的法式建筑
英国领事馆旧址		位于北海市一中附近的北京路旁，建于1885年	建筑长27.2米，宽12米，共两层，有回廊、地垄和壁炉。窗户上端为拱券式，地垄高0.9米	四面坡瓦顶的西洋建筑，各层有前后廊。廊柱和拱券均有雕饰线

续表

名称	图片	营建年代与位置	建筑形制	艺术特征
法国领事馆旧址		位于北海市迎宾馆内，建于1890年	主体建筑原为一层，长34.7米，宽20.7米，平面呈凹字形，建筑面积718平方米。四面坡屋顶，有前后廊。廊的拦河装饰有蓝色瓷瓶	1973年使用单位将其加建一层，改建后变为平顶
德国领事馆旧址		位于广西北海市北部湾中路6号，建成于1905年	两层的西洋建筑，长23.1米，宽18.5米，建筑面积855平方米。回廊宽2.5米，四面坡瓦顶，地坪高2米。正门有门廊，两边弧形台阶	典型的拱券回廊式建筑
德国森宝洋行		位于解放路与北部湾中路交汇处，旧址建于1891年	由一幢一层和一幢两层的两幢楼房连接而成。长方形，坐东朝西，四面坡瓦顶，有回廊，之间有一连廊	主体为两层的券廊式西式建筑，是外商在北海开办贸易机构的历史见证
普仁医院旧址		1886年由英国"安立间"教会创建，位于广西北海市和平路83号	曾名英国医院。两层的西洋建筑，长26米，宽12.9米，建筑面积671平方米，八角楼，为八边形三层楼建筑，原有门诊部、候诊室、手术室、病房	医生楼为两层的西洋建筑，普仁医院为西方医学文化传入北海的历史见证
贞德女校旧址		该旧址位于现在的北海市人民医院大院内。建于1905年前后	是英国基督教圣公会办的英国女义学，两层，券拱结构，主体建筑长16.3米，宽8.65米，两面坡屋顶，建筑面积为280平方米	硬山双坡屋顶，素面板筒瓦砂浆裹垄屋面
北海海关大楼旧址		位于北海市海边街，现海关大院内。建于1883年	是一座三层的正方形西洋建筑，长宽均为18米。四面坡瓦顶，各层都有宽达2.8米的回廊。廊柱和拱券都有雕饰线，室内有壁炉和壁台	是我国西南地区最早由洋人控制的海关，时间长达72年。它是历史上中国海关主权外丧的典型物证

7.3.2　沿边地区的陆路通道建筑文脉

沿边地区的陆路通道主要包括广西和云南两省区，有中越公路与滇越窄轨铁路等，沿线地区出现了一定数量的西洋建筑。

①陆路通道（窄轨铁路）的建筑文脉

1903年，中法签订《中法会订滇越铁路章程》，随即法国派人踏勘路线，绘制蓝图，并正式成立滇越铁路法国公司。近年昆明铁路局出版《滇越铁路全景图》，按照滇越铁路线路走向进行创意，图文并茂地将承载于滇越铁路上的建筑、设施和设备纳入其中，完整再现滇越铁路的原貌，使读者对整个滇越铁路有一个全面系统的了解，同时也能够深深体会到滇越铁路修建的历史功绩[8]。通过窄轨铁路输入的西方建筑文化，使滇越铁路沿线建筑成为云南建筑文化的一个重要组成部分。滇越铁路作为云南境内唯一一条仍在使用中的窄轨铁路，承载了中法越三国人民智慧的结晶。滇越铁路的建成通车，给云南的社会与历史带来了深远的影响，在各个社会历史阶段发挥了不可替代的作用。其途经的历史文化名城有昆明、开远、个旧、蒙自、建水、石屏、河口等，以法式建筑为载体和代表的近现代西方文化进入云南，与中国传统文化和云南本土文化发生碰撞、交流和相互融合，这种文化交流对于云南社会具有积极的影响和意义[9]。（图7-3-6）

②滇越窄轨铁路沿线的法式建筑文脉

滇段最南段的河口市，是越南与中国交界的海关节点，保留有许多重要的海关相关遗产点。河口邮政大楼旧址位于县城东南段，河口镇人民路7号。始建于1937年，坐西朝东，占地面积908平方米，建筑面积2941平方米，面阔14.2米，进深32米，通高约15米，青砖青石砌成，砖混结构，占地2941平方米。建筑为两层平顶意大利式建筑风格，内设有营业厅、电报室、电话室等。它是根据《滇粤边境电报接线章程》由意大利人巴斯桂林承包而建，是云南省设立较早的邮政机构，曾在抗日战争中发挥过重大作用，也是保留较为完整的欧式建筑之一。河口海关设于清光绪十三年（1887年），建有5幢23间砖木结构红瓦房，总面积为1127平方米，是我国较早的海关建筑。河口海关旧址位于河口县城东南人民路1号，清光绪二十三年（1897年）依照《中法商约》，河

图7-3-6　滇越窄轨铁路线路示意图

口设海关，办理对外事宜而建。当时共有五幢建筑，现仅存一幢。河口海关旧址坐东南朝西北，占地面积198平方米。通高6.5米，面阔17.5米，进深11.3米。建筑为19世纪法式平房风格，由砖、木和钢材等材料构成，红板瓦盖顶，钢架梁，墙面为褐黄色，三面设有走廊，开百页门窗，北面山墙上镶嵌有"1897"的字样。河口对汛督办公署旧址位于河口县城县政府大院内，建于1923年。砖木结构西式楼房，正中为三层，顶上为钟楼，建筑面积950平方米（图7-3-7、图7-3-8、图7-3-9）。

法国驻河口副领事署位于县城河口镇东南端，与河口古炮台毗邻，该旧址始建于清光绪二十三年（1897年），坐西朝东，占地面积420平方米，面宽36米，进深11.6米，高9.16米，四面设外环走廊，墙面为褐黄色，红板瓦盖顶，开百页门窗，内设壁炉，法式花色瓷砖镶铺地面，为砖、木结构的法式建筑平房，一幢共计7间。从清光绪到民国时期为法国驻河口领事署办公地点（图7-3-10）。

石屏火车站位于石屏县异龙镇，车站建成于1936年，是云南第一条民营铁路，目前只剩下售票大厅等主要建筑，均为法式建筑。车站外墙为明黄色，门窗屋檐是绿色的，这是法国车站的标准色系。

图7-3-7 河口邮政大楼旧址

图7-3-8 河口海关旧址

图7-3-9 河口对汛督办公署旧址

图7-3-10 法国驻河口副领事署旧址（图片来源：http://www.sohu.com/a/257681664_170361）

图7-3-11 芷村火车站

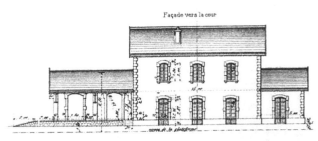

图7-3-12 等级车站的建筑施工图（图片来源：《滇越铁路.
LeChemindeferduYunnan》，法国滇越铁路公司编著，1910）

　　乡会桥站位于建水县西庄镇，建于1936年，离蒙自站99公里，离宝秀站43公里，四等站，主体为中西合璧式建筑，中间凸出一幢二楼法式洋楼，一楼和二楼临接的墙面有"乡会桥车站"5个楷字。

　　芷村火车站位于云南省红河州蒙自市芷村镇，这里曾是滇越铁路的一等车站，车站建于1909年。百年前的芷村火车站甚至比昆明站、开远站的等级都高。随着滇越铁路的兴建，使这里成了文山、蒙自、屏边三县的一个重要物资中转站。中、法、越文化的汇集让芷村繁荣，法国人的小院和越南人的居屋围绕在车站周围，造就了车站旁著名的"南溪街"（图7-3-11）。

　　《滇越铁路》（Le Chemin de fer du Yunnan）图册共两卷，由法国铁路公司编著。此书记述滇越铁路（始建于1903年，于1910年完工）的修建历史，详细描述了滇越铁路的设计、施工经过，并附有大量历史图片、地图及工程图。书内含老照片约294幅，55组地图及工程图，此法文本于1910年出版（图7-3-12）。

　　建水临安站建筑，建于1928年，原名临安站，位于窄轨铁路蒙宝线上，站址在云南省建水县临安镇迎晖路，隶属昆明铁路局昆河铁路公司管辖，为四等站。建筑为法式特点，边缘以弧形为主，建筑色彩以黄色为主（图7-3-13）。

　　碧色寨火车站位于蒙自县城北面10公里。1909年建碧色寨车站，为滇越铁路与个碧石铁路的交汇点，占地面积约2平方公里，现存滇越、个碧石两线站台和站房、仓库、车库等。车站周围尚存歌胪士酒店、海关仓库、大通公司等建筑。碧色寨车站是中国最早的铁路车站之一，对研究中国铁路发展史有着重要价值。碧色寨车站站房位于车站北端，东西向，法国式砖木结构建筑，红瓦黄墙，一楼一底，通高11.5米，面阔五间25.5米，进深10.2米，站台面阔25米，进深4

图7-3-13 建水临安站建筑

图7-3-14　碧色寨车站

图7-3-15　笔者在碧色站考察法式建筑

米。从1910年起的30多年时间里，碧色寨一直扮演滇越铁路沿线第一大站的角色。法、英、美、德、日本和希腊人接踵而至，纷纷在这里开设洋行、酒楼、百货公司、邮政局。其开放和繁华程度被称作"小巴黎"。[10]（图7-3-14、图7-3-15）

　　滇越铁路昆明站南车房遗址为原滇越铁路终点站云南府站，位于昆明市官渡区太和街道办事处双龙桥社区昆明铁路局工会俱乐部门口，现存一段法式建筑残墙，史称"南车房"，建于1910以前。1910年4月30日，滇越铁路通车典礼曾在这里举行，对文化线路遗产保护有重要价值（表7-3-2）。

滇越窄轨铁路沿线代表性西洋建筑文脉模式　　　　　　　　　　　　　　表7-3-2

名称	图片	营建年代与位置	建筑形制	艺术特征
河口海关旧址		位于河口县城东南人民路1号，设于清光绪十三年（1887年）	建有5幢砖木结构红瓦房，总面积1127平方米，现仅存一幢。坐东南朝西北，占地面积198平方米，三面走廊	建筑为19世纪法式平房风格，北面山墙上镶嵌有"1897"的字样
河口邮政大楼旧址		位于县城东南段河口镇人民路7号。始建于1937年	坐西朝东，占地面积908平方米，建筑面积2941平方米，面阔14.2米，进深32米，通高约15米，由青砖青石砌成，砖混结构，内设有营业厅、电报室、电话室等	两层平顶意大利式建筑风格，为保留较为完整的欧式建筑
法国驻河口副领事署		位于县城河口镇，始建于清光绪二十三年（1897年）	坐西朝东，占地面积420平方米，面宽36米，进深11.6米，高9.16米，四面设外环走廊，一幢共计7间	墙面为褐黄色，红板瓦盖顶，开百页门窗，内设壁炉，法式花色瓷砖镶铺地面，为砖木结构法式建筑

续表

名称	图片	营建年代与位置	建筑形制	艺术特征
石屏火车站		位于石屏县异龙镇，车站建成于1936年	目前只剩下售票大厅等主要建筑，均为法式建筑	车站外墙为明黄色，门窗屋檐是绿色的，这是法国车站的标准色系
乡会桥站		位于建水县西庄镇，建于1936年	主体为中西合璧式建筑，中间凸出一幢二楼法式洋楼	一楼和二楼临街的墙面有"乡会桥车站"5个字
芷村火车站		位于云南省蒙自市芷村镇，曾是滇越铁路的一等车站，1909建成	中、法、越文化的汇集让芷村繁荣，法国人的小院和越南人的居屋围绕在车站周围	车站旁就是著名的"南溪街"
碧色寨火车站		位于蒙自县城北面10公里，1909年建成	占地面积约2平方公里，碧色寨车站站房，东西向，红瓦黄墙，为法国式砖木结构建筑	现存两线站台和站房、歌胪士酒店、海关仓库、大通公司等建筑，法式风格
建水临安站		建于1928年，位于云南省建水县临安镇迎晖路	法式建筑特点，边缘以弧形为主，整个建筑色彩以黄色为主	原名临安站，砖木结构，方形柱子支撑
云南府站		位于昆明市官渡区太和街，建于1910年	滇越铁路昆明站南车房遗址为原滇越铁路终点站云南府站，史称"南车房"	1910年4月30日，滇越铁路通车典礼曾在这里举行

　　近代昆明在1905年自辟商铺、1915年滇越铁路连通之后，建筑风格和样式方面受到本土建筑文化的深刻影响，出现了一批欧式或中西结合的建筑，巡津街被称为"洋楼街"。

　　昆明会泽院：于1924年落成，是典型的法式建筑，建筑立面呈明显的三段式，水平划分占据主导，几何性很强，装饰部分大都集中在凸出的建筑部分，平面布局形式也隐隐透出16世纪英国都铎式建筑的影子。

甘美医院：1931年由法国人开办，原甘
美医院大楼为砖木结构，法式建筑风格仍
保存完整，建筑面积3062平方米，是西医进
入昆明的重要代表性建筑。它不仅仅是见
证"西医入滇"的历史遗迹，当年美国飞虎
队、中国远征军的许多伤员也曾在这里接受
过治疗（图7-3-16）。

卢汉公馆：位于云南省昆明市五华区翠
湖南路4号，为前云南省主席卢汉的住宅。
公馆建于20世纪30年代，是保存较为完好的

图7-3-16　20世纪30年代的甘美医院

砖石结构法式建筑。整个建筑呈八角形，两层，砖墙、木屋架，部分钢筋混凝土结构，其屋
顶为陡坡硬山平瓦，侧面皆为正三角形，具有明显的哥特式风格。石柱、门套、窗套等石构
件多有浮雕装饰，室内配有壁炉，室内装饰全部采用进口柚木。

笔者通过采用文化廊道视域的线性研究方法，对西南地区的西洋建筑文脉下的建筑功能
类型与建筑艺术特征进行分析，绘制西南地区西洋文化廊道代表性建筑文脉一览表如下。
（表7-3-3）

西南地区西洋文化廊道代表性建筑文脉一览表　　　　　表7-3-3

西洋通道		主要城市	代表性建筑	建筑图片	功能类型	建筑艺术特征
水路文脉	珠江水系建筑文脉	梧州	大同酒店		居住	四层建筑（现存三层），砖混结构，面阔三开间，中间入口部分墙面稍微内凹。一二层交接处施以齿状线脚装饰，屋面女儿墙压檐，绿釉陶瓶栏杆
		柳州	电报局旧址		办公	筑歇山顶屋面，砖木结构，三层木板楼房，墙体为黄色抹灰批浆，建筑立面有灰黑色壁柱，各层檐口有装饰线脚，入口处外置二层门柱廊，三角攒尖顶屋面
		贵港	贵县民国图书馆旧楼		公共	建筑主要使用清代墙砖，结构是两层方形外廊式。外有方形立柱，弧形圆拱

续表

西洋通道		主要城市	代表性建筑	建筑图片	功能类型	建筑艺术特征
水路文脉	珠江水系建筑文脉	贵州	贵阳北天主堂		教堂	教堂正面是矗立东向的高大牌坊。牌坊上满布山水花鸟人物浮雕。堂内顶部系三大半圆顶，即穹隆，两旁彩色玻璃窗为长形尖顶，牌坊上有三大圆形玻璃窗
		百色	中国工农红军第七军政治部旧址		军事	该建筑旧址原为"清风楼"，建筑以砖木为结构，周边设券柱式回形外廊，三层楼房，小青瓦歇山顶，屋面设老虎窗
		崇左	红八军军部旧址		军事	建筑为二层方形单边式外廊式结构，下为半地下层的地垄。立面外廊为砖砌券柱式，正门拱券顶部中央饰拱心石，门窗拱券楣部饰由外往里逐层递减的透视状装饰线，外廊栏杆饰绿釉组合净瓶式陶栏
		桂林	临桂白崇禧故居		居住	一进三开间二层砖木结构建筑，抬梁式与穿斗式相结合，外立面呈"凹"字形，清水砖墙筑砌，四面高墙，正立面为石库门，以石条做门框、以实心厚木做门扇，并加设推枞门，门楣饰灰塑券拱门头
	长江水系建筑文脉	宜宾	方济格堂		教堂	建筑带有明显的巴洛克建筑风格，经堂正立面的曲线构成多变的曲线轮廓，有色彩艳丽的菱形、圆形贴瓷装饰图案，构图凹凸分明，窗户也多采用半圆形拱券
		重庆	重庆大学工学院楼		公共	建筑具有浓厚的欧式风味以及本土色彩。墙体全部用条石砌筑，而楼内各层屋架均用杉木制做。建筑成"L"形布局，入口处是六边形塔楼
陆路文脉		北海	海关大楼旧址		市政	一座方形二层周边券柱外廊式建筑，护栏饰绿釉组合方形陶栏，楼顶为四坡屋顶。廊柱、券拱、檐口与腰际线脚勾勒，南向的楼外设一呈"L"形折角双跑楼梯通往楼内，底层架空，隔潮层较高

续表

西洋通道		主要城市	代表性建筑	建筑图片	功能类型	建筑艺术特征
陆路文脉		饮州	骑楼		商住	中西合璧式的建筑，形式上汲取了西方敞廊式建筑的特征，并与中国传统的檐廊式建筑形式相融合，在长廊的一侧还配有柱子和拱券，并施以各种线脚雕塑来装饰柱头和柱脚
		玉林	陆川中山纪念主亭		公共	主亭是一座灰裹垄筒瓦四阿顶戏台样式亭子，檐口绿釉琉璃瓦当剪边，建筑台面四柱三开间，明间宽敞开阔，外侧为方形砖柱，内侧为变异简化的西式圆柱，后壁两侧设券拱门，柱头设葫芦状装饰物
		防城港	东兴罗浮恒望天主教堂		教堂	教堂青砖砌筑。平面为长方形"巴西利卡"形制，室外两侧设有连拱外廊，两侧外廊柱顶各设5个小尖塔。室内由两排纵向柱列划分成三通廊式，半圆拱券，中跨较宽，两侧稍窄，两侧墙设半圆拱券窗
		南宁	董达庭商住楼		商住	砖木结构，前座临街面为骑楼二层建筑，中后座为三层楼，楼房前后设双开玻璃窗，砖砌券拱窗楣。门楣、檐口等处面饰花卉图案，楼内木楼板上铺设红阶砖。设木楼梯，内走廊连接各房屋
铁路文脉	滇越窄轨铁路	云南	建水临安站		交通	建筑为法式特点，边缘以弧形为主。整个建筑色彩以黄色为主。门是拱门，而窗运用正方形，形成对比。砖木结构，方形柱子支撑
	滇越窄轨铁路	云南	碧色寨法式车站		交通	法国式砖木结构建筑，红瓦黄墙，一楼一底。两层小楼，外轮廓笔直，有交错石砌的转角
	桂越窄轨铁路	广西	龙州法式火车站		交通	两栋长方形法式建筑，砖墙，石质地板，旋梯和楼板全用红木精制，铣铁片盖顶。四周为宽敞的走廊和半圆形拱门，呈现出法式的浪漫特色

7.4 小结

西洋建筑文脉先后通过陆路传播（包括窄轨铁路）、水路传播等方式，传入我国西南地区，主要建筑类型为：领事馆建筑、宗教建筑、商业建筑与住宅建筑等，逐渐形成了纯西式建筑模式语言与中西融合的建筑文脉模式语言。（表7-4-1）

西南地区西洋文化廊道的建筑文脉特征图像分析图　　　表7-4-1

纯西式建筑	西南地区纯西式建筑主要出现在近代时期国外设计与施工建设的一批各国领事馆、教堂与车站等建筑类型上，具有标准的西洋建筑形制特征    领事馆　　　　　　教堂　　　　　　车站
中西融合式建筑	西南地区中西融合建筑主要出现在近代时期建设的一批商业建筑、骑楼建筑、住宅建筑等类型上，具有明显的中西融合的建筑形制特征    骑楼　　　　　　住宅　　　　　　办公
装饰艺术	建筑装饰艺术上，主要体现在建筑屋檐、门头欧式山花造型、欧式窗户造型、欧式柱式、拱券结构形式、立体装饰线条及雕刻装饰艺术，具有明显的西洋建筑装饰语言特征    塔顶钟楼装饰　　　窗花装饰　　　建筑立体装饰线    欧式柱　　　外墙浮雕彩绘　　　拱券造型    门头雕刻艺术　　　欧式山花　　　门头山花

	续表
	建筑材料肌理主要由砖块、瓦片、木材、装饰线、浮雕镶嵌、石块、涂料构成

建筑材料肌理

砖块与雕刻　　　　石材线条与涂料　　　　木材、涂料与红瓦

组合肌理　　　　浮雕镶嵌　　　　砖与石材

通过对西南地区西洋文化廊道建筑地系统考析，解析归纳出该区的西洋建筑文脉。总结为如下几点：

①通过"陆路与水路方式传播"的西洋建筑文脉：1840年鸦片战争爆发，西方列强打开了中国闭关锁国的国门，进行政治、经济、文化上的侵略。形成西洋建筑文化早期通商渠道的传播途径。通商口岸外国租界区的产生和发展，形成了一批以租界区为主体的商埠城市。西洋建筑文脉先后通过陆路传播（包括窄轨铁路）、水路传播等方式，传入我国西南地区，外国新式建筑理念和先进的建筑技术也被带入。主要建筑类型为：领事馆建筑、交通建筑、宗教建筑、医院建筑、商业建筑与住宅建筑。大量的西洋建筑为外国人或留学西方的中国人设计，具有纯西式建筑模式语言与中西融合建筑文脉模式语言两种主要建筑文脉特征。

②"纯西式建筑"文脉模式语言：主要体现在各国领事馆，各类教堂与车站等建筑类型上，纯西式建筑模式如：广西北海市的英国、法国领事馆，重庆的各国领使馆等代表性建筑旧址，欧式山花、欧式柱样、拱券柱廊、欧式窗户、玻璃窗花、欧式屋檐、雕刻、铁艺与装饰线条等欧式建筑构造符号被大量采用。纯西式建筑多由当时的外国人设计、外国人施工，具有较标准的西洋建筑形制特征。

③"中西融合的建筑"文脉模式语言：其显著特点是，既注意到保留中国的传统风格，又吸收了一些西洋建筑风格，具有从传统走向现代的过渡阶段特点，形成了中西融合的建筑文脉特征。如：广西形成了一批骑楼文化历史风貌街区，较知名的有梧州骑楼街、北海骑楼老街等。由外国商人和传教士在重庆建造的带有西洋古典特征，兼有重庆乡土风貌的中西合璧式建筑众多。昆明巡津街为早年云南高官的别墅区，建筑风格多为中西合璧。民国时美国使馆、法国医院、陆良会馆均在附近。由此可见，西洋风格建筑在西南各地均有分布，并且具有典型的中西融合式建筑文脉特征。

参考文献：

［1］ 杨秉德. 早期西方建筑对中国近代建筑产生影响的三条渠道［J］. 华中建筑，2005，23（1）：159–163.

［2］ 彭长歆. 现代性–地方性——岭南城市与建筑的近代转型［M］. 上海：同济大学出版社，2012.

［3］ 陈重庆. 成都教会建筑述要［J］. 华中建筑，1988（3）：85–89.

［4］ 欧阳桦，欧阳刚. 重庆早期的西洋建筑：乡土风味中的异国情调［J］. 重庆与世界，2003（1）：82–85.

［5］ 覃元才. 曾经在重庆开设过的大使馆、领事馆［J］. 重庆与世界，1998（1）：39.

［6］ 艾智科. 重庆入选第七批全国重点文物保护单位之抗战文化遗址重庆抗战金融遗址群［J］. 红岩春秋，2015.

［7］ 陶雄军. 广西北部湾地区建筑文脉［M］. 南宁：广西人民出版社，2013.

［8］ 昆明铁路局. 滇越铁路全景图［M］. 北京：中国铁道出版社，2013.

［9］ 张伟. 近代中西文化交流对云南社会的影响——以云南现存的法式建筑为视角［J］. 社会科学家，2010（9）：155–157.

［10］彭桓. 文化线路遗产：滇越铁路影像志［M］. 昆明：云南人民出版社，2016.

后记

本书成稿的数年时间里，从研究计划的制订、文化廊道考察线路的选择、学术观点的论证、大量相关历史文献与前人学术著作的参考到几易书稿与结构逻辑方式理顺，终成此书。

澳大利亚新南威尔士大学徐放（Fang Xu）教授在研究思路上提出了宝贵的意见，2017年在澳大利亚新南威尔士大学担任高级访问学者期间，我们经常探讨，有效提升了研究问题的思想学术高度，徐教授并为本书作序，再次表达我衷心的感谢！

广西民族大学龚永辉教授在文化廊道如何界定上，提供了民族学理论方面的专业建议和指导，并让我参与其主持的国家社科基金重点项目"构建中华各民族共有精神家园的少数民族视域研究"的子项目研究，在此表示衷心感谢！

本书编写过程中请教了中国著名出版人同济大学王国伟教授，获得了专业的出版学术著作指导意见，在此表示诚挚的谢意！

中国建筑工业出版社的唐旭、陈畅二位老师为本书的编辑工作付出了智慧和辛劳，在此表示真诚的感谢！

本书的出版获得了广西艺术学院学术著作出版经费的资助，在此向广西艺术学院领导和院学术委员会委员表示衷心感谢！

本人2016级研究生杨悦、韦咏芳、刘素芳、刘嘉丽，2017级研究生郭梦垚、李超，2018级研究生王思晴、何艳韵、张晓鹏、陈思宇、王峻，参与了本课题研究的相关专业考察与文献资料整理工作。本书的写作过程中还得到了广西艺术学院建筑艺术学院各位同仁的帮助，在此一并向关心本书的朋友致谢！

本书或许可以为对建筑文脉研究感兴趣、对西南建筑艺术与设计感兴趣的读者提供一些信息。书中本人手绘各种建筑速写仅为配图，力求富于艺术性的通俗易懂，最早的建筑速写，现场写生于2004年，大家不必以专业的绘画角度来看待。由于作者的时间、学识有限，书中错漏之处在所难免，敬请诸贤达不吝赐教。

陶雄军

2019年5月31日

作者简介

陶雄军，广西艺术学院建筑艺术学院副院长、教授、硕导、环境设计学科带头人，澳大利亚新南威尔士大学高级访问学者，获中国百佳室内建筑师荣誉称号；全国青联委员，民建广西区委委员，广西统一战线艺术家联谊会副会长，广西壮族自治区优秀教师，广西青年美术家协会副主席，广西建筑装饰协会设计分会会长，广西文化与旅游厅、南宁市规划局等专家库专家；主持国家艺术基金项目《美丽壮乡——民居建筑艺术设计人才培养》等多项国家级、省级课题，参与一项国家社科基金重大项目，著有《广西北部湾地区建筑文脉》《在地设计》等6部学术著作，发表学术论文20余篇；完成《韶山圣地大酒店》《南宁迪拜七星酒店》《爱莲说素膳》等数十项工程项目设计，多次荣获国际国内设计金奖，曾获广西社科优秀成果三等奖、省级教育教学成果二等奖、省级优秀指导教师一等奖；曾应邀在印度尼西亚马拉拿达大学、中国台湾东方设计大学、上海首届东方设计论坛、中国—东盟建筑空间教育高峰论坛、第6届世界遗产可持续发展大会（西班牙）、第23届中国民居大会论坛（广州）等国内外学术会议上发表主题学术演讲；担任百集电视片《广西故事》学术顾问，在庆祝广西成立60周年大庆特别报道上（全国直播）对广西传统村落文化进行解析。